职业教育焊接技术与自动化专业系列教材
机器人焊接操作培训与资格认证指定用书

机器人焊接高级编程

○ 组 编 中国焊接协会
○ 主 编 刘 伟 魏秀权
○ 参 编 郭广磊 李亚展 李 波
○ 审 稿 戴建树 杜志忠

机械工业出版社
CHINA MACHINE PRESS

焊接机器人操作工分为初级工、中级工、高级工、技师、高级技师五个技能等级，相关人员可根据不同岗位技能要求进行学习和训练。本书主要针对焊接机器人操作技师、高级技师职业能力考核项目，通过实操项目的操作步骤，一步一图，指导焊接机器人操作编程高技能人员进行学习和训练，便于理解和掌握。本书涵盖机器人弧焊、点焊、激光焊、切割，以及机器人控制、工装夹具、焊接现场管理与维护保养等方面的内容，共计16个项目。应用型本科院校、职业院校师生和企业人员可根据不同岗位需求，参考本书进行相应的资格等级内容学习和训练。

图书在版编目（CIP）数据

机器人焊接高级编程/中国焊接协会组编；刘伟，魏秀权主编．—北京：机械工业出版社，2021.9

职业教育焊接技术与自动化专业系列教材　机器人焊接操作培训与资格认证指定用书

ISBN 978-7-111-69031-3

Ⅰ.①机… Ⅱ.①中… ②刘… ③魏… Ⅲ.①焊接机器人-程序设计-高等职业教育-教材 Ⅳ.①TP242.2

中国版本图书馆CIP数据核字（2021）第172202号

机械工业出版社（北京市百万庄大街22号　邮政编码100037）
策划编辑：王海峰　责任编辑：王海峰　赵　帅
责任校对：郑　捷　封面设计：陈　沛
责任印制：常天培
北京机工印刷厂印刷
2022年1月第1版第1次印刷
184mm×260mm・11.25印张・273千字
0001—1000册
标准书号：ISBN 978-7-111-69031-3
定价：36.00元

电话服务　　　　　　　　网络服务
客服电话：010-88361066　机　工　官　网：www.cmpbook.com
　　　　　010-88379833　机　工　官　博：weibo.com/cmp1952
　　　　　010-68326294　金　书　网：www.golden-book.com
封底无防伪标均为盗版　机工教育服务网：www.cmpedu.com

中国焊接协会机器人焊接培训教材编审委员会

主　任　李连胜　卢振洋

副主任　吴九澎　张　华　陈树君

委　员　戴建树　李宪政　朱志明　杨春利　罗　震　张秀珊
　　　　何志军　汤子康　刘　伟　李　波　肖　珺

序

　　焊接机器人应用技术是机器人技术、焊接技术和系统工程技术的融合,焊接机器人能否在实际生产中得到应用,发挥其优越的特性,取决于上述技术的融合程度。机器人焊接有如下几个方面的优点。

　　1)稳定和提高焊接质量,保证其均一性。焊接参数如焊接电流、电压、速度及焊接干伸长度等对焊接结果起决定性作用。采用机器人焊接时,每条焊缝的焊接参数都是设定的,焊缝质量受人的因素影响较小,降低了对工人操作技术的要求,焊接质量稳定。

　　2)改善工人的劳动条件。采用机器人焊接,工人只需装卸焊件,远离了焊接弧光、烟雾和飞溅等,降低了工人的劳动强度。

　　3)提高劳动生产率。机器人可24h连续生产,另外,随着高速高效焊接技术的应用,使用机器人焊接,效率提高更加明显。

　　4)产品周期明确,容易控制产品产量。机器人的生产节拍是固定的,因此,安排生产计划非常明确。

　　5)可缩短产品改型换代的周期,减小相应的设备投资,可实现小批量产品的焊接自动化。所以,机器人与焊接专机的最大区别就是其可以通过修改程序来适应不同焊件的生产。

　　自2011年以来,中国焊接协会相继在国内建立了20个机器人焊接培训基地,在社会各界的共同努力下,机器人焊接培训基地各项工作取得了长足进步。在培训教材编写方面,厦门基地的刘伟老师长期坚守在机器人焊接教学一线,在主编的七本机器人焊接编程与应用操作培训教材出版后,又完成了本书的编写，为我国机器人焊接教育与培训课程体系构建及推进机器人焊接操作培训与资格认证工作的开展做出了突出贡献。

中国机械工程学会焊接分会副理事长

中国机械工业联合会机器人分会副理事长

中国焊接协会焊接设备分会专家委员会主任

前言

  2013 年初，中国焊接协会成立了机器人焊接（厦门）培训基地，在全国各培训基地的共同参与下，厦门基地刘伟同志先后主编了 7 本焊接机器人应用系列教材，分别为：《焊接机器人基本操作及应用》《中厚板焊接机器人系统及传感技术应用》《焊接机器人离线编程及仿真系统应用》《点焊机器人系统及编程应用》《焊接机器人操作编程及应用》《焊接机器人操作编程及应用专业术语英汉对照》《机器人焊接编程与应用》，另编写完成《焊接机器人电气控制技术》《机器人焊接高级编程》和《激光焊机器人操作及应用》，尚待出版。

  2017 年伊始，中国焊接协会教育与培训工作委员会对教材编写进行立项，确定编写 5 本机器人焊接资格认证指定用书，分别为《机器人焊接基础》《机器人焊接编程与应用》《机器人焊接工艺》《机器人焊接高级编程》和《机器人焊接高级应用》。

  2018 年新颁布的《焊工》国家职业技能标准中，将"焊接机器人操作工"分为初级、中级、高级、技师、高级技师五个技能等级，相关人员可根据不同岗位进行相应内容的资格等级考试。本书主要针对焊接机器人操作技师、高级技师职业能力考核项目 16 个，通过实操项目的操作步骤，一步一图，指导焊接机器人操作技师、高级技师进行技能训练，便于学习和掌握。

  本书分为技师和高级技师两个部分，涵盖弧焊、点焊、激光焊、切割以及机器人控制、工装夹具、机器人焊接现场管理与维护保养等方面的内容。其中，技师项目七由厦门基地郭广磊老师编写；技师项目八由中国焊接协会李波编写，高级技师项目一和项目七由杭州基地魏秀权编写；高级技师项目八由厦门基地李亚展编写，其他 11 个项目的编写及全书统稿均由厦门基地刘伟老师负责。南宁基地戴建树和厦门基地杜志忠对全书进行了审核。本书在编写过程中得到了中国焊接协会各位领导的大力支持。唐山开元集团李宪政总工欣然同意为本书作序，在此深表感谢！

  本书按照焊接机器人编程操作"技师"和"高级技师"职业技能鉴定要求内容进行编写，是迄今为止国内第一本针对该项技能的机器人焊接操作培训与资格认证教材。本书可作为机器人焊接培训基地、应用型本科院校、职业院校开展焊接机器人操作实训教学和职业技能鉴定的培训教材。

编 者

目 录

序
前言

第一部分 技师 ··· 1

项目一　机器人与外部轴协调示教管角接三角架 ·· 1
项目二　角焊缝接触传感机器人摆动焊接编程 ·· 14
项目三　应用数据库功能进行机器人平板对接多层焊编程 ··· 26
项目四　等离子弧切割机器人系统编程 ··· 37
项目五　氩弧焊（TIG）机器人系统编程 ··· 43
项目六　机器人激光焊系统编程 ··· 54
项目七　焊接机器人系统工装夹具应用 ··· 66
项目八　焊接机器人现场管理及日常保养与维护 ·· 76

第二部分 高级技师 ··· 85

项目一　激光-电弧复合焊机器人系统编程 ·· 85
项目二　点焊机器人柔性制造系统编程 ··· 93
项目三　机器人 L 型变位机系统建模及离线编程 ·· 106
项目四　机器人双持双轴变位机系统建模及离线编程 ·· 117
项目五　双机器人系统建模及离线编程 ··· 123
项目六　倒吊机器人行走双工位外部轴翻转系统编程 ·· 128
项目七　机器人激光视觉焊缝跟踪系统应用 ··· 134
项目八　焊接机器人工作站电气控制及应用 ··· 145

附录　理论知识 ··· 165
参考文献 ·· 169

第一部分

技 师

项目一 机器人与外部轴协调示教管角接三角架

【实操目的】
掌握利用机器人与外部轴对管角接三角架进行协调示教及焊接的操作方法。

【实操内容】
采用机器人与外部轴对管角接三角架进行协调示教及焊接实操训练。

【工具及材料准备】

1. 设备和工具准备明细（表1-1-1）

表 1-1-1 设备和工具准备明细

序号	名称	型号与规格	单位	数量	备注
1	弧焊机器人	臂伸长 1400mm	台	1	
2	焊丝	ER50-6、ϕ0.8mm	盒	1	
3	混合气	80%Ar+20%CO_2（体积分数，余同）	瓶	1	
4	头戴式面罩	自定	副	1	
5	纱手套	自定	副	1	
6	钢丝刷	自定	把	1	
7	尖嘴钳	自定	把	1	
8	扳手	自定	把	1	
9	钢直尺	自定	把	1	
10	十字槽螺钉旋具	自定	把	1	
11	敲渣锤	自定	把	1	
12	定位块	自定	副	2	
13	焊缝测量尺	自定	把	1	
14	粉笔	自定	根	1	
15	角向磨光机	自定	台	1	
16	劳保用品	帆布工作服、工作鞋	套	1	

2. 焊件准备

材质为 Q235；焊件尺寸：管 $\phi 50mm$（外径）×2.0mm（壁厚）×300mm（长），1 根；管 $\phi 50mm$（外径）×2.0mm（壁厚）×400mm（长），1 根；管 $\phi 50mm$（外径）×2.0mm（壁厚）×500mm（长），1 根；管 $\phi 50mm$（外径）×2.0mm（壁厚）×140mm（长），1 根。管角接形成的相贯线焊缝共三条，管角接三角架焊件装配图如图 1-1-1 所示。

【必备知识】

登录新的外部轴协调空白编程文件示教时，需要在程序文件设备下拉框中选择已添加外部轴的机构 Robot+G1（外部轴）的设备号，如图 1-1-2 所示。

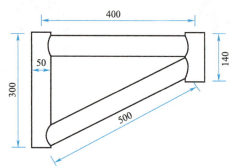

图 1-1-1 管角接三角架焊件装配图

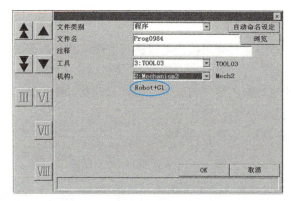

图 1-1-2 外部轴机构设备号图示

进入编程界面后，单击机器人与外部轴双协调图标，使机器人与外部轴协调动作，如图 1-1-3 所示。

存储示教点时，在指令下拉框中选择带 "+" 的外部轴协调插补指令（移动指令），如图 1-1-4 所示。

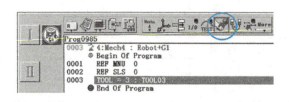

图 1-1-3 机器人与外部轴双协调图标图示　　图 1-1-4 外部轴协调示教点插补指令图示

【实操建议】

由于该系统增加了外部轴变位装置，通过机器人与外部轴协调动作，使管角接三角架焊件焊缝始终处于最佳焊接位置上（船形焊位置或水平焊位置），因此在焊接质量和效率方面优于固定工位。但示教过程中要防止点与点之间机器人姿态突变（指机器人姿态变化而焊枪无位移的情况），而应使点与点之间圆滑过渡，同时要防止机器人与焊件之间发生碰撞。焊接工艺如下：

1. 焊接参数

采用 MAG（熔化极活性气体保护焊）焊接工艺，保护气体为 80%Ar+20%CO_2，焊接层次为单层单道，管角接三角架焊件焊接参数见表 1-1-2。

表 1-1-2 管角接三角架焊件焊接参数

焊接位置	焊接电流/A	焊接电压/V	焊接速度/(m/min)	收弧电流/A	收弧电压/V	收弧时间/s	气体流量/(L/min)
管角接相贯线协调	90~95	17~18	0.5~0.6	60~65	15.2~15.5	0.2~0.3	12~15

2. 质量要求

焊缝宽为 4~5mm，平滑不凸起，接头平滑，焊缝表面美观。管角接三角架焊缝轨迹规划如图 1-1-5 所示。

在图 1-1-5 中，为保证焊件质量和美观，减少起、收弧点，管角接三角架焊件协调焊接共有 1~3 三条焊缝，每条焊缝的起弧电流为 120A，起弧电压为 21V。

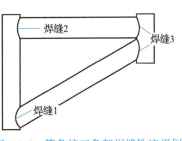

图 1-1-5 管角接三角架焊缝轨迹规划

【参见教学资源包一、技师、项目一：机器人与外部轴协调示教管角接三角架】

【实操步骤】

将管角接三角架焊件点固好，固定在外部轴上，管角接三角架焊件协调焊接方法与步骤见表 1-1-3。

表 1-1-3 管角接三角架焊件协调焊接方法与步骤

示教点	操作方法	图示	补充说明
P1	机器人原点，设 MOVEP，空走点		保存原点

(续)

示教点	操作方法	图示	补充说明
P2	焊缝 1 焊接准备点,设 MOVEP+,空走点	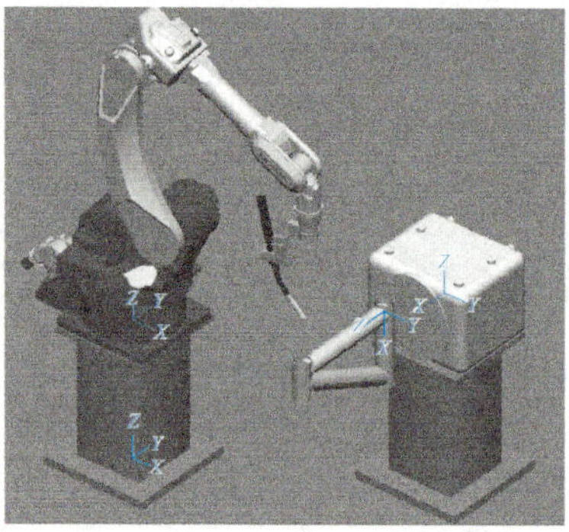	将焊枪逆时针方向旋转 180°
P3	焊缝 1 焊接起始点,设 MOVEC+,焊接点	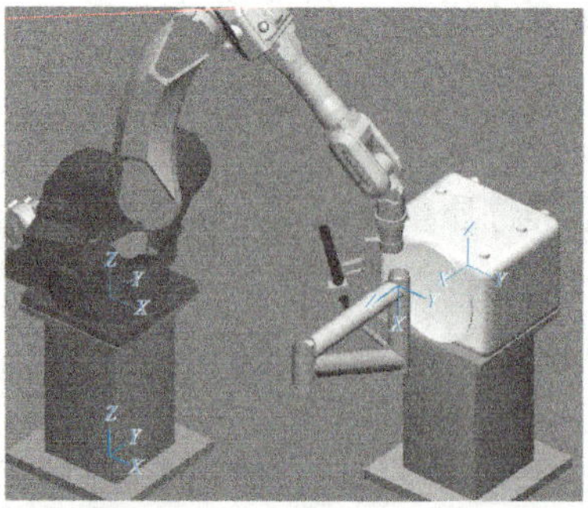	将机器人切换至工具坐标系,轴向移至焊接开始点 焊丝伸出长度 8~10mm
P4	焊缝 1 焊接中间点,设 MOVEC+,焊接点	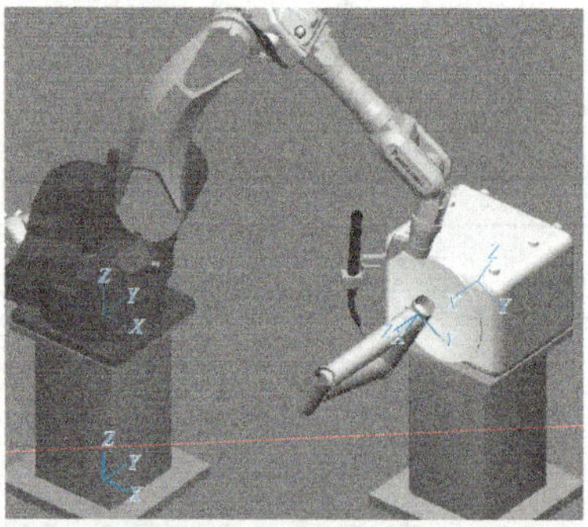	外部轴变位机顺时针方向转动 35°~45°
P5	焊缝 1 焊接中间点,设 MOVEC+,焊接点	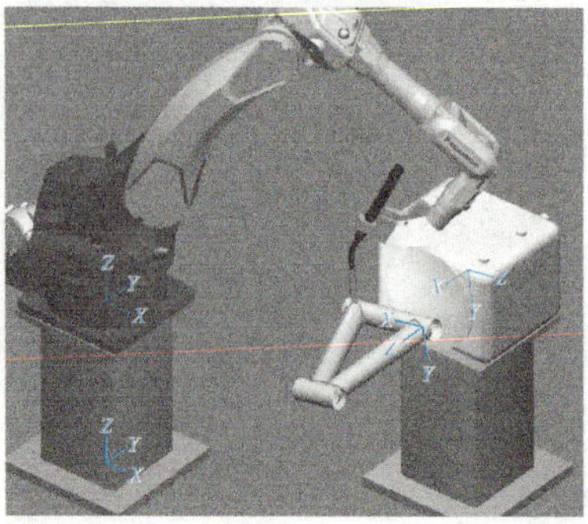	外部轴变位机顺时针方向转动 35°~45°

（续）

示教点	操作方法	图示	补充说明
P6	焊缝1焊接中间点，设MOVEC+，焊接点	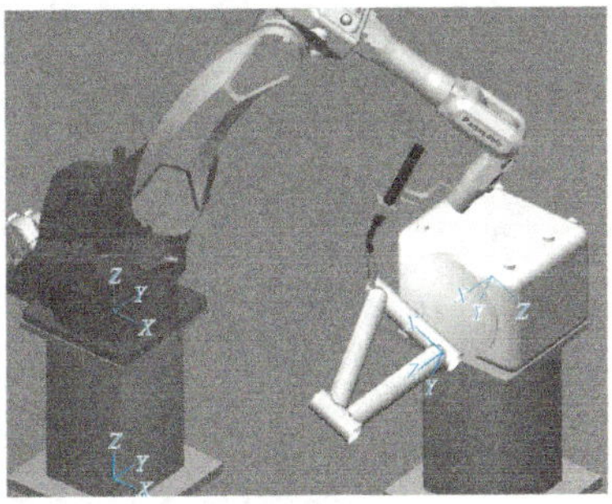	外部轴变位机顺时针方向转动35°~45°，焊枪对准焊缝中间位置
P7	焊缝1焊接中间点，设MOVEC+，焊接点	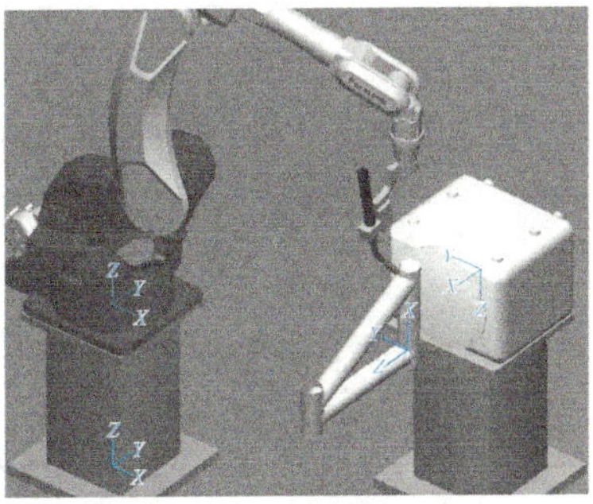	外部轴变位机顺时针方向转动35°~45°，焊枪对准焊缝中间位置
P8	焊缝1焊接中间点，设MOVEC+，焊接点	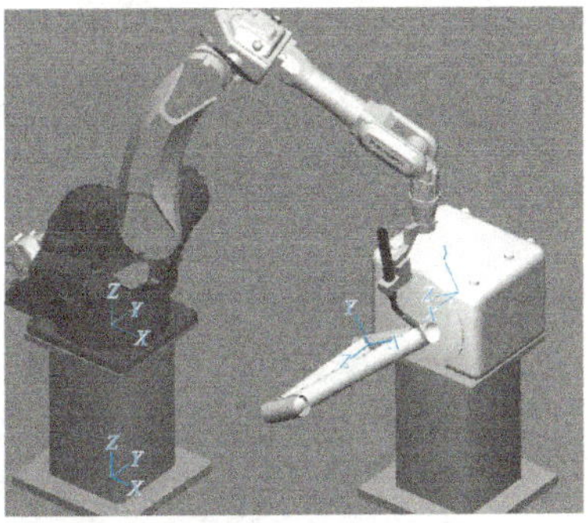	外部轴变位机顺时针方向转动35°~45°，焊枪对准焊缝中间位置
P9	焊缝1焊接中间点，设MOVEC+，焊接点	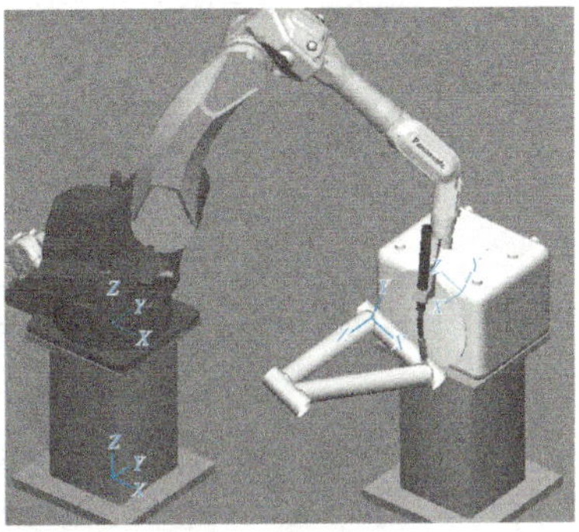	外部轴变位机顺时针方向转动35°~45°，焊枪对准焊缝中间位置

（续）

示教点	操作方法	图示	补充说明
P10	焊缝1焊接中间点，设MOVEC+，焊接点	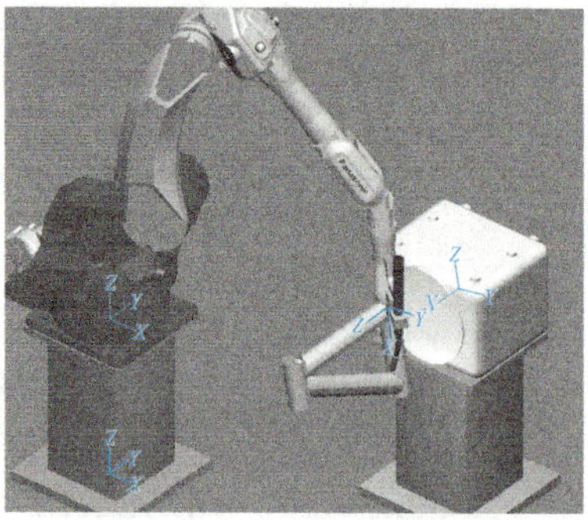	外部轴变位机顺时针方向转动35°~45°，焊枪对准焊缝中间位置
P11	焊缝1焊接结束点，设MOVEC+，空走点	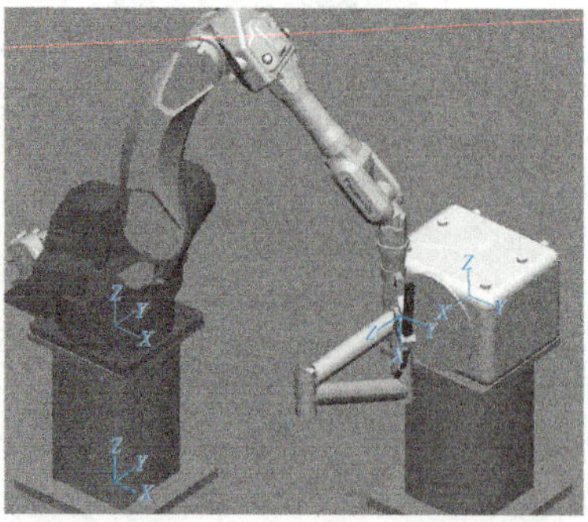	外部轴变位机顺时针方向转动35°~45°，焊枪对准焊缝中间位置
P12	焊缝1退避点，设MOVEL+，空走点	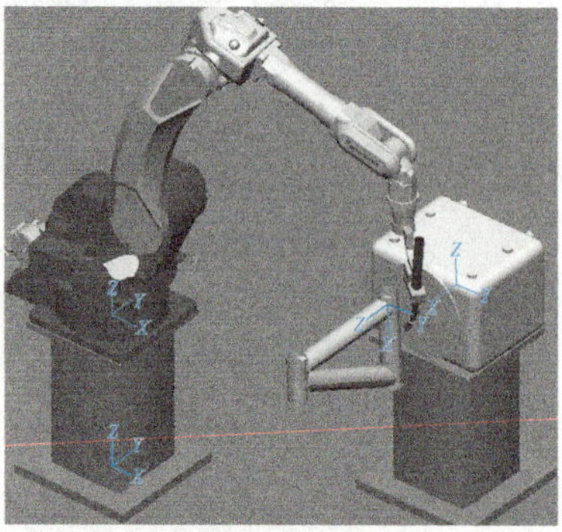	将工件逆时针旋转180°
P13	焊缝2过渡点，设MOVEP+，空走点	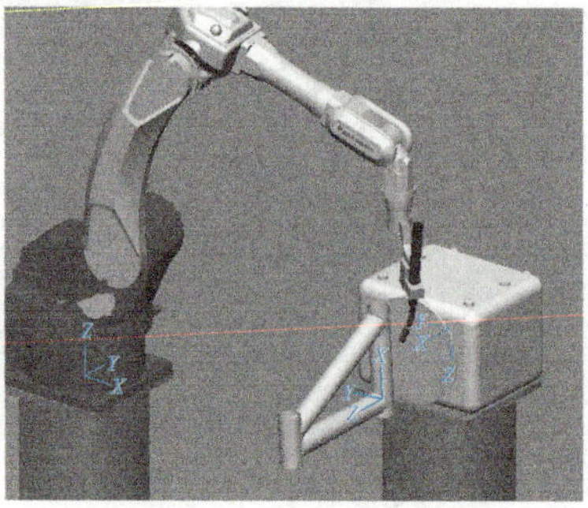	焊枪调整到焊缝2斜上方位置

(续)

示教点	操作方法	图示	补充说明
P14	焊缝2焊接开始点,设MOVEC+,焊接点	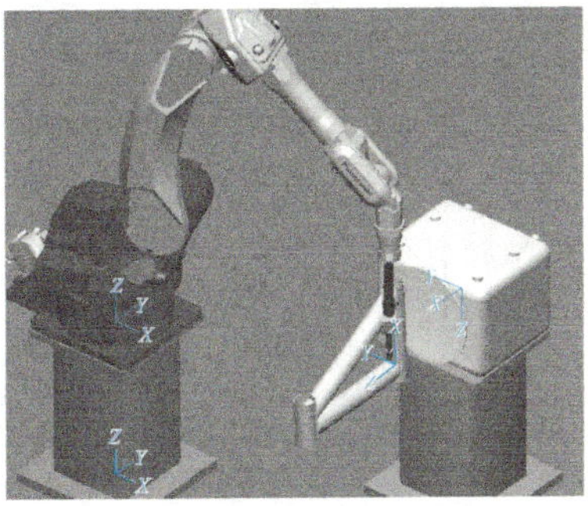	将机器人切换至工具坐标系,轴向移至焊接开始点
P15	焊缝2焊接中间点,设MOVEC+,焊接点	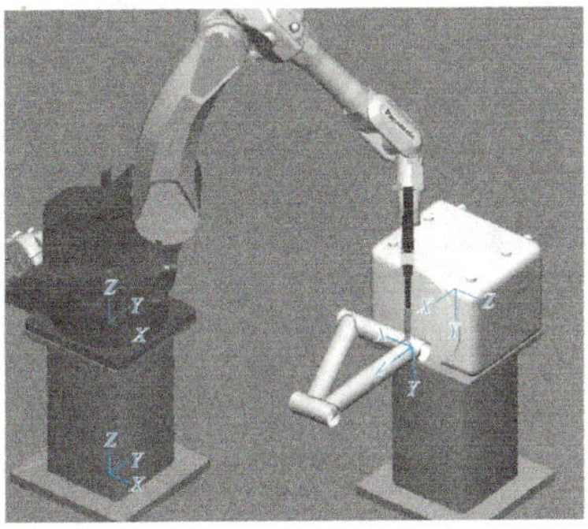	外部轴变位机逆时针方向转动70°~80°
P16	焊缝2焊接中间点,设MOVEC+,焊接点	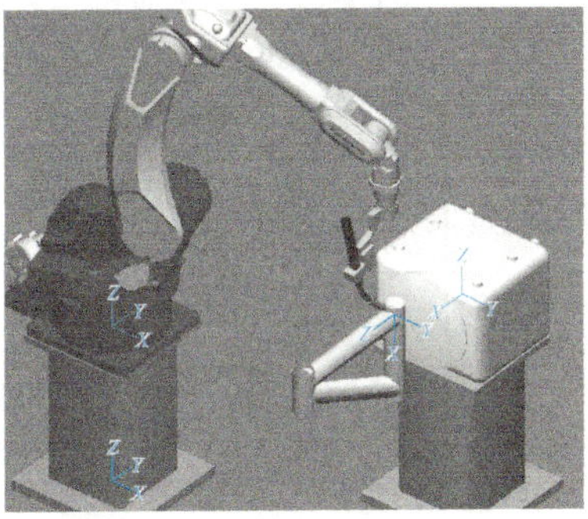	外部轴变位机逆时针方向转动70°~80°
P17	焊缝2焊接中间点,设MOVEC+,焊接点	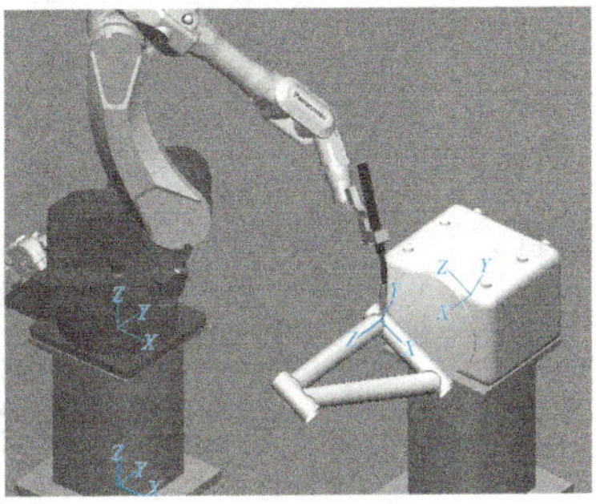	外部轴变位机逆时针方向转动70°~80°

(续)

示教点	操作方法	图示	补充说明
P18	焊缝 2 焊接中间点，设 MOVEC+，焊接点	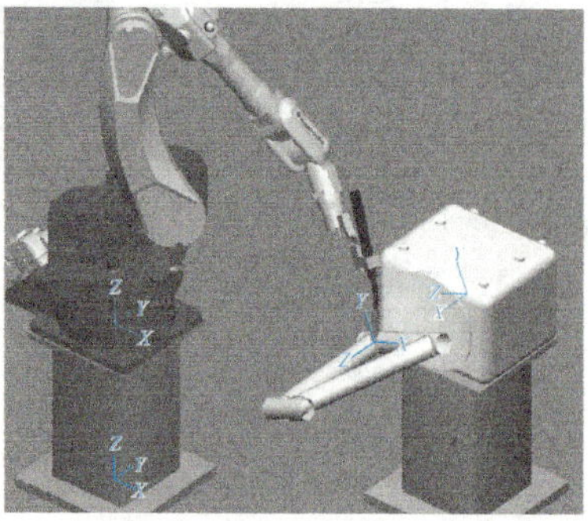	外部轴变位机逆时针方向转动 70°~80°
P19	焊缝 2 焊接结束点，设 MOVEC+，空走点	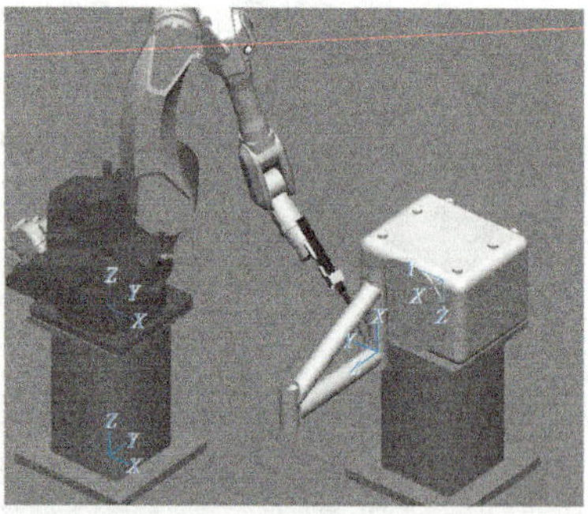	外部轴变位机逆时针方向转动 70°~80°
P20	焊缝 2 退避点，设 MOVEL+，空走点	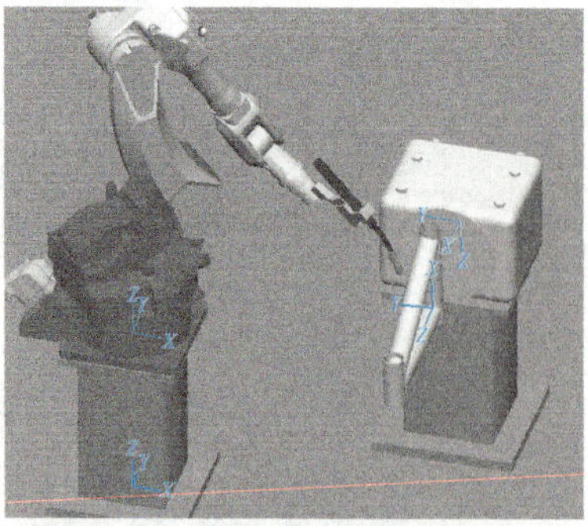	沿轴向退枪，同时将工件顺时针方向旋转 180°
P21	焊缝 3 进枪点，设 MOVEL+，空走点	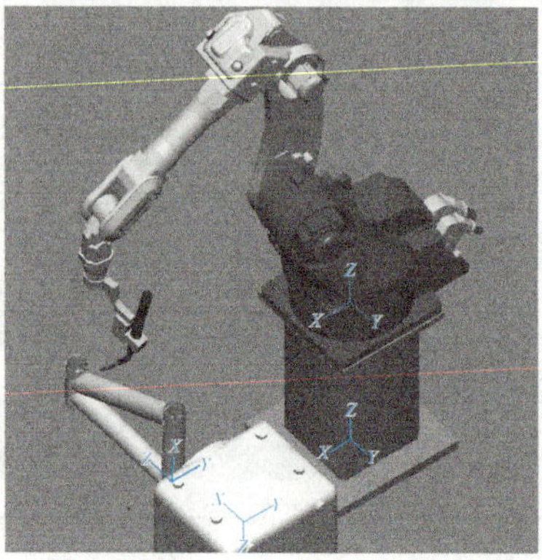	将焊枪顺时针旋转 90°，移动到焊缝 3 焊接开始点的斜上方位置

（续）

示教点	操作方法	图示	补充说明
P22	焊缝3焊接开始点，设MOVEC+，焊接点	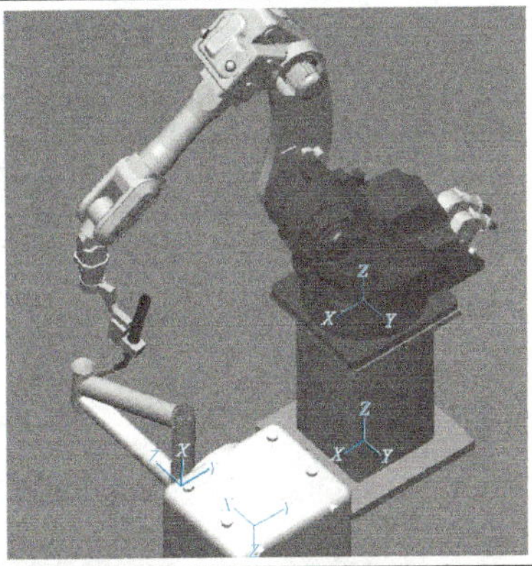	将机器人切换至工具坐标系，轴向移至焊接开始点
P23	焊缝3焊接中间点，设MOVEC+，焊接点	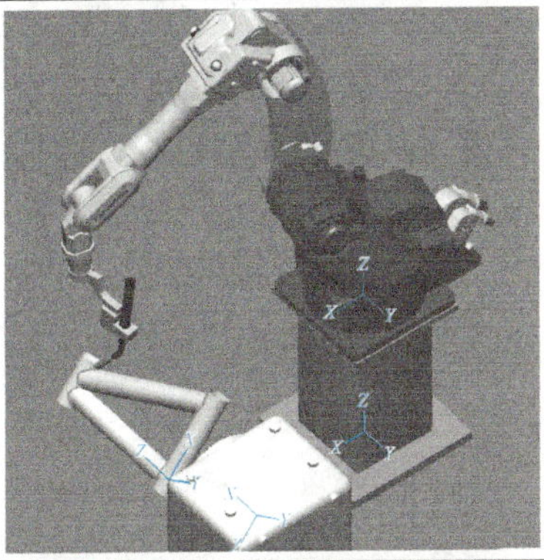	外部轴变位机逆时针方向转动35°~45°
P24	焊缝3焊接中间点，设MOVEC+，焊接点	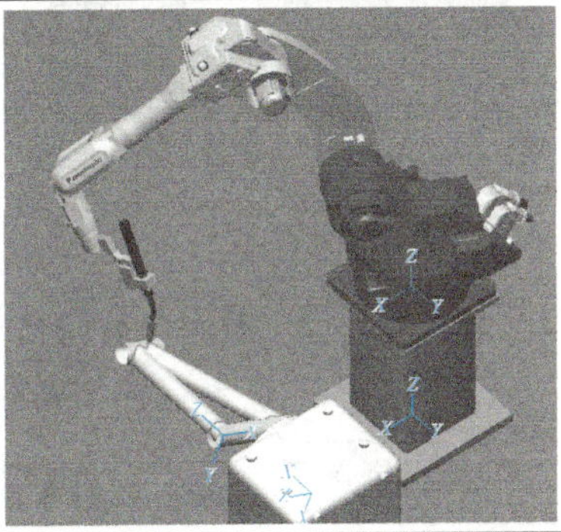	外部轴变位机顺时针方向转动35°~45°
P25	焊缝3焊接中间点，设MOVEC+，焊接点	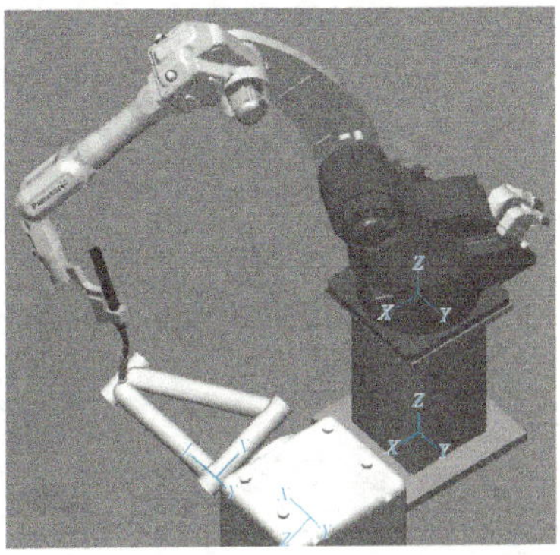	外部轴变位机顺时针方向转动10°~15°

（续）

示教点	操作方法	图示	补充说明
P26	焊缝3焊接中间点，设MOVEC+，焊接点	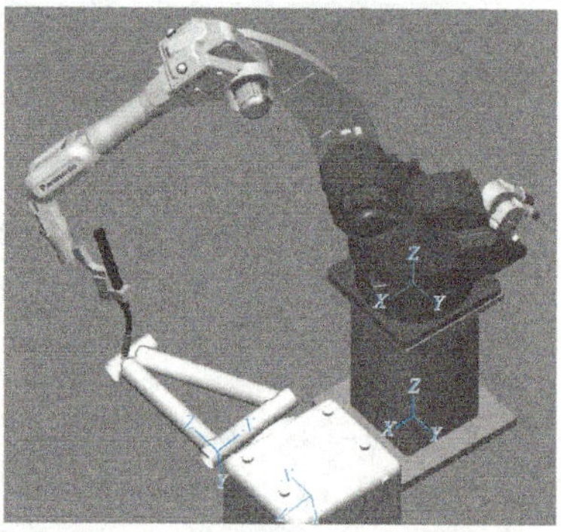	外部轴变位机逆时针方向转动10°～15°
P27	焊缝3焊接中间点，设MOVEC+，焊接点	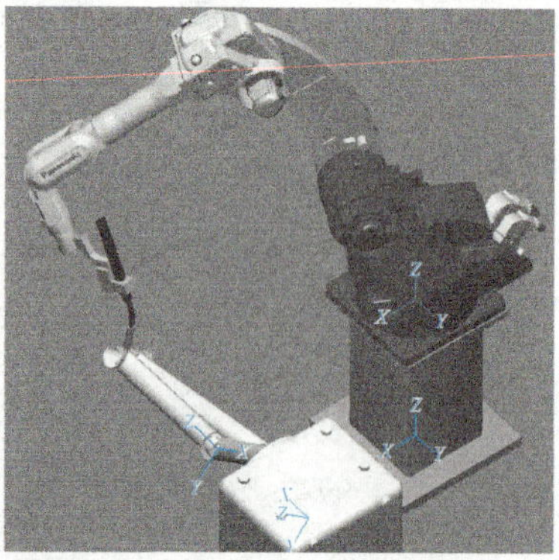	外部轴变位机逆时针方向转动35°～45°
P28	焊缝3焊接中间点，设MOVEC+，焊接点	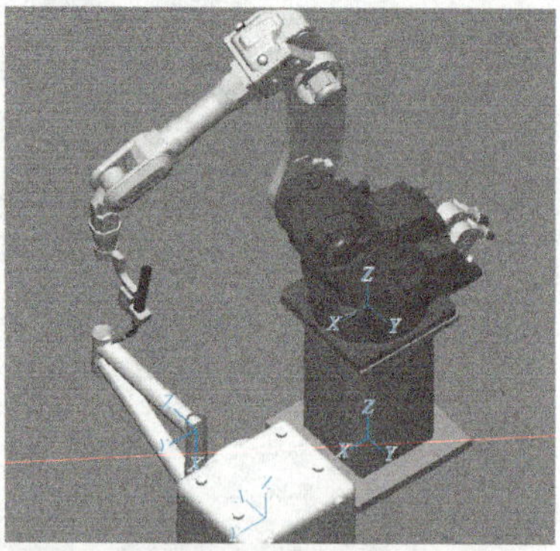	外部轴变位机逆时针方向转动35°～45°
P29	焊缝3焊接中间点，设MOVEC+，焊接点	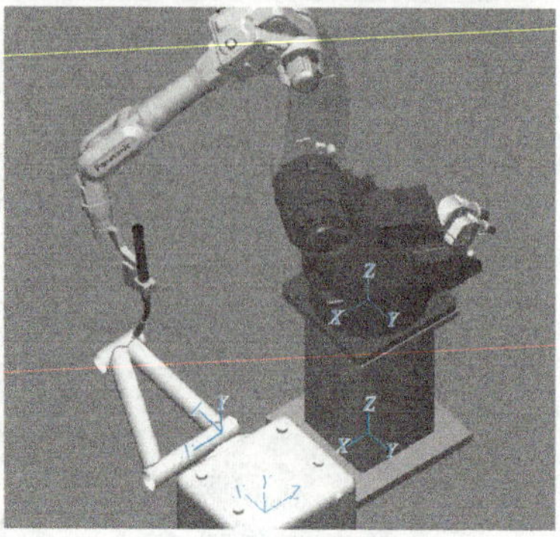	外部轴变位机逆时针方向转动10°～15°

(续)

示教点	操作方法	图示	补充说明
P30	焊缝3焊接中间点，设MOVEC+，焊接点	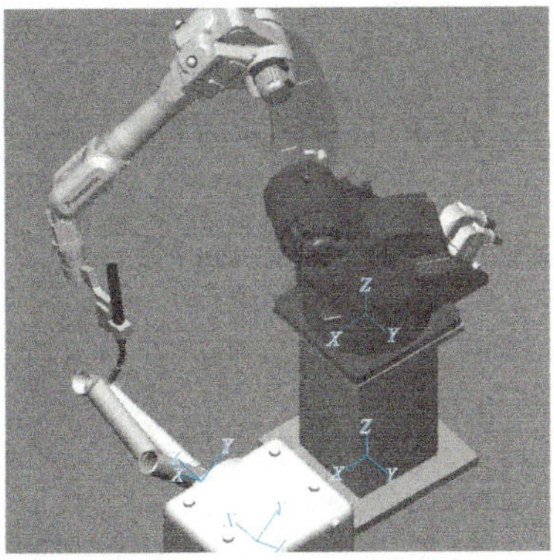	外部轴变位机顺时针方向转动10°~15°
P31	焊缝3焊接中间点，设MOVEC+，焊接点	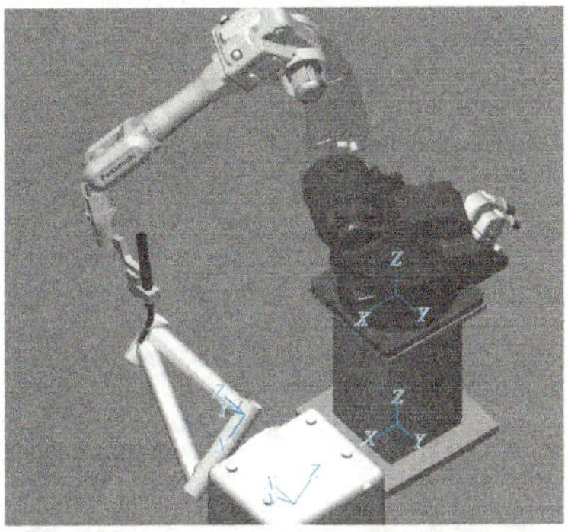	外部轴变位机顺时针方向转动30°~45°
P32	焊缝3焊接中间点，设MOVEC+，焊接点	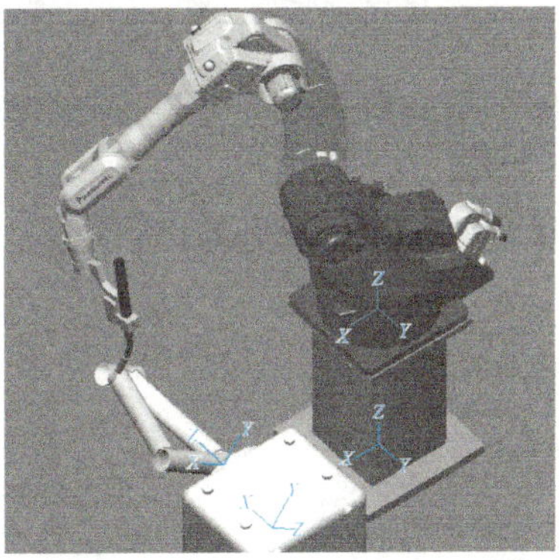	外部轴变位机逆时针方向转动30°~45°
P33	焊缝3焊接结束点，设MOVEC+，空走点	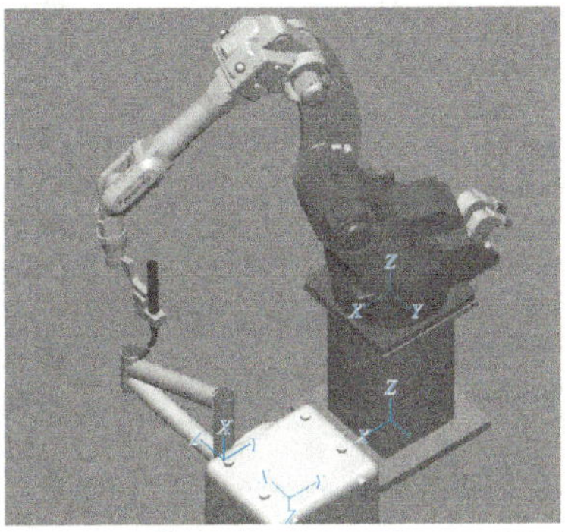	外部轴变位机逆时针方向转动30°~45°

（续）

示教点	操作方法	图示	补充说明
P34	焊缝 3 退枪点，设 MOVEL+，空走点	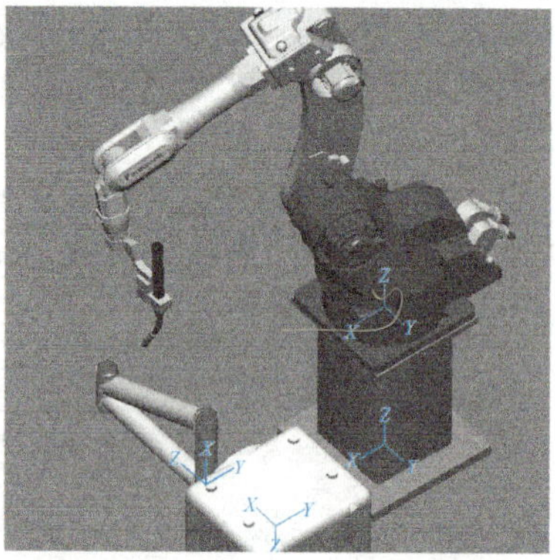	焊枪的退避位置应高过焊件，以防回位过程中发生碰撞
P35	复制 P1 点粘贴到此处，使机器人回到原点，设 MOVEP，空走点	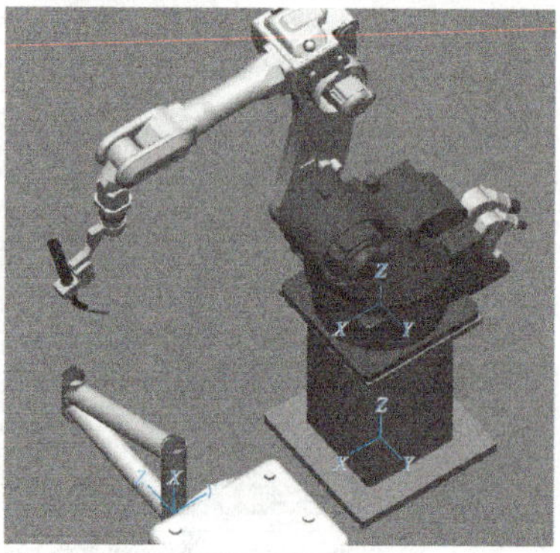	

机器人与外部轴协调的示教点都要选带"+"的指令，如 MOVEC+。管角接三角架协调焊接焊缝 1 程序如图 1-1-6 所示。

管角接三角架协调焊接焊缝 2 程序如图 1-1-7 所示。

```
TOOL = 1:TOOL01
● MOVEP  P001 20.00m/min
● MOVEP+ P002 20.00m/min
● MOVEC+ P003 20.00m/min
  ARC-SET AMP=95 VOLT=18.0 S=0.60
  ARC-ON ArcStart1 PROCESS=1
● MOVEC+ P004 0.60m/min
● MOVEC+ P005 0.60m/min
● MOVEC+ P006 0.60m/min
● MOVEC+ P007 0.60m/min
● MOVEC+ P008 0.60m/min
● MOVEC+ P009 0.60m/min
● MOVEC+ P010 0.60m/min
● MOVEC+ P011 0.60m/min
  CRATER AMP=65 VOLT=15.5 T=0.30
  ARC-OFF ArcEnd1 PROCESS=1
● MOVEP+ P012 20.00m/min
```

```
● MOVEC+ P013 0.60m/min
● MOVEC+ P014 0.60m/min
● MOVEC+ P015 20.00m/min
● MOVEC+ P016 20.00m/min
  ARC-SET AMP=95 VOLT=18.0 S=0.60
  ARC-ON ArcStart1 PROCESS=1
● MOVEC+ P017 0.60m/min
● MOVEC+ P018 0.60m/min
● MOVEC+ P019 0.60m/min
  CRATER AMP=65 VOLT=15.5 T=0.30
  ARC-OFF ArcEnd1 PROCESS=1
● MOVEP+ P020 20.00m/min
● MOVEP+ P021 20.00m/min
```

图 1-1-6　管角接三角架协调焊接焊缝 1 程序　　图 1-1-7　管角接三角架协调焊接焊缝 2 程序

管角接三角架协调焊接焊缝 3 程序如图 1-1-8 所示。

管角接三角架焊后图片如图 1-1-9 所示。

```
MOVEC+ P022 20.00m/min
   ARC-SET AMP=95 VOLT=18.0 S=0.60
   ARC-ON ArcStart1 PROCESS=1
MOVEC+ P023 0.60m/min
MOVEC+ P024 0.60m/min
MOVEC+ P025 0.60m/min
MOVEC+ P026 0.60m/min
MOVEC+ P027 0.60m/min
MOVEC+ P028 0.60m/min
MOVEC+ P029 0.60m/min
MOVEC+ P030 0.60m/min
MOVEC+ P031 0.60m/min
MOVEC+ P032 0.60m/min
MOVEC+ P033 0.60m/min
   CRATER AMP=65 VOLT=15.5 T=0.30
   ARC-OFF ArcEnd1 PROCESS=1
MOVEP+ P034 20.00m/min
MOVEP+ P035 20.00m/min
```

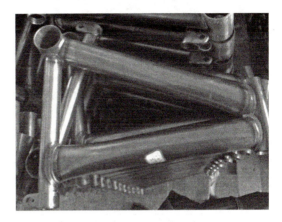

图 1-1-8 管角接三角架协调焊接焊缝 3 程序　　　图 1-1-9 管角接三角架焊后图片

【项目评价】

管角接三角架协调焊接项目评分标准见表 1-1-4。

表 1-1-4　管角接三角架协调焊接项目评分标准

检查项目	评判标准及分数	焊接等级			
		Ⅰ	Ⅱ	Ⅲ	Ⅳ
焊缝宽度	标准/mm	5	>4.5，≤5.5	>3.5，≤6.5	≤3.5，>6.5
	分数	20	14	8	0
焊缝余高	标准/mm	0~1	>1~2	>2~3	<0，>3
	分数	10	7	4	0
咬边	标准/mm	0	深度≤0.5		深度>0.5
	分数	10	每2mm扣1分		0
焊穿	标准	无	1处	2处	3处及以上
	分数	20	14	8	0
未焊透	标准/mm	0~2	>2~4	>4~6	>6
	分数	20	14	8	0
所有焊缝外观成形		优	良	一般	差
	标准	成形美观，焊纹均匀细密，高低宽窄一致，焊脚尺寸合格	成形较好，焊纹均匀，焊缝平整，焊脚尺寸合格	成形尚可，焊缝平直，焊脚尺寸合格	焊缝弯曲，高低宽窄明显，有表面焊接缺陷，焊脚尺寸不合格
	分数	20	14	8	0

注：1. 焊缝表面已修补或在焊件上做舞弊标记，则该焊件为 0 分。
　　2. 凡焊缝表面有裂纹、夹渣、未熔合、气孔、焊瘤等缺陷之一的，该焊件外观为 0 分。

项目二　角焊缝接触传感机器人摆动焊接编程

【实操目的】
掌握采用机器人与接触传感进行平角摆动焊接的操作方法。

【实操内容】
采用机器人与接触传感进行平角摆动焊接操作。

【工具及材料准备】

1. 设备和工具准备明细（表1-2-1）

表1-2-1　设备和工具准备明细

序号	名称	型号与规格	单位	数量	备注
1	弧焊机器人	臂伸长1800mm	台	1	含焊接电源
2	传感焊枪	450A	把	1	水冷
3	传感送丝机	500型	台	1	
4	焊丝	ER50-6、ϕ0.8mm	盒	1	
5	混合气	80%Ar+20%CO_2	瓶	1	
6	头戴式面罩	自定	副	1	
7	纱手套	自定	副	1	
8	钢丝刷	自定	把	1	
9	尖嘴钳	自定	把	1	
10	扳手	自定	把	1	
11	钢直尺	自定	把	1	
12	十字槽螺钉旋具	自定	把	1	
13	敲渣锤	自定	把	1	
14	定位块	自定	副	2	
15	焊缝测量尺	自定	把	1	
16	粉笔	自定	根	1	
17	角向磨光机	自定	台	1	
18	劳保用品	帆布工作服、工作鞋	套	1	

2. 焊件准备

材质为Q235；焊件尺寸：板200mm（长）×100mm（宽）×6mm（厚）2块，T形接头焊件装配如图1-2-1所示。

【必备知识】

1. 中厚板焊接机器人接触传感

中厚板焊接机器人系统软件由各功能模块组成，根据不同的工艺要求可自行选择，各个模块具有接触传感功能，该功能设置了自动检测一轴传感器和角焊传感器功能。一

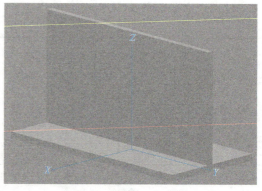

图1-2-1　T形接头焊件装配

轴接触式传感器如图1-2-2所示。上下与左右两方向的角焊传感器如图1-2-3所示。

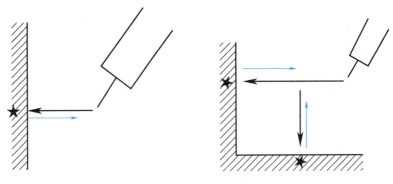

图1-2-2 一轴接触式传感器　　　　图1-2-3 角焊传感器

2. 接触传感菜单

以松下机器人为例,每一个接触传感器文件可设置00~99组接触传感菜单,由于在同一传感程序中传感编号不能重复使用(2点传感除外),实际教学中建议使用SLS00.rpg标准文件中的传感编号,即一组传感编号固定对应一组传感动作,这样比较便于查找和工作交流。SLS00.rpg文件接触传感菜单明细见表1-2-2。

表1-2-2　SLS00.rpg文件接触传感菜单明细

传感编号	传感动作	传感编号	传感动作	传感编号	传感动作
00	laxis $Z-$	20	laxis $Z-$	40	laxis (3D)、$Y+$
01	laxis $X+(2)$	21	laxis $Z-$	41	laxis $Tp-$
02	laxis $X+$	22	laxis $Z-$	42	laxis $Tp-$
03	laxis Tz	23	laxis $Z-$	43	laxis $Tp-$
04	laxis $X-$	24	laxis $Z-$	44	laxis $Tv-$
05	laxis $Y+$	25	laxis Tz	45	laxis $Tv-$
06	laxis $Y+$	26	laxis Tz	46	laxis $Tv-$
07	laxis $Y-$	27	laxis Tz	47	laxis (3D)、$X-$
08	laxis $Y-$	28	laxis Tf	48	laxis (3D)、$X-$
09	laxis Txy	29	laxis Tf	49	laxis (3D)、$Y-$
10	laxis Txy	30	laxis Tf	50	laxis (3D)、$Y-$
11	laxis Txy	31	laxis $Tp+$	51	Fillet $X+$、Z
12	laxis (3D)、$T+$	32	laxis $Tp+$	52	Fillet $X-$、Z
13	laxis (3D)、$T+$	33	laxis $Tp+$	53	Fillet $Y+$、Z
14	laxis (3D)、$T-$	34	laxis $Tv+$	54	Fillet $Y-$、Z
15	laxis (3D)、$T-$	35	laxis $Tv+$	55	Fillet $T+$、Z
16	laxis (3D)、$Tp+$	36	laxis $Tv+$	56	Fillet Txy、z
17	laxis (3D)、$Tp+$	37	laxis (3D)、$X+$	57	Fillet Txy、z
18	laxis (3D)、$Tp-$	38	laxis (3D)、$X+$	58	Groove X
19	laxis (3D)、$Tp-$	39	laxis (3D)、$Y+$	59	Groove X

（续）

传感编号	传感动作	传感编号	传感动作	传感编号	传感动作
60	Groove T	74	laxis $Y-(2)$	88	Groove $X(2)$
61	Fillet Z、$X+$	75	laxis $Z-(2)$	89	Groove $Y(2)$
62	Fillet Z、$X-$	76	laxis $T+(2)$	90	Groove Y
63	Fillet Z、$Y+$	77	laxis $Txy(2)$	91	G-width $X(2)$
64	Fillet Z、$Y-$	78	laxis Tz	92	G-width Y
65	Fillet Z、$T+$	79	Groove $T(2)$	93	Fillet Z、$Y+(2)$
66	Fillet Z、Txy	80	Groove $Tp(2)$	94	Fillet Z、$Y-(2)$
67	Fillet Z、Txy	81	Fillet $X+$、$Z(2)$	95	Fillet Z、$T+(2)$
68	Groove Y	82	Fillet $X-$、$Z(2)$	96	Fillet Z、$Txy(2)$
69	Groove Y	83	Fillet $Y+$、$Z(2)$	97	Fillet Z、$Txy(2)$
70	Groove Tp	84	Fillet $Y-$、$Z(2)$	98	non（连续出丝）
71	laxis $X+(2)$	85	Fillet $T+$、$Z(2)$	99	EXT（备用）
72	laxis $X-(2)$	86	Fillet Txy、$z(2)$		
73	laxis $Y+(2)$	87	Fillet Txy、$z(2)$		

注：表中"laxis"表示一轴传感，"Fillet"表示角焊缝传感，"Groove"表示坡口传感，"G-width"表示坡口检测传感。"（）"内数值为"2"的为2点传感，如传感编号01 laxis $X+(2)$表示一轴$X+$方向的2点传感。

3. 复合传感示教

由于焊缝不只是在一个方向上有偏移，因此当焊缝在多个方向上发生偏移时，可以在几个相互垂直的方向上进行传感，并将补偿数据合并使用，这称为复合传感。

在传感开始位置上，补偿编号为复合传感的编号。示教传感开始位置时，设定了补偿编号后即可示教该补偿数据的复合传感，如图1-2-4所示。

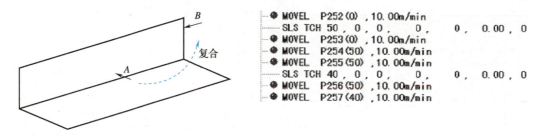

图1-2-4 复合传感示教示意图

图1-2-4是将50号传感补偿加到40号上，进行复合传感的图例。使用编号40补偿后，40号与50号的补偿量将同时被反映。下面通过一个复合传感实例予以详解。

如图1-2-5所示，示教编辑一个使用复合传感的程序。

图1-2-5中，依次进行P1～P12的示教动作，进行多重传感，程序（Prog1207.rpg）如下
（其中，"○"为空走或传感点，"●"为焊接点）：

Prog1207.rpg

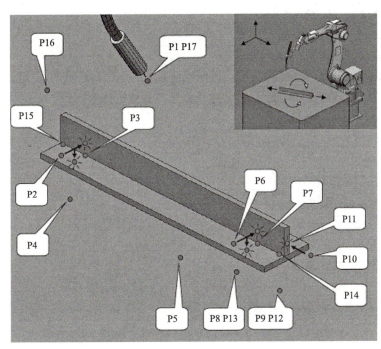

图 1-2-5 复合传感示教点图示

1:Mech:Robot

◎Begin of Program

REF MNU 0 …………指定参照 MNU 文件夹中的焊接规范文件,此例为 MNU00.rpg

REF SLS 0 …………通过指定编号打开程序动作中要使用的接触传感器文件,此例指定为 SLS00.rpg

TOOL=1:TOOL0001

○MOVEP P1(0),20.00m/min

　　OUT o1#(1:O1#001) = ON …………控制系统输出传感焊枪气缸夹紧焊丝信号,准备进行初始位置跟踪(接触传感)

○MOVEL P2(0),6.00 m/min…………焊接开始处角焊缝传感

　　SLS TCH 52 ,0 ,0 ,0 ,0 , 0.00, 0, Fillet,$X-.Z$

○MOVEL P3(0) ,6.00 m/min

○MOVEL P4(52) ,6.00 m/min

○MOVEL P5(52) ,6.00 m/min

○MOVEL P6(52) ,6.00 m/min …………焊接结束处角焊缝传感

　　SLS TCH 62 ,0 ,0 ,0 ,0 , 0.00, 0, Fillet,$X-.Z$

○MOVEL P7(52) ,6.00 m/min

○MOVEL P8(62) ,6.00 m/min

○MOVEL P9(62) ,6.00 m/min

○MOVEL P10(62) ,6.00 m/min…………焊接结束处焊件侧面一轴传感

　　SLS TCH 7 ,0 ,0 , 0 , 0.00 ,1 ,Laxis,$Y-$

○MOVEL　P11(62),6.00 m/min
○MOVEP　P12(7),6.00 m/min
○MOVEL　P13(7),6.00 m/min
　　　OUT o1#(1:O1#001) = OFF ………控制系统输出信号,焊枪处焊丝压紧气缸松开
　　　OUT o1#(2:O1#002) = OFF ………送丝机压把处气缸压紧焊丝,准备送丝和焊接
●MOVEL　P14(52),6.00 m/min
　　　MNU　WLD#1　A=200 V=24.0　S=0.20 ……… 指定要使用的焊接规范菜单编号
　　　　　　　　　　　　　　　　　　　　　　　为WLD#1,作为焊缝参数
　　　ARC-ON　RETER=0
○MOVEL　P15(62),6.00 m/min
　　　ARC-OFF　RELEASE=0
○MOVEL　P16(52),6.00 m/min
○MOVEL　P17(0),20.00 m/min
⊙End of Program……………………………… 程序结束

机器人系统及T形接头焊件如图1-2-6所示:

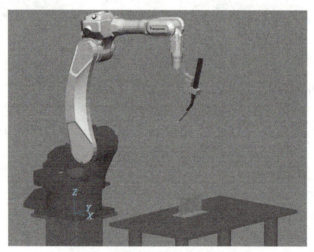

图1-2-6　机器人系统及T形接头焊件

【实操建议】

采用CO_2/MAG焊接工艺,保护气体为80%Ar+20%CO_2,焊接层次为单层单道,T形接头平角焊工艺参数见表1-2-3。

表1-2-3　T形接头平角焊工艺参数

焊接类型	焊接电流/A	焊接电压/V	焊接速度/(m/min)	收弧电流/A	收弧电压/V	收弧时间/s	气体流量/(L/min)
平角焊	220~250	25~27	0.3~0.4	150~160	21~22	0.3~0.4	15~20

【参见教学资源包一、技师、项目二:角焊缝接触传感机器人摆动焊接编程】

【实操步骤】

T形接头角焊缝接触传感及摆动焊接实操步骤见表1-2-4。

表1-2-4 T形接头角焊缝接触传感及摆动焊接实操步骤

示教点	操作方法	图示	补充说明
P1	设置机器人原点，设MOVEP，空走	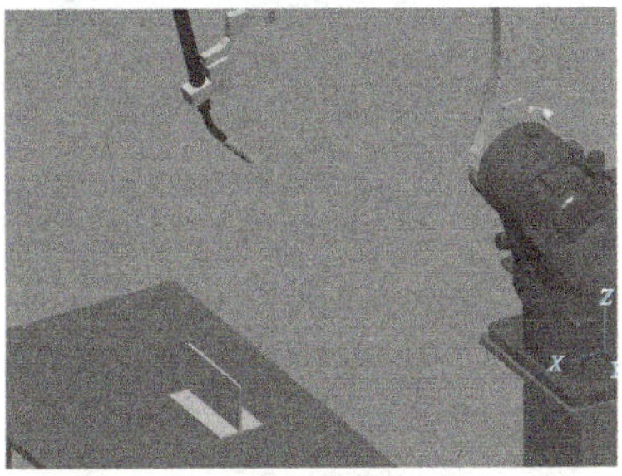	
	在焊件的角焊缝开始端示教角焊缝传感位置，设MOVEL，空走 示教器上的操作如下：	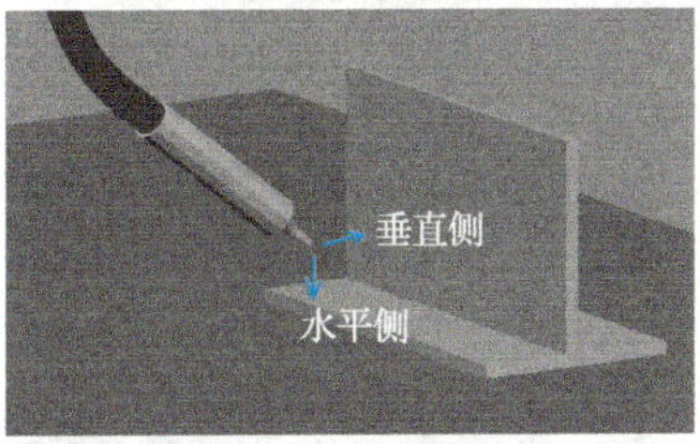	
P2	1）单击"OK"确定后，进入示教点设定界面，设MOVEL，空走，点选传感开始点		
	2）单击"OK"确定后，进入传感菜单设定界面	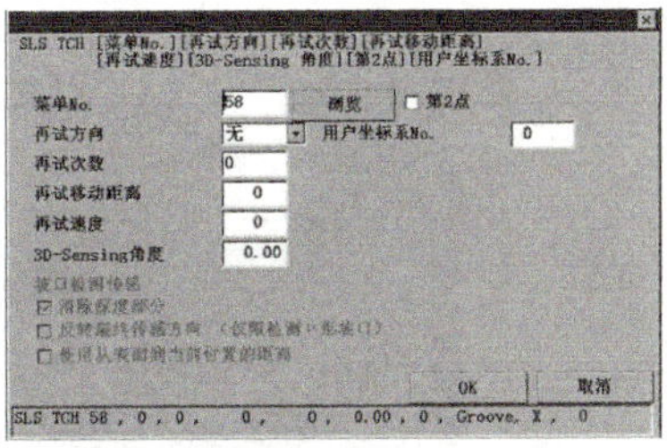	
	3）单击"OK"确定后，再选择"0"号传感文件中的传感编号"52"角焊缝传感Fillet，"X-.Z"方向	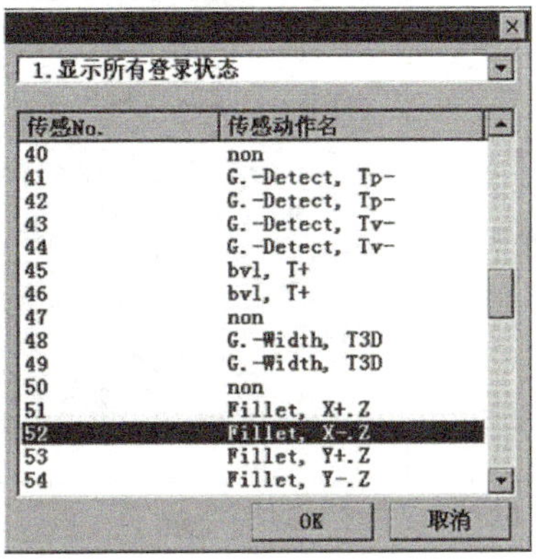	

(续)

示教点	操作方法	图示	补充说明
P2	4) 按下动作功能键开始传感		
	5) 传感动作结束后,就会生成角焊缝传感程序	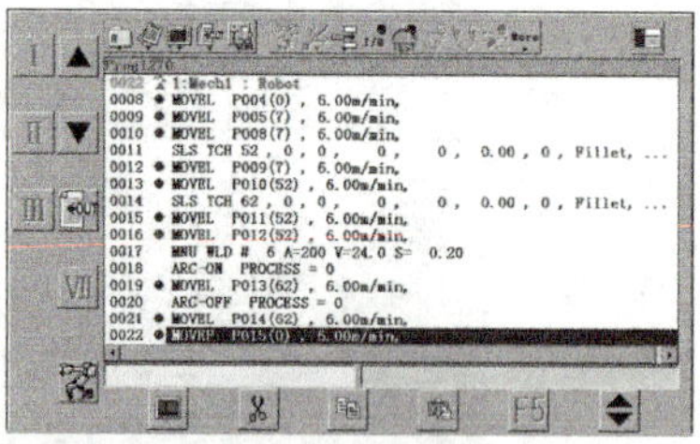	
P3	退避点,自动生成。退避距离可设定	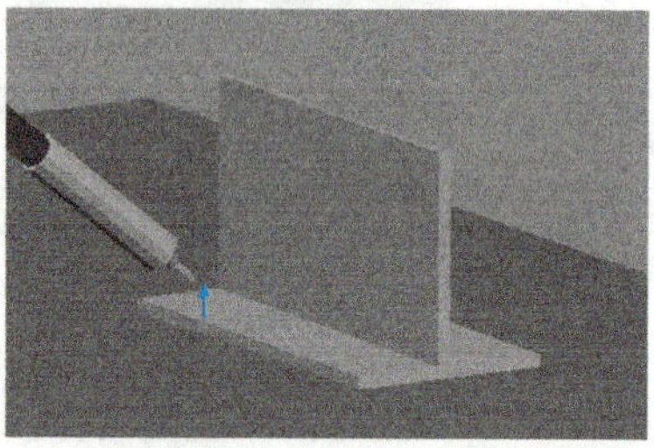	
P4	过渡点,设 MOVEL,空走	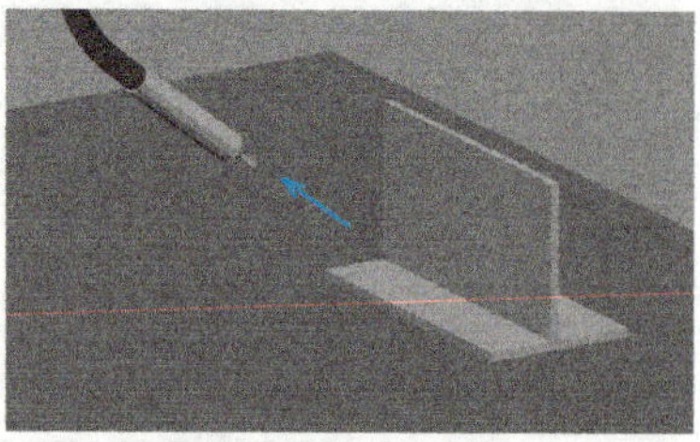	
P5	示教角焊缝传感过渡点,设 MOVEP,空走	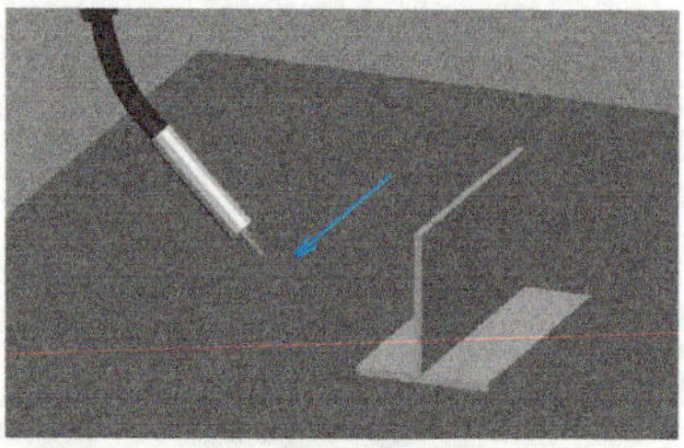	

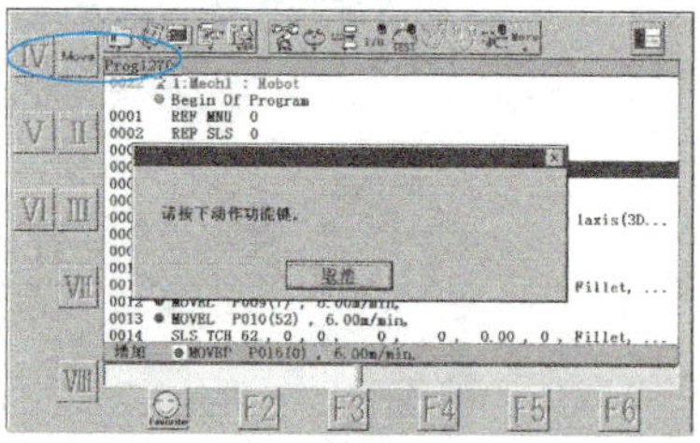

（续）

示教点	操作方法	图示	补充说明
P6	在焊件的角焊缝结束端示教角焊缝传感位置，设 MOVEL，空走 示教器上的操作步骤与起始端基本相同。与起始端不同的是：选择"0"号传感文件中的传感编号"62"角焊缝传感 Fillet，"X-、Z"方向（图略）	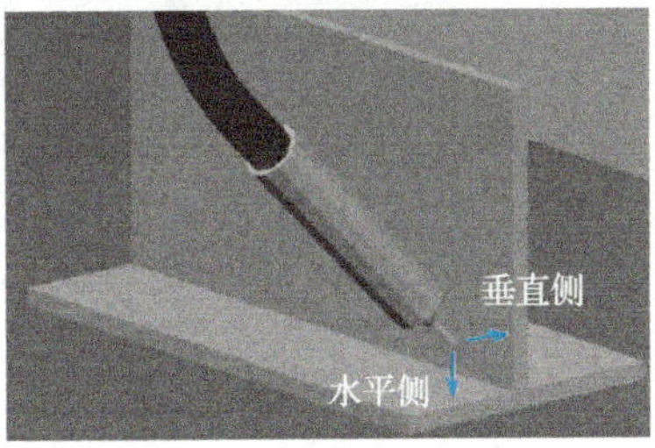 （垂直侧、水平侧）	同一文件中的传感编号不能重复使用（2 点传感器除外）
P7	角焊缝传感 Fillet 退避点，该点自动生成，退避点距离可以设定	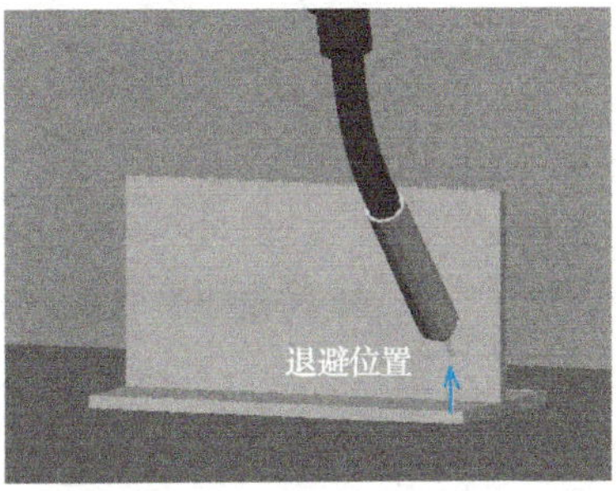 （退避位置）	
P8	示教过渡点，设 MOVEP，空走	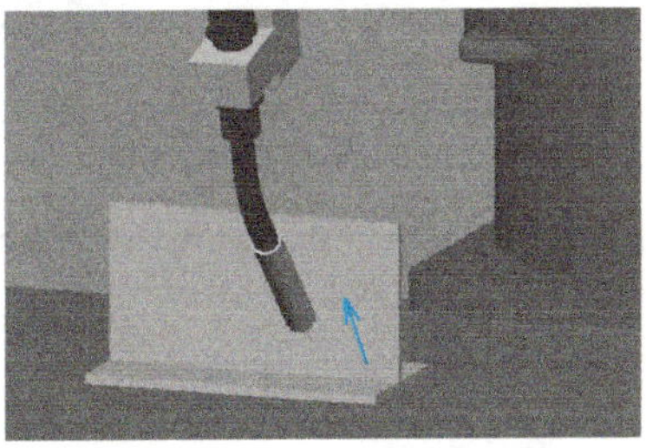	
P9	在焊件的右侧示教一轴传感位置，设 MOVEL，空走 示教器上的操作如下： 1) 单击"OK"确定后，进入示教点设定界面，设 MOVEL，空走，点选传感开始点	（传感位置） 插补 MOVEL ☑ 传感开始点　传感补正No. 0 OK → 回车键 取消 → 取消键	

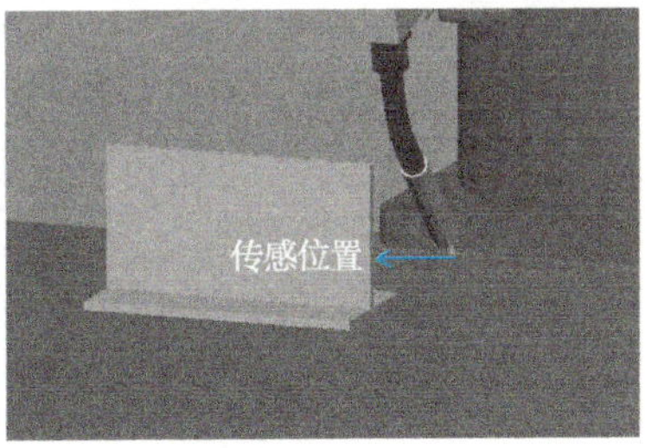

(续)

示教点	操作方法	图示	补充说明
P9	2）单击"OK"确定后，进入传感菜单设定界面	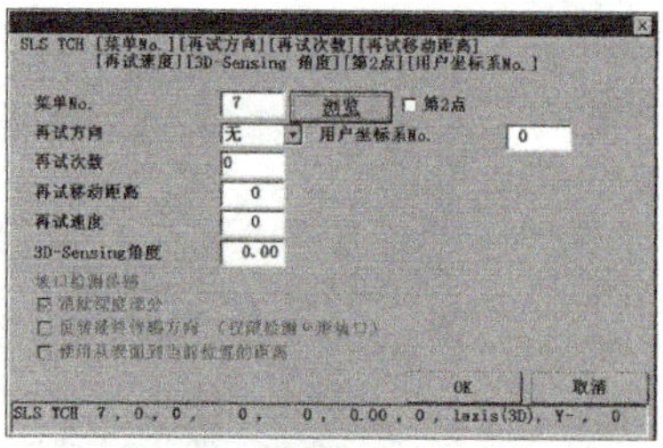	
	3）单击"OK"确定后，再选择"0"号传感文件中的传感编号"07"一轴传感Laxis，"Y-"方向	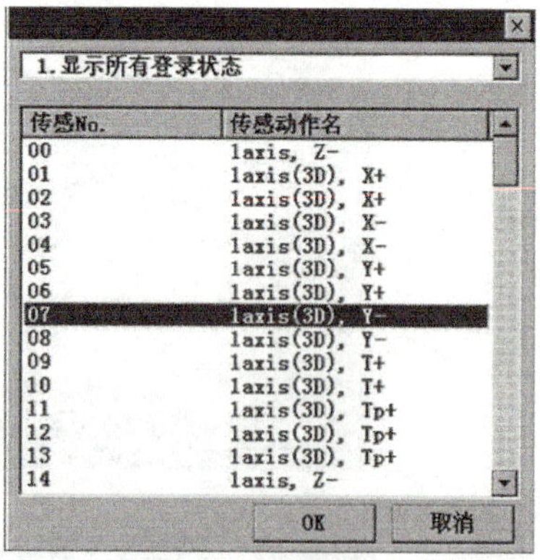	
	4）按下动作功能键开始传感，传感动作结束后，就会生成一轴传感程序	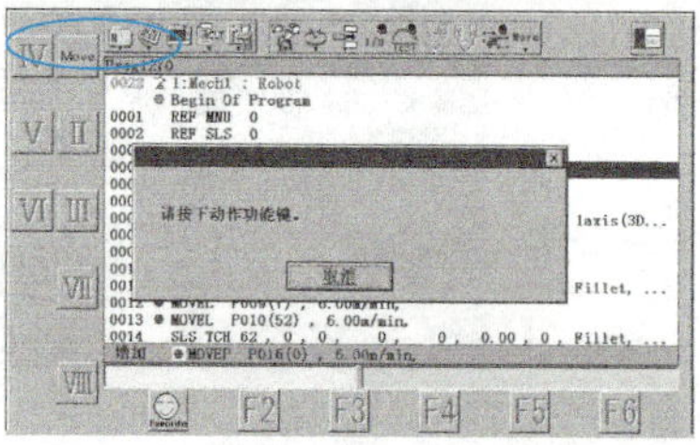	
P10	一轴传感Laxis退避点，该点为自动生成，退避点距离可以设定	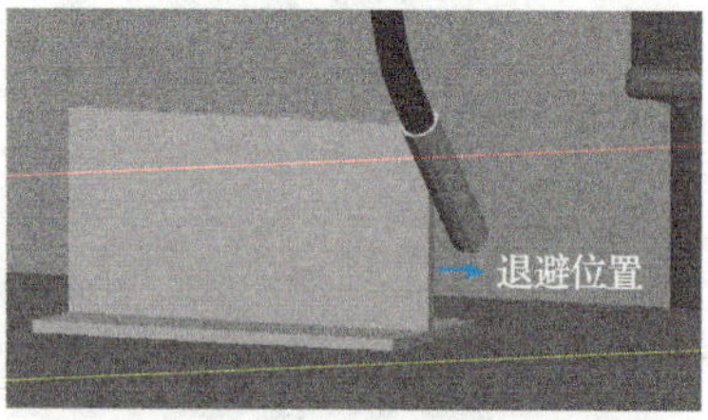	
P11	过渡点，设MOVEP，空走	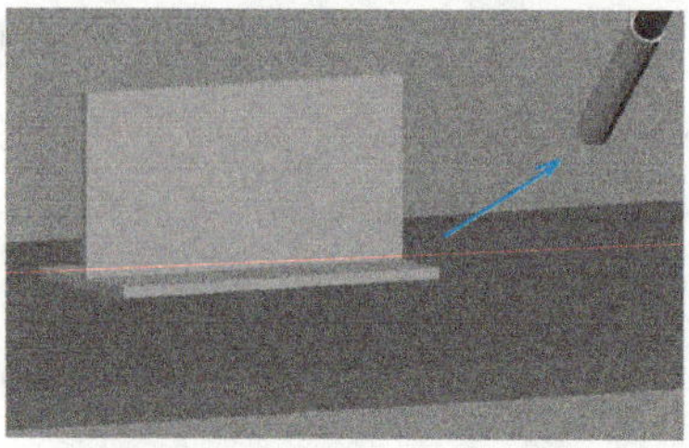	

(续)

示教点	操作方法	图示	补充说明
P12	焊接过渡点，设MOVEL，空走	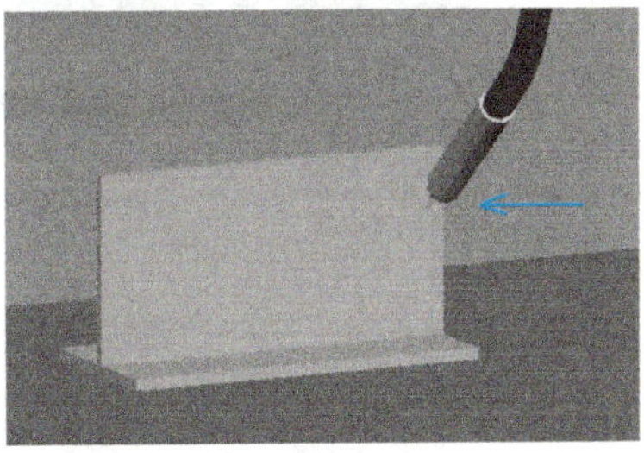	
P13	焊接过渡点，设MOVEL，空走	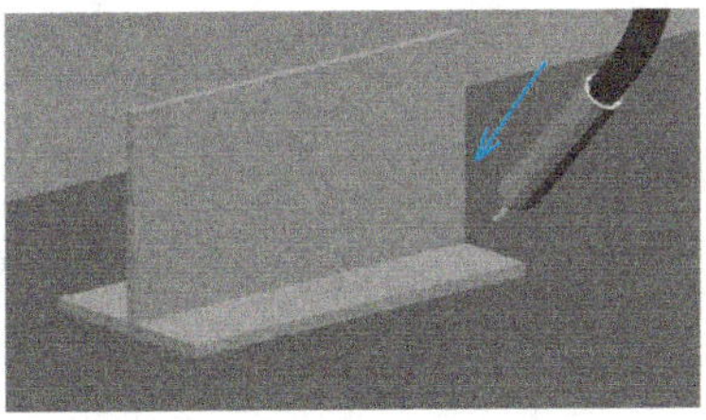	
P14	示教焊接开始点，设MOVEL，焊接点 数据库功能在示教器上的操作如下：	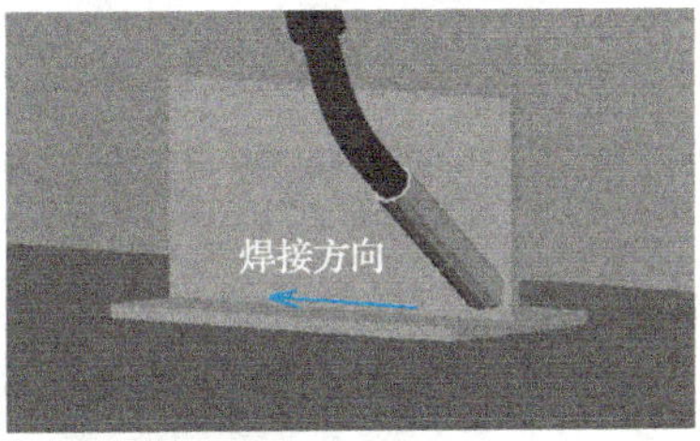	MNU WLD 为焊接数据库编号，在 0~99 的范围内可任选一组
	1）将光标移至焊接参数一行，侧击示教器拨动按钮，弹出焊接参数焊接文件编号，此例选择编号"6"，单击"OK"	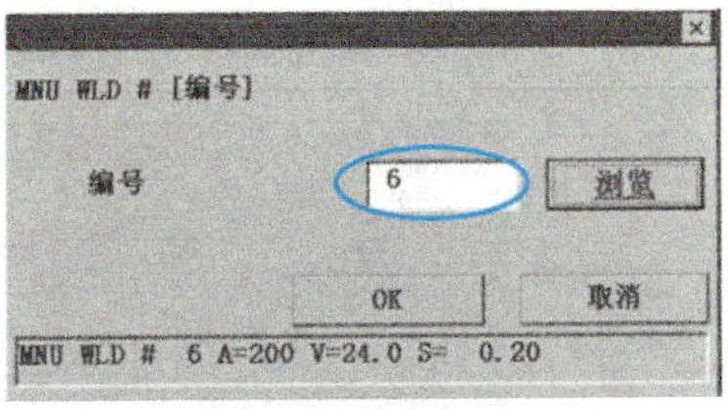	
	2）进入焊接数据库设定界面，设定接口为"角焊道"	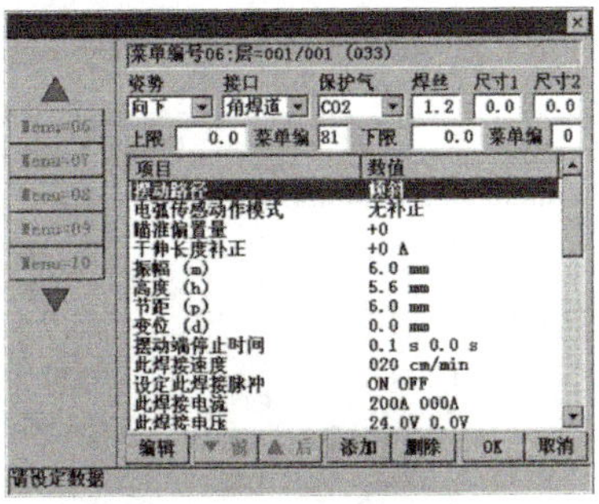	

（续）

示教点	操作方法	图示	补充说明
P14	3）设定项目包括接口形状、AS 设定、层 shift、两端处理和电弧位移		
	4）单击左下角"编辑"图标进入"焊缝形状"项目，设定摆动方式为"倾斜"，并设置振幅、高度、节距等摆动参数	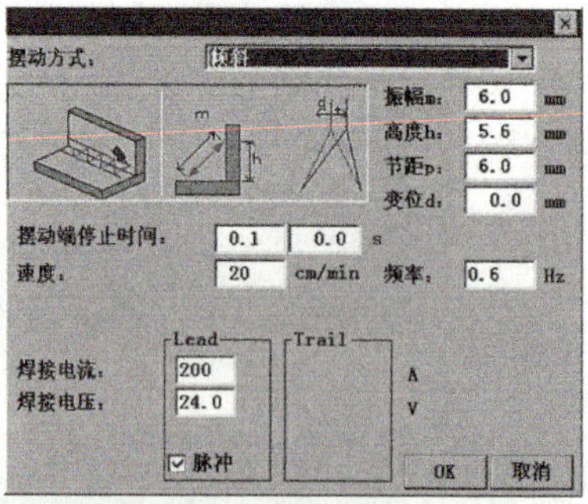	
P15	焊接结束点，设 MOVEL，空走点	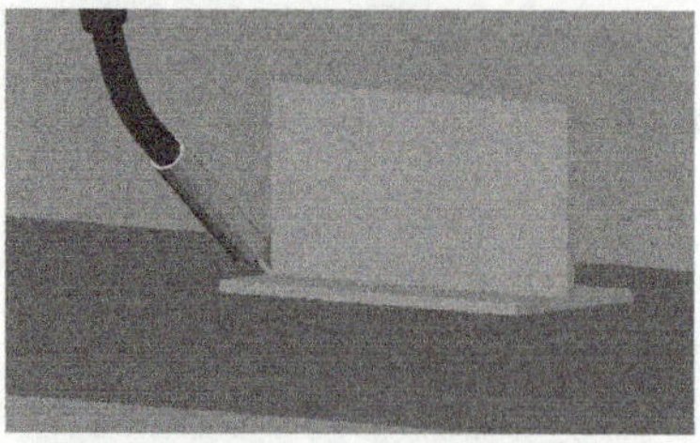	
P16	过渡点，设 MOVEL，空走点	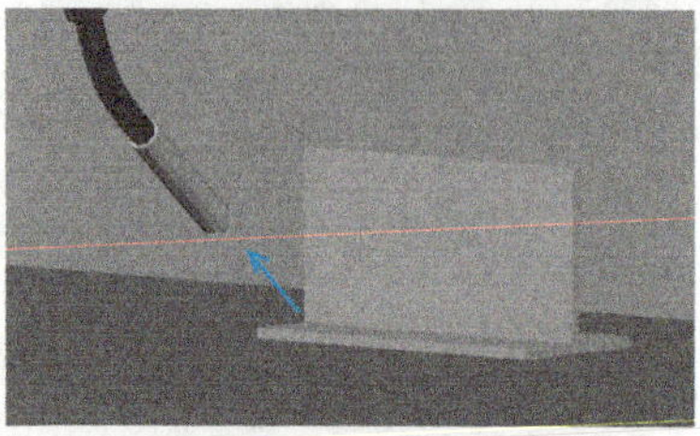	
P17	回到原点，将原点指令复制、粘贴到此	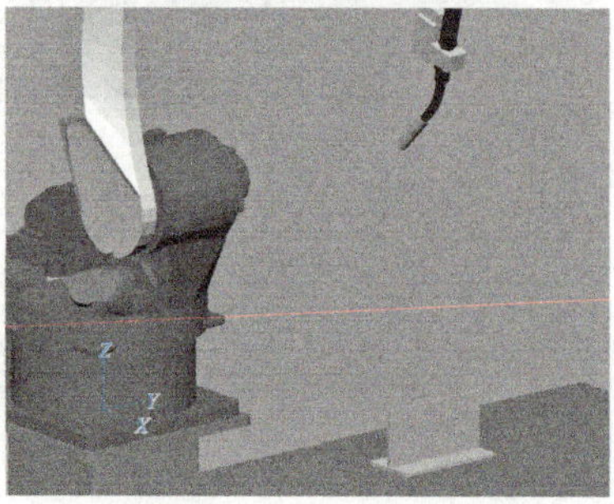	

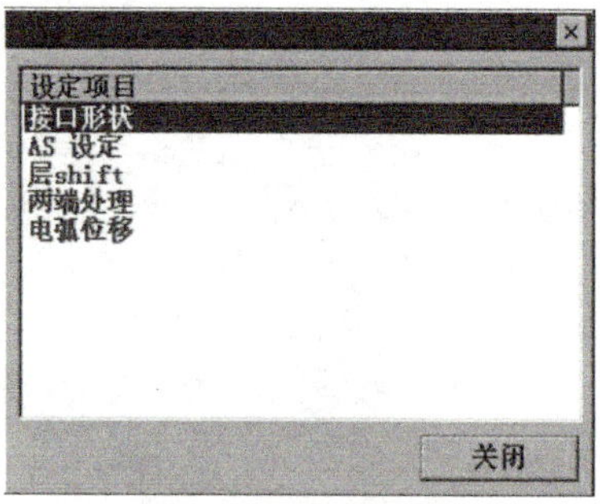

角焊缝成形如图 1-2-7 所示。

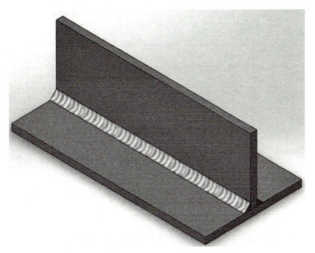

图 1-2-7　角焊缝成形

传感程序如图 1-2-8 所示。

```
Prog1270
0022  1:Mech1 : Robot
      Begin Of Program
0001    REF MNU   0
0002    REF SLS   0
0003    TOOL = 3 : TOOL03
0004  ● MOVEP P001(0) , 6.00m/min,
0005  ● MOVEP P002(0) , 6.00m/min,
0006  ● MOVEL P003(0) , 6.00m/min,
0007    SLS TCH  7 , 0 , 0 ,    0 ,   0 , 0.00 , 0 , laxis(3D...
0008  ● MOVEL P004(0) , 6.00m/min,
0009  ● MOVEL P005(7) , 6.00m/min,
0010  ● MOVEL P008(7) , 6.00m/min,
0011    SLS TCH 52 , 0 , 0 ,    0 ,   0 , 0.00 , 0 , Fillet, ...
0012  ● MOVEL P009(7) , 6.00m/min,
0013  ● MOVEL P010(52), 6.00m/min,
0014    SLS TCH 62 , 0 , 0 ,    0 ,   0 , 0.00 , 0 , Fillet, ...
```

图 1-2-8　传感程序

焊接程序如图 1-2-9 所示。

```
Prog1270
0022  1:Mech1 : Robot
0008  ● MOVEL P004(0) , 6.00m/min,
0009  ● MOVEL P005(7) , 6.00m/min,
0010  ● MOVEL P008(7) , 6.00m/min,
0011    SLS TCH 52 , 0 , 0 ,    0 ,   0 , 0.00 , 0 , Fillet, ...
0012  ● MOVEL P009(7) , 6.00m/min,
0013  ● MOVEL P010(52), 6.00m/min,
0014    SLS TCH 62 , 0 , 0 ,    0 ,   0 , 0.00 , 0 , Fillet, ...
0015  ● MOVEL P011(52), 6.00m/min,
0016  ● MOVEL P012(52), 6.00m/min,
0017    MNU WLD  # 6 A=200 V=24.0 S= 0.20
0018    ARC-ON   PROCESS = 0
0019  ● MOVEL P013(62), 6.00m/min,
0020    ARC-OFF  PROCESS = 0
0021  ● MOVEL P014(62), 6.00m/min,
0022  ● MOVEP P015(0) , 6.00m/min,
```

图 1-2-9　焊接程序

【项目评价】

T 形接头平角焊项目评分标准见表 1-2-5。

表1-2-5　T形接头平角焊项目评分标准

检查项目	评判标准及分数	等级			
		Ⅰ	Ⅱ	Ⅲ	Ⅳ
焊脚尺寸	标准/mm	>5.5、≤6.5	>6.5、≤7.5	>7.5、≤8	≤5.5、>8
	分数	20	14	7	0
焊缝高低差	标准/mm	≤1	>1、≤2	>2、≤3	>3
	分数	20	14	7	0
咬边	标准/mm	0	深度≤0.5且长度≤15	深度≤0.5，15<长度≤30	深度>0.5或长度>30
	分数	20	14	7	0
错边量	标准/mm	0	≤0.7	>0.7、≤1.5	>1.5
	分数	20	14	7	0
焊缝成形	标准/mm	优 成形美观，焊纹均匀细密，高低宽窄一致	良 成形较好，焊纹均匀，焊缝平整	一般 成形尚可，焊缝平直	差 焊缝弯曲，高低宽窄明显，有表面焊接缺陷
	分数	20	14	7	0

注：1. 若焊缝表面已修补或在焊件上做舞弊标记，则该焊件为0分。
　　2. 凡焊缝表面有裂纹、夹渣、未熔合、气孔、焊瘤等缺陷之一的，该焊件外观为0分。

项目三　应用数据库功能进行机器人平板对接多层焊编程

【实操目的】
掌握应用数据库功能进行平板对接多层焊编程的步骤及方法，以及电弧传感应用。
【实操内容】
应用数据库功能进行平板对接多层焊编程，应用电弧传感功能进行机器人多层焊。
【工具及材料准备】
1. 设备和工具准备明细（表1-3-1）

表1-3-1　设备和工具准备明细

序号	名称	型号与规格	单位	数量	备注
1	弧焊机器人	臂伸长1800mm	台	1	含焊接电源
2	传感焊枪	450A	把	1	
3	传感送丝机	500A	台	1	
4	焊丝	ER50-6，ϕ0.8mm	盒	1	
5	混合气	80%Ar+20%CO_2	瓶	1	
6	头戴式面罩	自定	副	1	
7	纱手套	自定	副	1	
8	钢丝刷	自定	把	1	

(续)

序号	名称	型号与规格	单位	数量	备注
9	尖嘴钳	自定	把	1	
10	扳手	自定	把	1	
11	钢直尺	自定	把	1	
12	十字槽螺钉旋具	自定	把	1	
13	敲渣锤	自定	把	1	
14	定位块	自定	副	2	
15	焊缝测量尺	自定	把	1	
16	粉笔	自定	根	1	
17	角向磨光机	自定	台	1	
18	劳保用品	帆布工作服、工作鞋	套	1	

2. 焊件准备

材质为 Q235；焊件尺寸：300mm（长）×200mm（宽）×12mm（厚），钢板 2 块，对接 V 形坡口。焊件尺寸如图 1-3-1 所示。

3. 焊件点固

1）装配间隙起始端间隙约为 3mm，收尾端间隙约为 4mm，错边量 ≤ 0.5mm，钝边 $p = 2$ mm。

2）装配定位焊接在焊件的两端 15mm 范围内，在焊件坡口内定位焊如图 1-3-2 所示。

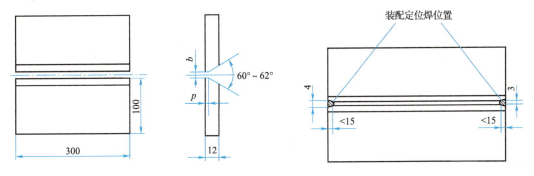

图 1-3-1　V 形坡口对接焊件尺寸　　　　图 1-3-2　V 形坡口对接平焊装配

定位焊点的长度为 15~20mm，定位焊后应有反变形预置夹角（3°），如图 1-3-3 所示。

图 1-3-3　反变形预置夹角

【必备知识】

经接触传感修正示教点位置后，利用机器人直线摆动模式进行打底、填充和盖面焊接。钢板在焊接过程中会发生变形，所以分打底、填充、盖面三次示教和三次焊接。焊接质量要求如下：

1）水平位单面焊双面成形。

2) 根部间隙 $b=3\sim4$mm,钝边 $p=1\sim1.5$mm 坡口角度 $\alpha=60°\sim65°$。

3) 焊后变形量≤3°。

4) 焊缝表面平整、无缺陷。

5) 三层三道,直线摆动,单面焊双面成形。

焊道分布示意如图 1-3-4 所示。

【实操建议】

1. 焊接工艺参数

采用 CO_2/MAG 焊接工艺,保护气体为 80%Ar+20%CO_2,焊接层次为三层三道,厚板 V 形坡口平板对接多层焊工艺参数见表 1-3-2。

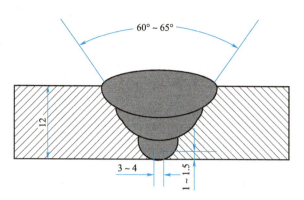

图 1-3-4 焊道分布示意

表 1-3-2 厚板 V 形坡口平板对接多层焊工艺参数

焊道层次	焊接电流/A	焊接电压/V	焊接速度/(m/min)	两端停留时间/s	摆动频率/Hz	气体流量/(L/min)
打底层	90~120	17~20	0.08~0.1	0.3~0.4	0.5~0.7	12~15
填充层	120~150	19~22	0.1~0.15	0.1~0.2	0.6~0.8	12~15
盖面层	120~140	19~23	0.1~0.12	0.2~0.3	0.6~0.8	12~15

2. 操作要点及注意事项

采用前进法,焊接层次为三层三道,焊枪角度如图 1-3-5 所示。

1) 将板对接焊件定位焊组对好,放在机器人焊枪位置的正下方并固定好。将焊件始焊端放于右侧,起弧点对准端部定位焊点中心位置引弧,然后开始向左摆动行进打底焊接,摆动焊接行进方向和起弧点位置如图 1-3-6 所示。

2) 焊枪沿坡口两侧做小幅度横向摆动,控制电弧离底边 2~3mm,保证打底层厚度不超过 4mm,并在坡口两侧稍微停留 0.3~0.4s。合理设定横向摆动幅度和焊接速度,维持熔孔直径不变,以获得宽度和余高均匀的背面成形,严防焊缝烧穿。

3) 采用简单摆动(形式1),控制好干伸长,同一层焊缝的枪姿不要变化。

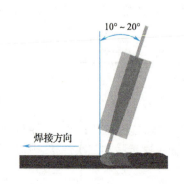

图 1-3-5 焊枪角度

图 1-3-6 摆动焊接行进方向和起弧点位置图示

3. 坡口接触传感功能

从坡口内读出左右方向并识别坡口中心线位置,如图 1-3-7 所示。

利用坡口传感对板对接焊件进行多层焊示教编程实例如下：

图 1-3-7 坡口传感

  Prog0023.rpg ……………… 程序文件名
  1：Mech：Robot
  ◎Begin of Program
  REF MNU 0 ……………… 指定参照 MNU 文件夹中的焊接规范文件,此例为 MNU00.rpg
  REF SLS 0 ……………… 通过指定编号打开程序动作中要使用的接触传感器文件,此例指定为 SLS00.rpg
  TOOL=1：TOOL0001
○MOVEP P1(0) ,20.00 m/min
  OUT o1#(1:O1#001) = ON ……………… 控制系统输出传感焊枪气缸夹紧焊丝信号,准备进行初始位置跟踪(接触传感)
○MOVEL P2(0) ,10.00 m/min ……………焊接开始处坡口传感
  SLS TCH 58 ,0,0,0,0,0.00,1,Groove,Y
○MOVEL P3(0) ,10.00 m/min
○MOVEL P4(58) ,10.00 m/min ……………焊接结束处坡口传感
  SLS TCH 68 ,0,0,0,0,0.00,0,Groove,Y
○MOVEL P5(58) ,10.00m/min
○MOVEL P6(68) ,10.00 m/min
  OUT o1#(1:O1#001) = OFF ………控制系统输出信号,焊枪处焊丝压紧,气缸松开
  OUT o1#(2:O1#002) = OFF ………送丝机压把处气缸压紧焊丝,准备送丝和焊接
○MOVEL P7(68) ,10.00 m/min
  MULTISATRT WLD#1 ……………多层焊开头指令,从焊件右端开始焊接
●MOVEL P8(58) ,10.00 m/min ,T=0.1 ,P=4.0 ……… 焊接开始点,摆动路径设定为水平两侧停留时间 T 设为 0.1s,节距 P (波长)设为 4mm
  MNU WLD#1 A=160 V=22.6 S=0.30 ……… 指定要使用的焊接规范菜单编号为 WLD#1,作为焊缝参数
  ARC-ON PROCESS=0
○MOVEL P9(68) ,10.00 m/min
  MULTIEND………多层焊末尾指令,程序执行至此,跳转到多层焊开头的指令位置处,依次进行第二层和第三层焊接,直至焊接结束后,再进入下一条程序
○MOVEL P10(68) ,10.00 m/min
○MOVEP P11(0) ,20.00 m/min
  ⊙End of Program ……………………程序结束

注：多层焊中每一层焊接参数应在相应每一层使用的焊接规范菜单中设定,此例中没有

机器人焊接高级编程

列出第二层和第三层的焊接参数。

【参见教学资源包一、技师、项目三：应用数据库功能进行机器人平板对接多层焊编程】

【实操步骤】

V形坡口平板对接多层焊的方法和步骤见表1-3-3。

表1-3-3　V形坡口平板对接多层焊的方法和步骤

示教点	操作方法	图示	补充说明
P1	设置机器人原点，设MOVEP，空走		
P2	示教角焊缝传感过渡点，设MOVEL，空走		
P3	在焊件的前端坡口焊缝中心点使焊丝端部距钢板底部2~3mm位置示教坡口焊缝传感位置，设MOVEL，空走 示教器上的操作步骤如下： 1) 单击"OK"确定后，进入示教点设定界面，设MOVEL，空走，点选传感开始点 2) 单击"OK"确定后，进入传感菜单设定界面		

(续)

示教点	操作方法	图示	补充说明
P3	3）单击"OK"确定后，再选择"0"号传感文件中的传感编号"58"，坡口焊缝传感Groove动作，"X"方向运动	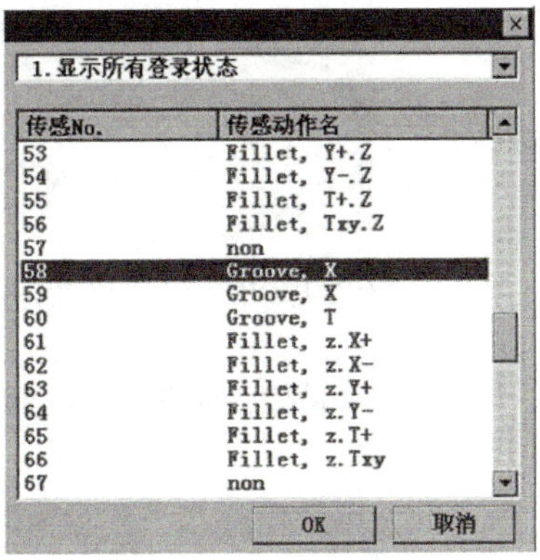	
	4）按下动作功能键开始传感动作	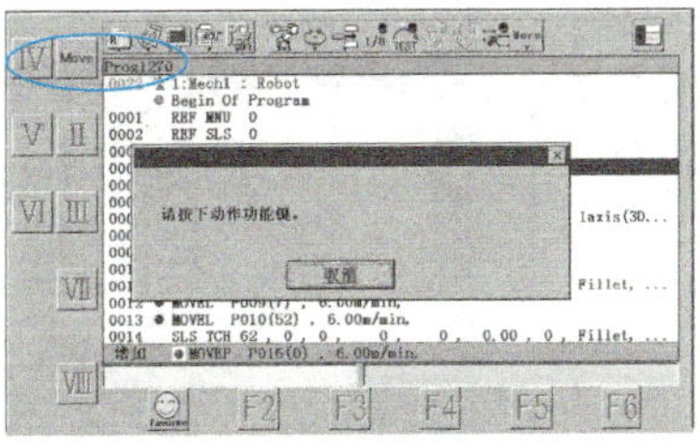	
P4	退避点（补偿点）	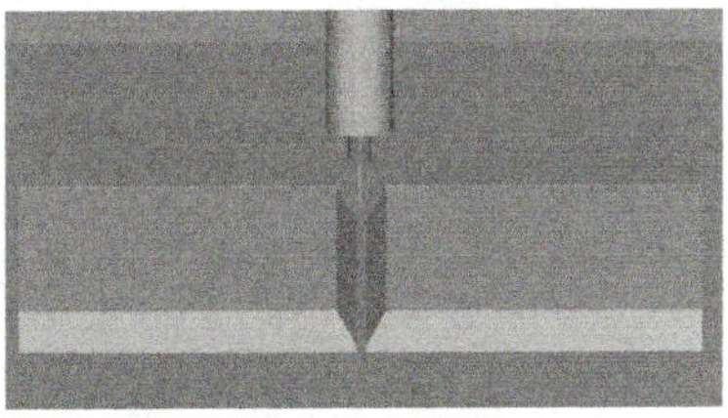	此处的退避点（补偿点）始终在坡口的中心线位置
P5	在焊件的后端坡口焊缝中心点，使焊丝端部距钢板底部2~3mm位置示教坡口焊缝传感位置，设MOVEL，空走 示教器上的操作如下： 1）单击"OK"确定后，进入示教点设定界面，设MOVEL，空走，点选传感开始点	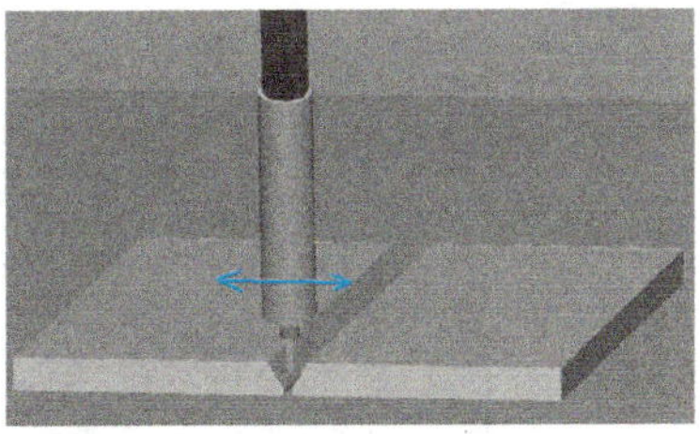	由于在同一文件中，每个传感编号只能使用一次，否则会出现传感错误提示，所以分别选择"X"方向的"58"和"59"两个坡口传感编号

31

（续）

示教点	操作方法	图示	补充说明
P5	2）单击"OK"确定后，进入传感菜单设定界面	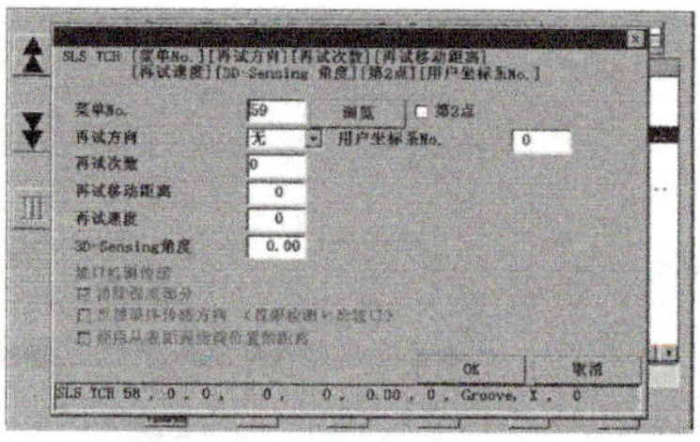	
	3）单击"OK"确定后，再选择"0"号传感文件中的传感编号"59"，坡口焊缝传感Groove动作，"X"方向运动	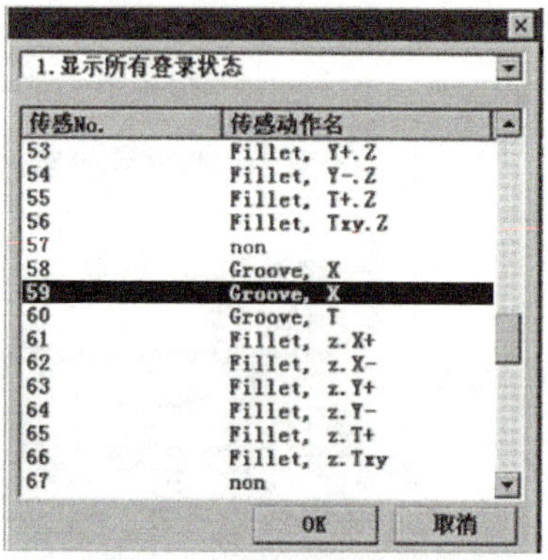	
	4）按下动作功能键开始传感动作	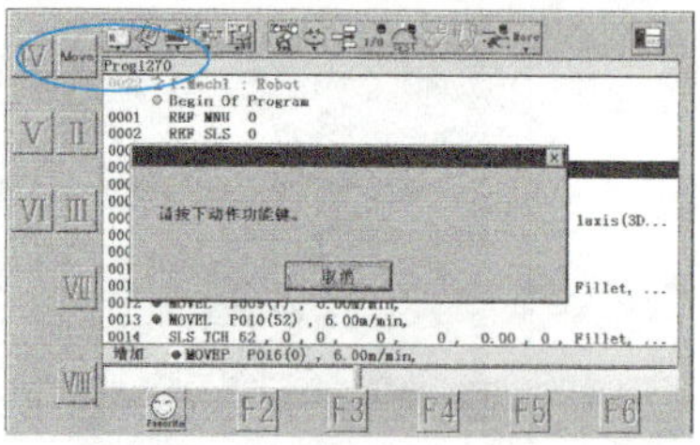	
P6	退避点（补偿点）	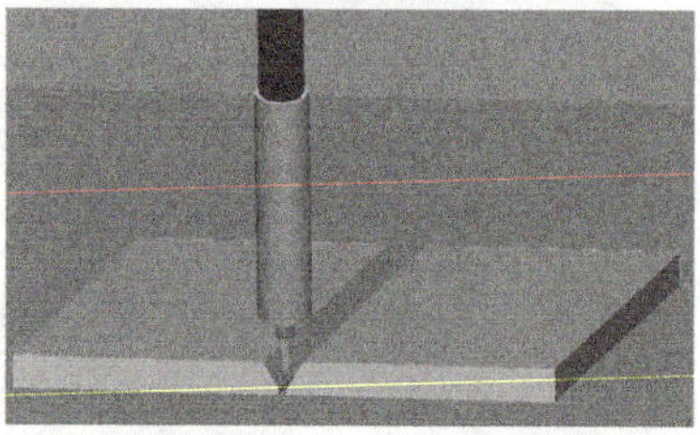	此处的退避点（补偿点）始终在坡口的中心线位置
P7	向上提起焊枪 10~20mm 设过渡点，示教 MOVEL，空走	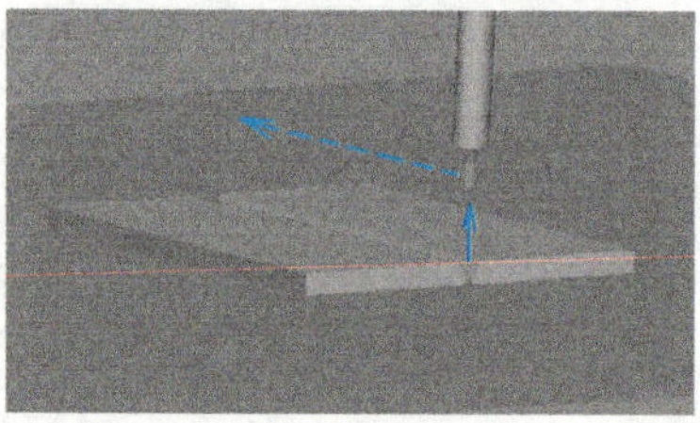	

(续)

示教点	操作方法	图示	补充说明
P8	将焊枪移至另一端示教焊接开始点，在焊件的坡口焊缝前端，焊丝端部距钢板底部 2~3mm 位置，设 MOVEL，焊接点，补偿编号为"58" 数据库功能在示教器上的操作如下：	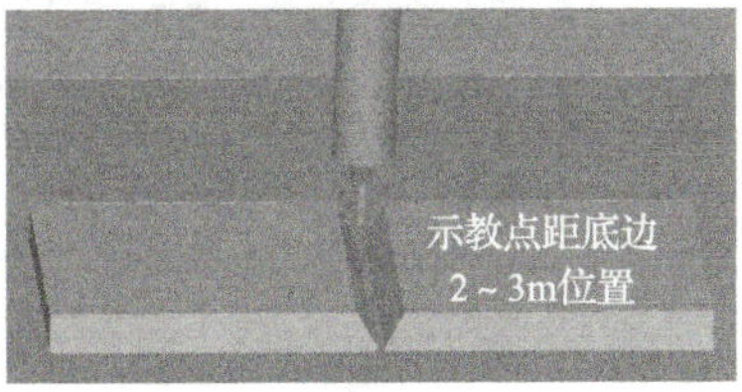 示教点距底边 2~3m 位置	MNU WLD 为焊接数据库编号，在 0~99 的范围内可任选一组
	1）将光标移至焊接参数一行，侧击示教器拨动按钮，弹出焊接参数焊接文件编号，此例选择"编号1"，单击"OK"	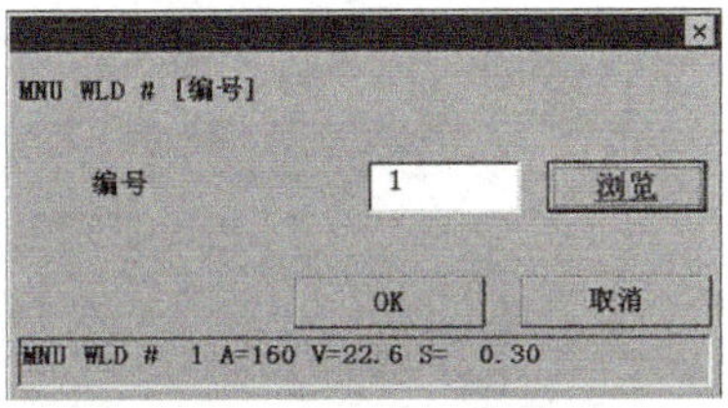	
	2）进入焊接数据库设定界面，设定焊枪姿势为"向下"，接口为"V形坡口"，进入"编辑"进行项目设定	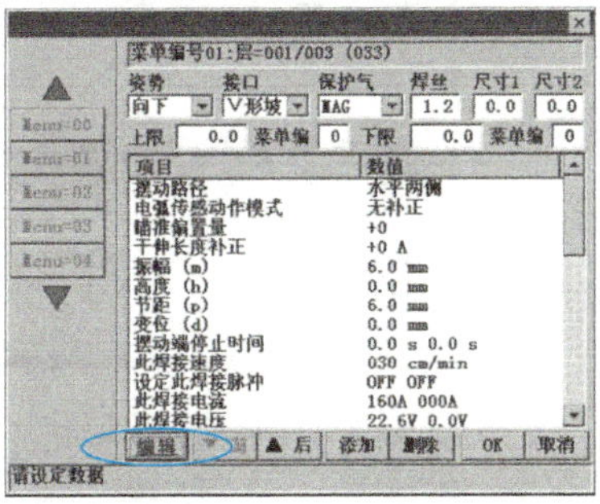	
	3）进入"设定项目"，设定"接口形状""AS 设定""层shift""两端处理""电弧位移"	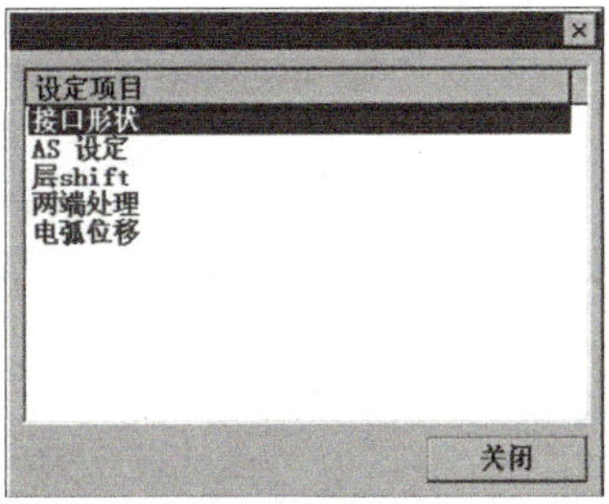	
	4）单击焊接数据库设定界面左下角的"编辑"图标进入"焊缝形状"项目，设定摆动方式为"水平两侧"，并设置振幅、高度、节距等摆动参数	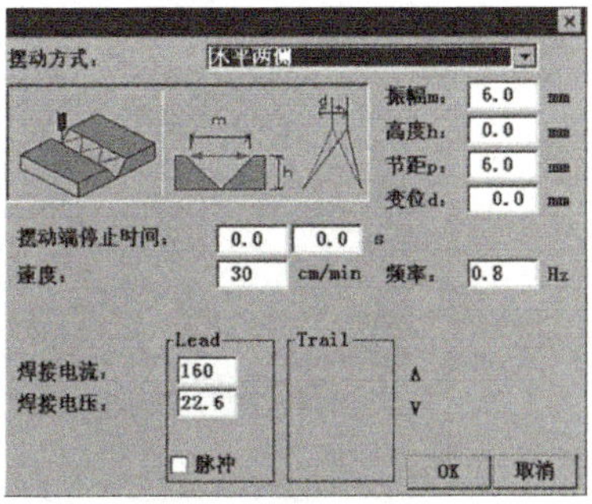	

(续)

示教点	操作方法	图示	补充说明
P8	5）设置起弧、收弧参数	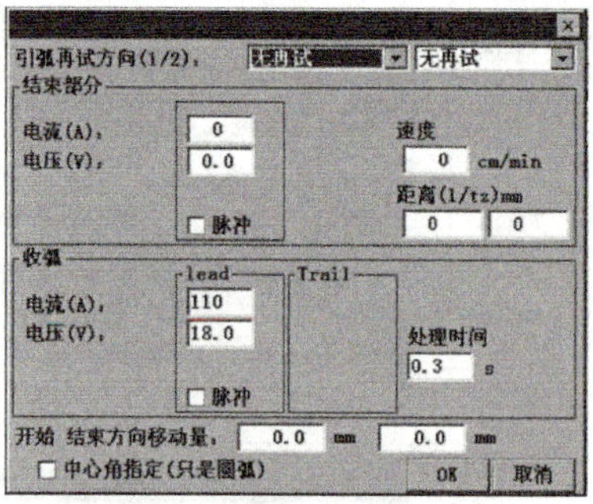	
P9	焊接结束点，设 MOVEL，空走 在示教器上设定打底层、填充层、盖面层焊接参数如下：	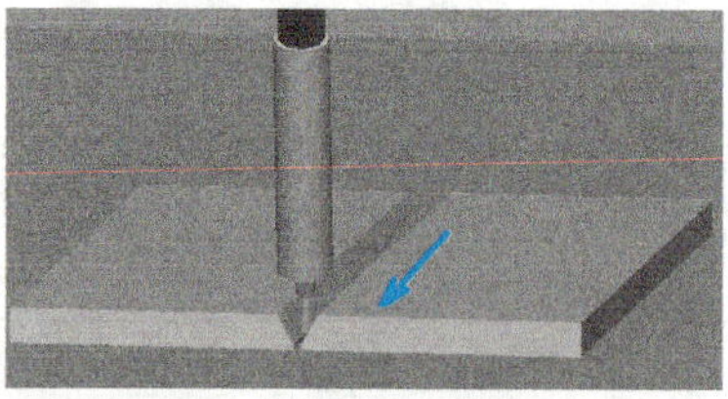	
	1）在焊接开始点前面添加多层焊指令	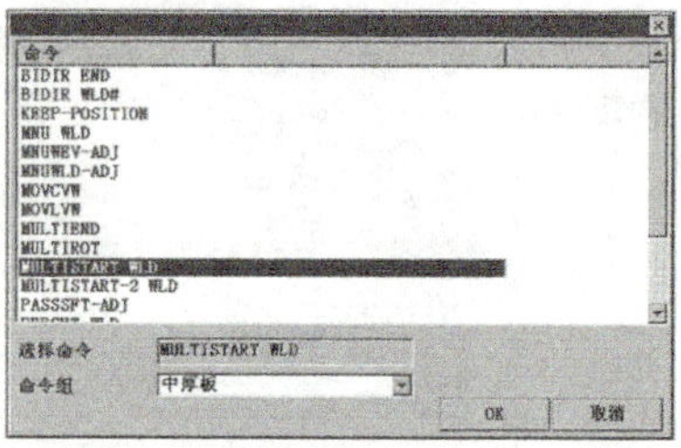	焊接时，调整好焊接电流和速度，以保证焊缝背面焊透，焊缝与母材熔合良好
	2）分别设置打底层、填充层、盖面层焊接参数	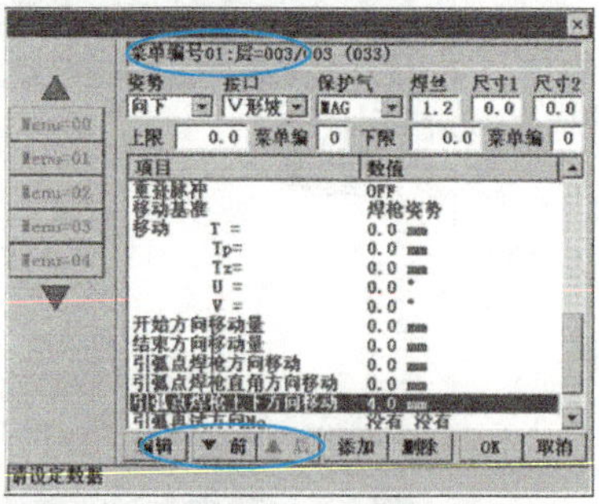	
	打底层焊接轨迹	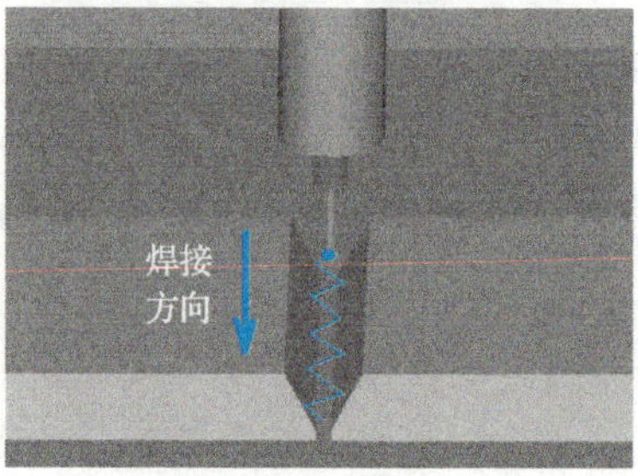	打底层厚度不超过4mm。应注意电弧不能长时间对准间隙中心加热，否则焊件容易烧穿

（续）

示教点	操作方法	图示	补充说明
P9	打底层焊缝示意	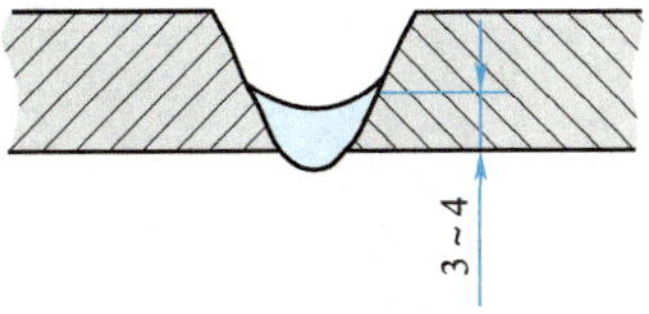 (图示：打底层焊缝截面，高度3~4)	
	编辑填充层焊接参数，使焊枪在原有高度提升4mm	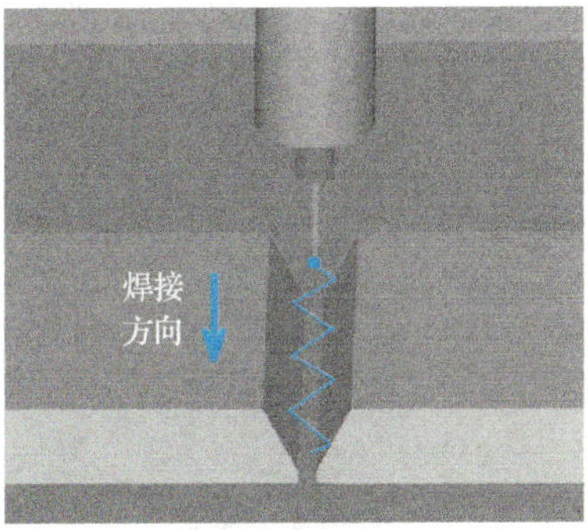 (图示：焊枪摆动焊接方向)	填充层的高度应低于母材表面1.5~2mm，焊接时不允许熔化坡口棱边，保证焊缝表面平整并稍下凹
	填充层焊缝示意	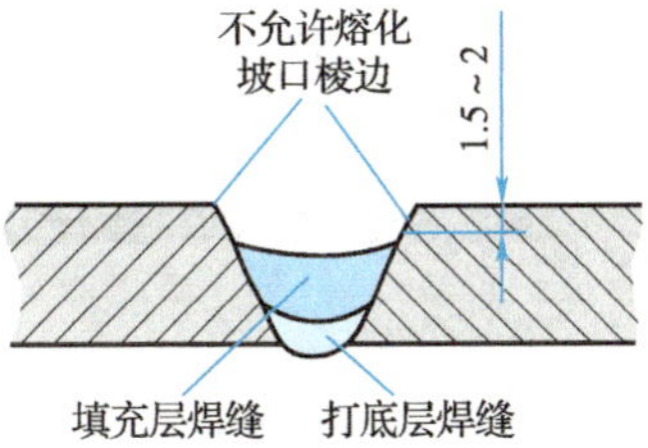 (图示：填充层焊缝截面，不允许熔化坡口棱边，1.5~2，填充层焊缝，打底层焊缝)	
	编辑盖面层焊接参数，使焊枪在原有高度再提升4mm	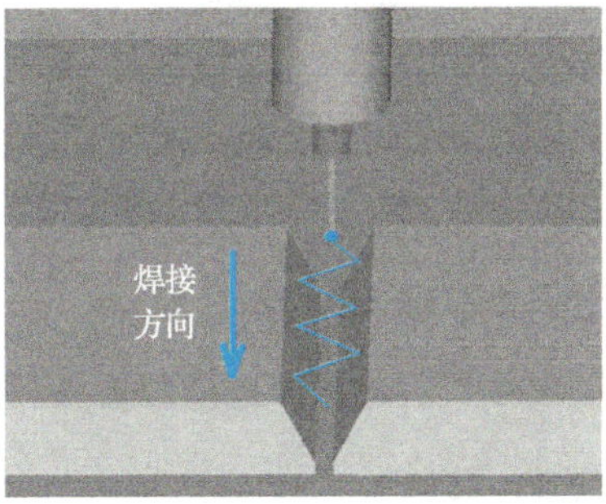 (图示：焊枪摆动焊接方向)	盖面层余高0~3mm 摆动幅度应比填充焊时稍大，保持焊接速度均匀，使焊缝成形平滑。收弧时要填满弧坑，以免产生弧坑、裂纹和气孔
	盖面层焊缝示意	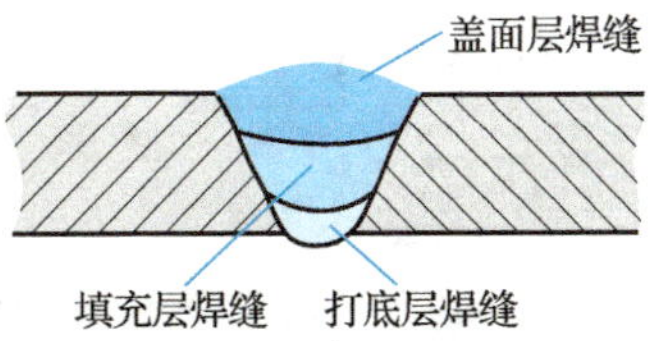 (图示：盖面层焊缝，填充层焊缝，打底层焊缝)	

（续）

示教点	操作方法	图示	补充说明
P10	向上提起焊枪 10～20mm，设过渡点，示教 MOVEL，空走	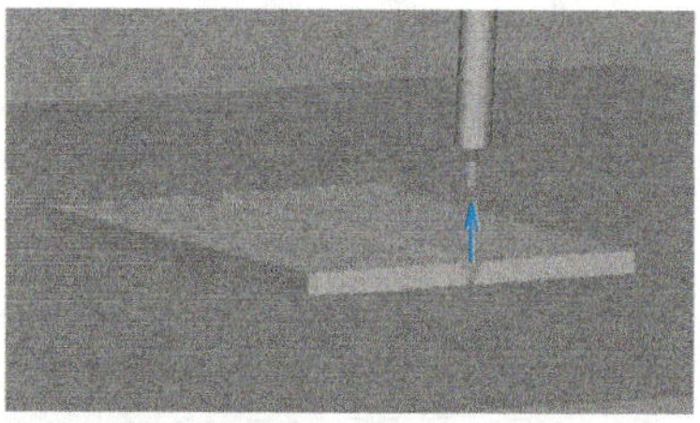	
P11	复制、粘贴 P1 点（MOVEP、空走）至程序末尾，使机器人回到原点	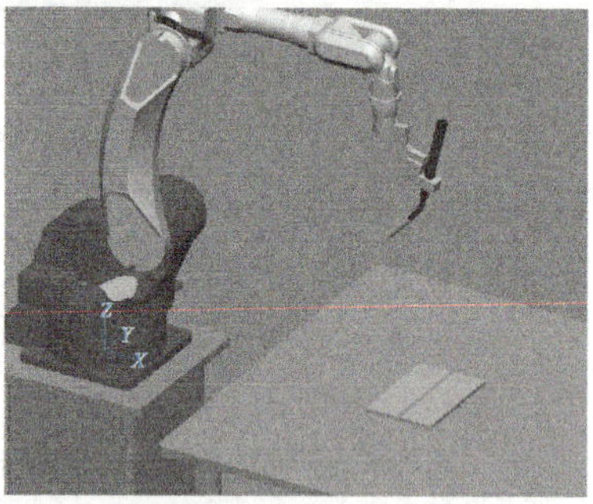	

V 形坡口平板对接多层焊传感程序如图 1-3-8 所示。

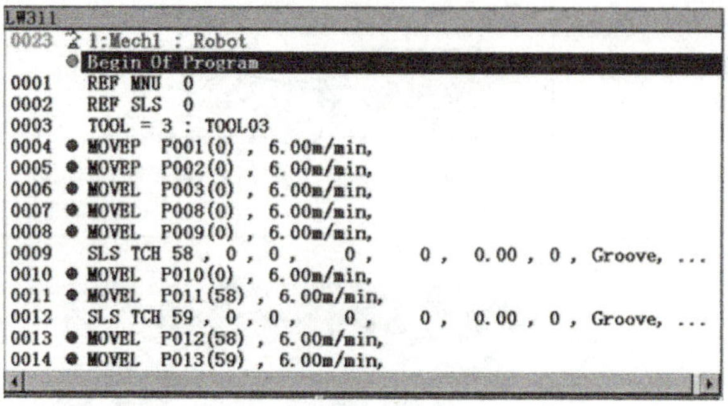

```
LW311
0023  1:Mech1 : Robot
      Begin Of Program
0001    REF MNU   0
0002    REF SLS   0
0003    TOOL = 3 : TOOL03
0004  ● MOVEP   P001(0) , 6.00m/min,
0005  ● MOVEP   P002(0) , 6.00m/min,
0006  ● MOVEL   P003(0) , 6.00m/min,
0007  ● MOVEL   P008(0) , 6.00m/min,
0008  ● MOVEL   P009(0) , 6.00m/min,
0009    SLS TCH 58 , 0 , 0 ,    0 ,    0 ,  0.00 , 0 , Groove, ...
0010  ● MOVEL   P010(0) , 6.00m/min,
0011  ● MOVEL   P011(58) , 6.00m/min,
0012    SLS TCH 59 , 0 , 0 ,    0 ,    0 ,  0.00 , 0 , Groove, ...
0013  ● MOVEL   P012(58) , 6.00m/min,
0014  ● MOVEL   P013(59) , 6.00m/min,
```

图 1-3-8　V 形坡口平板对接多层焊传感程序

V 形坡口平板对接多层焊程序如图 1-3-9 所示。

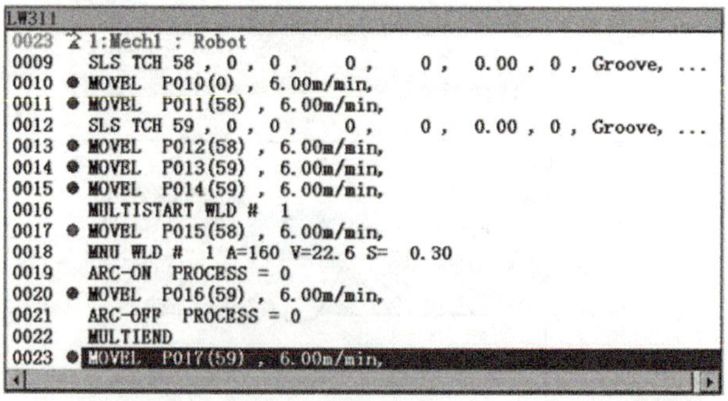

```
LW311
0023  1:Mech1 : Robot
0009    SLS TCH 58 , 0 , 0 ,    0 ,    0 ,  0.00 , 0 , Groove, ...
0010  ● MOVEL   P010(0) , 6.00m/min,
0011  ● MOVEL   P011(58) , 6.00m/min,
0012    SLS TCH 59 , 0 , 0 ,    0 ,    0 ,  0.00 , 0 , Groove, ...
0013  ● MOVEL   P012(58) , 6.00m/min,
0014  ● MOVEL   P013(59) , 6.00m/min,
0015  ● MOVEL   P014(59) , 6.00m/min,
0016    MULTISTART WLD #  1
0017  ● MOVEL   P015(58) , 6.00m/min,
0018    MNU WLD #  1 A=160 V=22.6 S=  0.30
0019    ARC-ON  PROCESS = 0
0020  ● MOVEL   P016(59) , 6.00m/min,
0021    ARC-OFF  PROCESS = 0
0022    MULTIEND
0023  ● MOVEL   P017(59) , 6.00m/min,
```

图 1-3-9　V 形坡口平板对接多层焊程序

采用一次性焊接完成的方法，焊接完成后用钢丝刷进行表面清理。焊接试板正面成形如

图 1-3-10 所示。

焊接试板背面成形如图 1-3-11 所示。

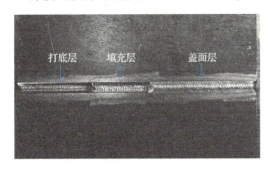

图 1-3-10　焊接试板正面成形

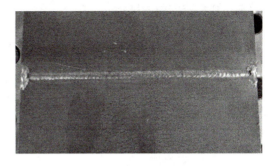

图 1-3-11　焊接试板背面成形

【项目评价】

V 形坡口平板对接多层焊项目评分标准见表 1-3-4。

表 1-3-4　V 形坡口平板对接多层焊项目评分标准

检查项目	评判标准及分数	等级			
		Ⅰ	Ⅱ	Ⅲ	Ⅳ
焊缝宽度	标准/mm	>15, ≤17	>15, ≤18	>15, ≤19	≤15, >19
	分数	20	14	8	0
焊缝余高	标准/mm	0~1	1~2	2~3	<0, >3
	分数	10	7	4	0
背面凹坑	标准/mm	>0, ≤1	>1, ≤2	>2, ≤3	>3
	分数	20	14	8	0
试件变形量	标准/(°)	>0, ≤1	>1, ≤2	>2, ≤3	>3
	分数	10	7	4	0
错边量	标准/mm	>0, ≤0.4	>0.4, ≤0.8	>0.8, ≤1.2	>1.2
	分数	10	7	4	0
咬边	标准/mm	0	深度≤0.5, 长度每 2mm 减 0.5 分		深度>0.5 或总长度>30
	分数	10	7		0
焊缝外观成形	标准/mm	优 成形美观, 焊纹均匀细密, 高低宽窄一致	良 成形较好, 焊纹均匀, 焊缝平整	一般 成形尚可, 焊缝平直	差 焊缝弯曲, 高低宽窄明显, 有表面焊接缺陷
	分数	20	14	8	0

注：1. 若焊缝表面有修补，则该焊件为 0 分。
　　2. 焊缝表面有裂纹、夹渣、未熔合、气孔、焊瘤等缺陷之一的，该焊件为 0 分。

项目四　等离子弧切割机器人系统编程

【实操目的】

掌握马鞍形相贯线机器人等离子弧切割的编程步骤及方法。

【实操内容】

根据马鞍形相贯线机器人等离子弧切割的操作步骤和动作要领，进行马鞍形相贯线机器人等离子弧切割的编程操作。

【工具及材料准备】

1. 设备和工具准备明细（表1-4-1）

表1-4-1　设备和工具准备明细

序号	名称	型号与规格	单位	数量	备注
1	弧焊机器人	TM1400-G3	台	1	
2	等离子弧切割机	100PF3	台	1	
3	直柄切割枪	100A	把	1	
4	头戴式面罩	自定	副	1	
5	纱手套	自定	副	1	
6	钢丝刷	自定	把	1	
7	尖嘴钳	自定	把	1	
8	扳手	自定	把	1	
9	钢直尺	自定	把	1	
10	十字槽螺钉旋具	自定	把	1	
11	敲渣锤	自定	把	1	
12	定位块	自定	副	2	
13	焊缝测量尺	自定	把	1	
14	粉笔	自定	根	1	
15	角向磨光机	自定	台	1	
16	劳保用品	帆布工作服、工作鞋	套	1	

2. 焊件准备

材质为Q235；焊件尺寸：管ϕ108mm（外径）×200mm（长）×6.0mm（厚），1根。圆管马鞍形相贯线焊件尺寸如图1-4-1所示。

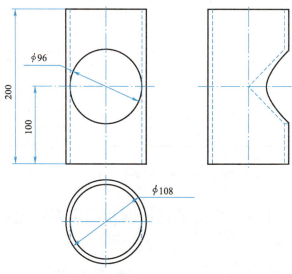

图1-4-1　圆管马鞍形相贯线焊件尺寸

【必备知识】

机器人等离子弧切割技术既有数控等离子弧切割的优点，又具备机器人柔性化、连续性工作等特点，能够完成复杂曲线切割，可切割碳钢、不锈钢、铝等板材（厚度小于20mm），实现了工件外形高效率、高质量和低成本的自动化切割加工。机器人等离子弧切割设备主要包括机器人、等离子弧切割电源、直柄切割枪、防碰撞传感器（安全支架）等，如图1-4-2所示。

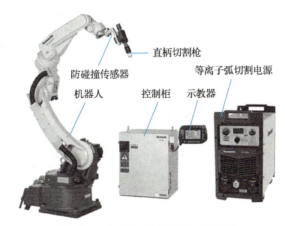

图1-4-2　机器人等离子弧切割设备

由于机器人设备抗干扰能力差，等离子弧切割机的起弧高频信号容易串入到控制线路中，造成电路板损坏，因此机器人的输入/输出（I/O）接口应采取隔离措施（继电控制隔离），包括继电器单元、绝缘单元、模拟机板、接口单元。

以某汽车生产企业机器人等离子弧切割汽车后桥为例，如图1-4-3所示，控制系统调用对应的切割程序进行切割，由于工件的定位尺寸精度不能保证误差在0.5mm以内，系统需配备切割起始点自动寻位和弧压自动调高装置，自动调整切割枪头与工件之间的距离。

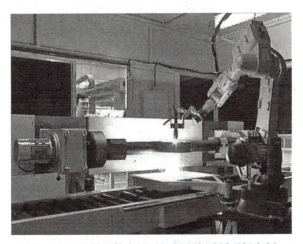

图1-4-3　机器人等离子弧切割汽车后桥现场案例

【实操建议】

马鞍形相贯线机器人等离子弧切割工艺参数见表1-4-2。

表 1-4-2　马鞍形相贯线机器人等离子弧切割工艺参数

加工类型	切割电流/A	切割速度/(m/min)	空气压力/MPa
等离子弧切割	60~80	0.3~0.4	0.3~0.5

【参见教学资源包一、技师、项目四：等离子弧切割机器人系统编程】

【实操步骤】

以松下机器人为例，马鞍形相贯线机器人等离子弧切割的方法和步骤见表 1-4-3。

表 1-4-3　马鞍形相贯线机器人等离子弧切割的方法和步骤

示教点	操作方法	图示	补充说明
P1	设置机器人原点，指令 MOVEP，空走点	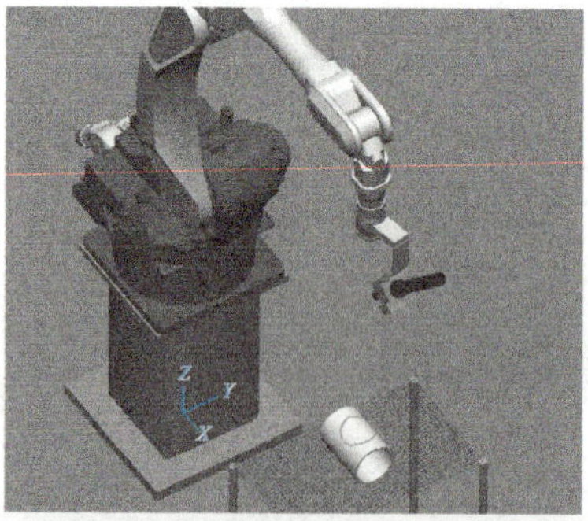	设备和工件按左图的形式摆放到位
P2	在切割开始点上方示教过渡点（进枪点），指令 MOVEL，空走点	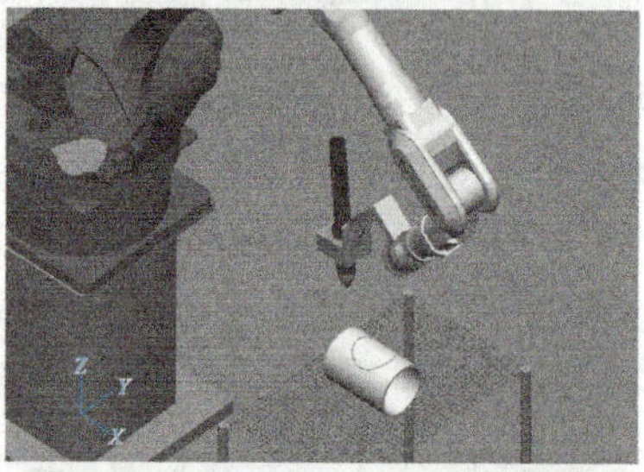	将机器人切割枪逆时针方向旋转 180°
P3	切割开始点，指令 MOVEC，焊接（切割）点	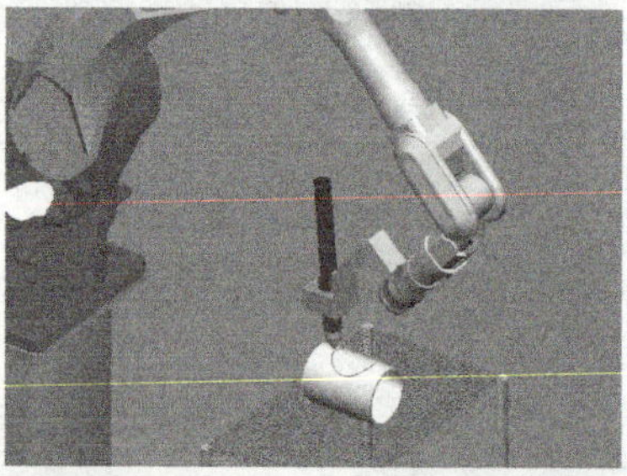	将机器人切割枪沿轴向移至切割开始点
P4	切割中间点，指令 MOVEC，焊接（切割）点	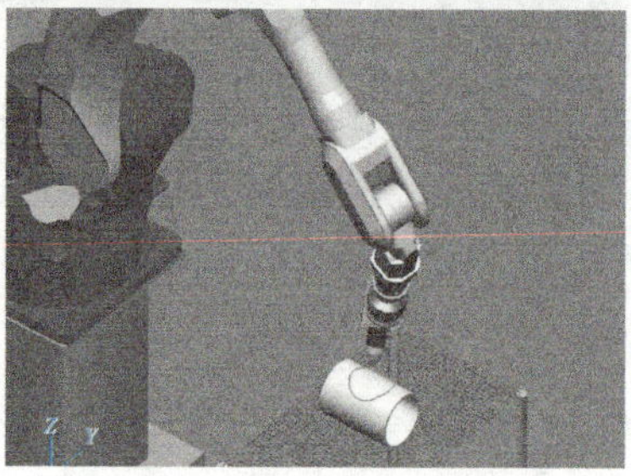	将机器人切割枪顺时针方向旋转 45°~50°。切割枪垂直于工件割口

(续)

示教点	操作方法	图示	补充说明
P5	切割中间点，指令 MOVEC，焊接（切割）点	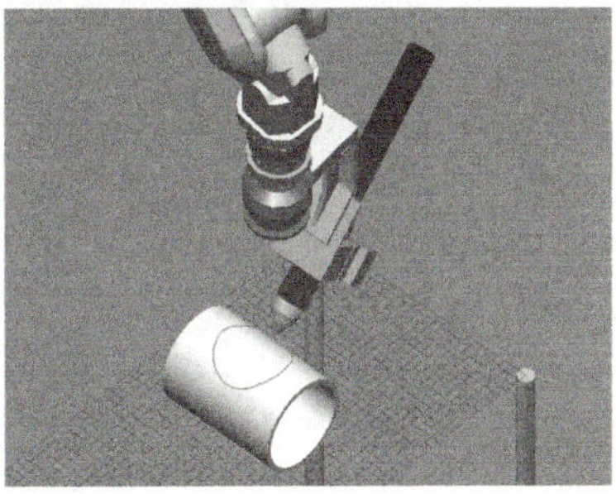	将机器人切割枪顺时针方向旋转 45°~50°。切割枪垂直于工件割口
P6	切割中间点，指令 MOVEC，焊接（切割）点	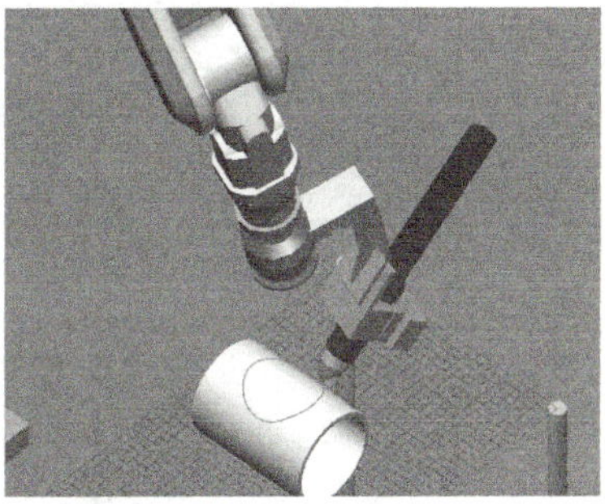	将机器人切割枪顺时针方向旋转 45°~50°。切割枪垂直于工件割口
P7	切割中间点，指令 MOVEC，焊接（切割）点	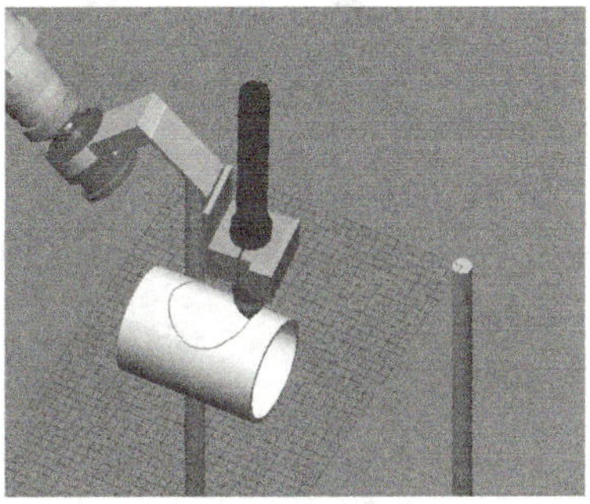	将机器人切割枪顺时针方向旋转 45°~50°。切割枪垂直于工件割口
P8	切割中间点，指令 MOVEC，焊接（切割）点	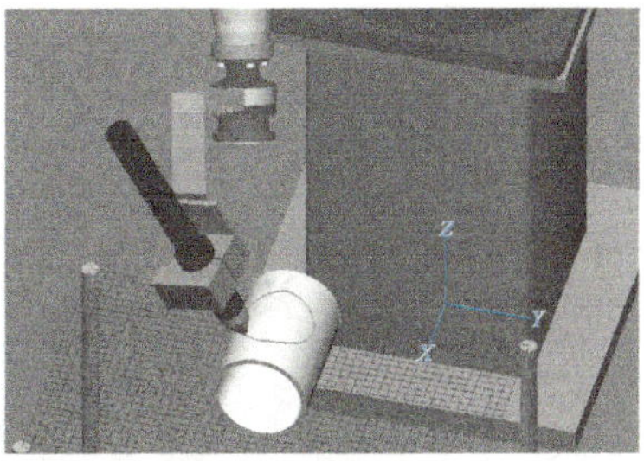	将机器人切割枪顺时针方向旋转 45°~50°。切割枪垂直于工件割口

(续)

示教点	操作方法	图示	补充说明
P9	切割中间点，指令 MOVEC，焊接（切割）点	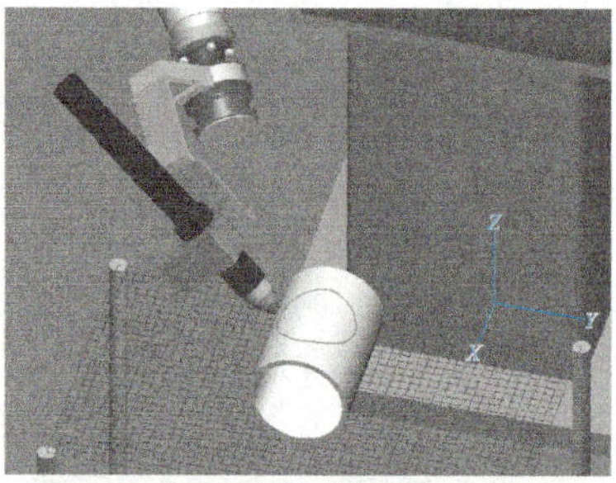	将机器人切割枪顺时针方向旋转 45°～50°。切割枪垂直于工件割口
P10	切割中间点，指令 MOVEC，焊接（切割）点	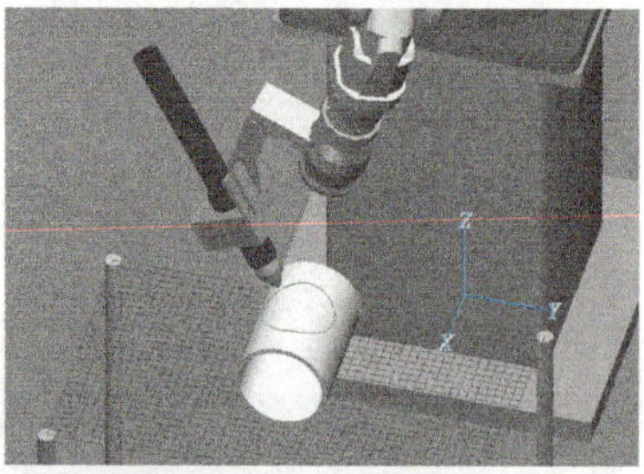	将机器人切割枪顺时针方向旋转 45°～50°。切割枪垂直于工件割口
P11	切割结束点，指令 MOVEC，空走点	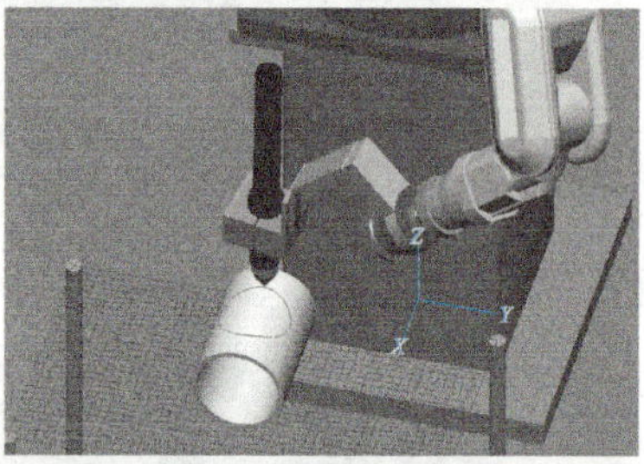	将机器人切割枪顺时针方向旋转 45°～50°。切割枪垂直于工件割口
P12	在切割结束点上方示教过渡点（退避点），设定指令 MOVEL，空走点	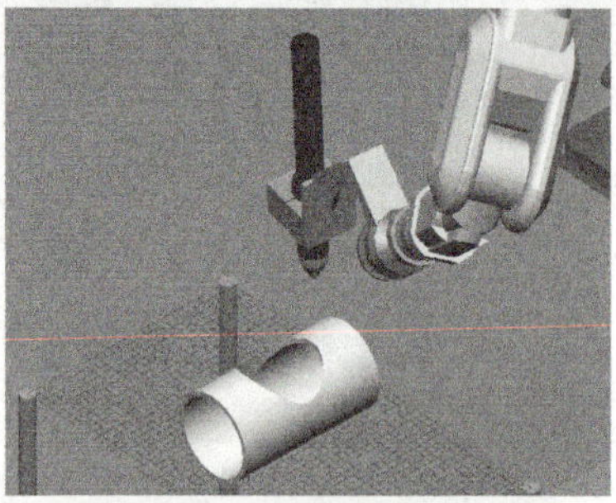	
P13	复制 P1 点并粘贴到最后一行，使机器人回到原点，指令 MOVEP，空走点	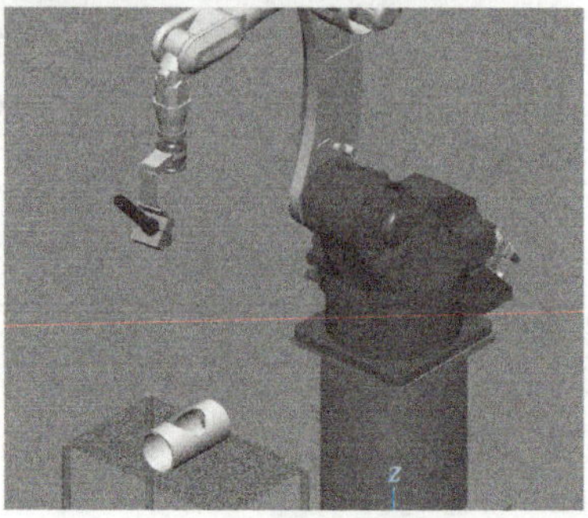	

马鞍形相贯线机器人等离子弧切割程序如图1-4-4所示。

```
TOOL = 1:TOOL01
● MOVEP P001 15.00m/min
● MOVEP P002 15.00m/min
● MOVEC P003 15.00m/min
   ARC-SET_CUT AMP=80 S=0.80
   ARC-ON ArcStart1 PROCESS=0
● MOVEC P004 15.00m/min
● MOVEC P005 15.00m/min
● MOVEC P006 15.00m/min
● MOVEC P007 15.00m/min
● MOVEC P008 15.00m/min
● MOVEC P009 15.00m/min
● MOVEC P010 15.00m/min
● MOVEC P011 15.00m/min
   COS GR#(1:GR0001) 5.00
   ARC-OFF ArcEnd1 PROCESS=0
● MOVEL P012 15.00m/min
● MOVEP P013 15.00m/min
```

图1-4-4 马鞍形相贯线机器人等离子弧切割程序

【项目评价】

马鞍形相贯线机器人等离子弧切割项目评分标准见表1-4-4。

表1-4-4 马鞍形相贯线机器人等离子弧切割项目评分标准

检查项目	评判标准及分数	等级				得分
		Ⅰ	Ⅱ	Ⅲ	Ⅳ	
切割速度	标准/(m/min)	0.3	0.25	0.2	0.15	
	分数	20	14	8	0	
表面粗糙度值	标准/μm	Ra2.52	Ra3.65	Ra4.75	Ra6.3	
	分数	20	14	8	0	
切口宽度	标准/mm	2.35	2.55	2.75	2.95	
	分数	20	14	8	0	
挂渣量	标准	很少	较少	较多	很多	
	分数	20	14	8	0	
切断面垂直度	标准	好	较好	一般	差	
	分数	20	14	8	0	

项目五 氩弧焊（TIG）机器人系统编程

【实操目的】

掌握氩弧焊机器人系统编程的步骤及方法。

【实操内容】

根据氩弧焊机器人系统编程的操作步骤和要领，进行氩弧焊机器人系统编程操作。

【工具及材料准备】

1. 设备和工具准备明细（表1-5-1）

表1-5-1 设备和工具准备明细

序号	名称	型号与规格	单位	数量	备注
1	氩弧焊机器人系统	臂伸长1400mm	台	1	含自动填丝
2	焊丝	ER308L、ϕ0.8mm	盒	1	15kg盘装
3	氩气	99.99%Ar	瓶	1	
4	头戴式面罩	自定	副	1	
5	纱手套	自定	副	1	
6	钢丝刷	自定	把	1	
7	尖嘴钳	自定	把	1	
8	扳手	自定	把	1	
9	钢直尺	自定	把	1	
10	十字槽螺钉旋具	自定	把	1	
11	敲渣锤	自定	把	1	
12	定位块	自定	副	2	
13	焊缝测量尺	自定	把	1	
14	粉笔	自定	根	1	
15	角向磨光机	自定	台	1	
16	劳保用品	帆布工作服、工作鞋	套	1	

2. 焊件准备

材质为06Cr20Ni11（308奥氏体不锈钢）；焊件尺寸：管ϕ50mm（外径）×2mm（壁厚）×50mm（长）1根；环形圆板ϕ50mm（内径）×ϕ70mm（外径）×2mm（厚）1块；圆板ϕ48mm（直径）×2mm（厚）1块。装配间隙≤0.2mm，无毛刺，两条角焊缝示意如图1-5-1所示。

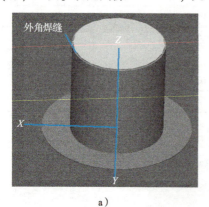
a)

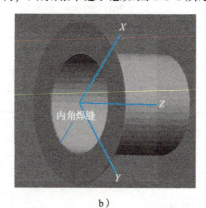
b)

图1-5-1 不锈钢容器角焊缝
a) 外角焊缝 b) 内角焊缝

在焊前对焊件进行清理，以去除焊件上的油污、氧化膜等，从而保证焊缝质量。

【必备知识】

氩弧焊焊接电源的电流输出有交流、直流和脉冲电流等类型，以适应不同材料的焊接要求。

1. 交流氩弧焊

在焊接铝、镁及其合金时，一般都选择交流氩弧焊。因为这样可利用交流电流的负半波阴极清理作用去除氧化膜，又可利用正半波冷却钨极来增加熔深，从而达到去除氧化膜的目的，同时在一定程度上又提高了电极的载流能力，很好地解决了去除氧化膜和钨极烧损的矛盾，改善了这类材料的焊接性。

2. 直流氩弧焊

除焊接铝、镁及其合金外，焊接其他的金属材料一般都选择直流氩弧焊。通常选用直流正接，因直流正接时既可以增加熔深又可以减轻钨极烧损。

3. 脉冲氩弧焊

脉冲氩弧焊是利用经过调制而周期性变化的焊接电流进行焊接的一种电弧焊方法，其中焊接电流由脉冲电流 I_p 和基值电流 I_b 两部分组成。脉冲电流作用时母材熔化形成熔池，基值电流作用时只维持电弧燃烧，已形成的熔池开始凝固，焊缝由许多相互重叠的焊点组成。脉冲氩弧焊分为低频（0.1~10Hz）、中频（10~500Hz）、高频（10~20kHz）焊接，其电流波形图如图1-5-2所示。

脉冲氩弧焊通过对电流进行缓升、缓降控制，改善了焊接的起弧、收弧特性。由于脉冲氩弧焊的峰值电流持续时间短，电极在基值电流作用时得到冷却，提高了电极的载流能力，可减小热敏感性材料在焊接时产生裂纹的倾向。因此，相对于无脉冲焊接，在保持同样熔深的条件下，脉冲氩弧焊可以减小基值电流和电极的直径。脉冲氩弧焊控制过程示意图如图1-5-3所示。通常，低频脉冲氩弧焊的应用较为普遍。

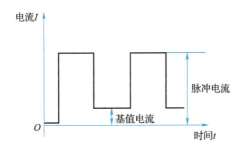
图1-5-2 脉冲氩弧焊电流波形图

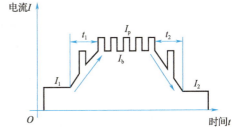
图1-5-3 脉冲氩弧焊控制过程示意图
I_p—脉冲电流 I_b—基值电流 t_1—上升时间
t_2—下降时间 I_1—起弧电流 I_2—收弧电流

【实操建议】

不锈钢板焊件厚为2mm，采用氩弧填丝焊接工艺，焊丝ϕ0.8mm（ER308L），99.99%氩气和1.6铈钨极（钨极头部磨尖，呈30°角），由于不锈钢热变形较大，以采用快速焊接，充分发挥脉冲氩弧焊的优势，选用较小的基值电流和较大的脉冲电流，既能保证焊接熔深，又避免焊穿。保护气体为99.99%Ar，焊接层次为单层单道，氩弧焊机器人不锈钢容器焊接参数见表1-5-2。

表 1-5-2 氩弧焊机器人不锈钢容器焊接参数

起弧电流/A	上升时间/s	脉冲电流/A	脉冲频率/Hz	基值电流/A	下降时间/s	收弧电流/A	滞后停气时间/s	脉冲宽度(%)	焊接速度/(cm/min)
15	2	80	5	20	2	30	5	50	80

通常情况，氩弧焊电源有高频起弧装置，由于机器人设备抗干扰能力差，高频信号容易串接到机器人电控系统中，产生损坏隐患，因此氩弧焊电源与机器人设备之间要设置抗干扰和信号隔离及绝缘措施。

【参见教学资源包一、技师、项目五：氩弧焊（氩弧）机器人系统编程】

【实操步骤】

以松下机器人为例，氩弧焊机器人系统焊接不锈钢容器编程的方法和步骤见表1-5-3。

表 1-5-3 氩弧焊机器人系统焊接不锈钢容器编程的方法和步骤

示教点	操作方法	图示	补充说明
P1	机器人系统+填丝、送丝系统+直流脉冲氩弧焊电源+旋转变位机的系统如右图所示。设置原点，设定指令为MOVEP，空走点	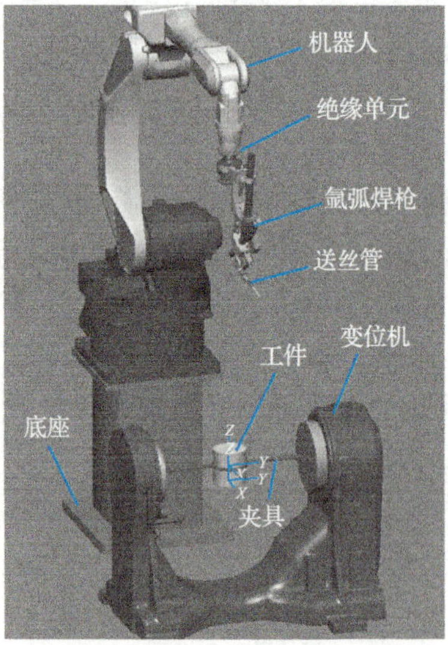	保存原点
P2	外角焊缝进枪点，设定指令为MOVEL，空走点	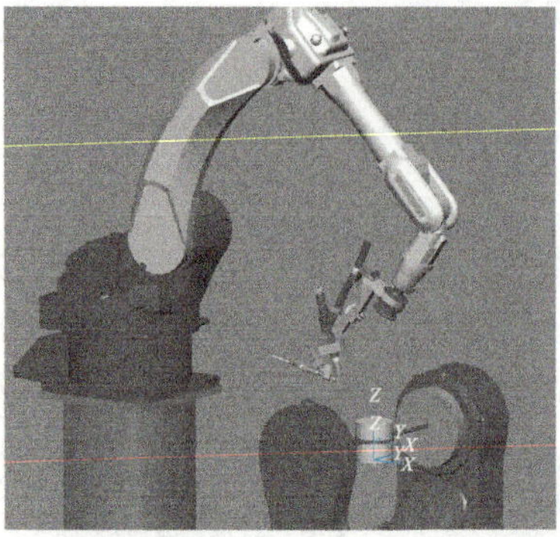	将焊枪逆时针方向旋转180°

（续）

示教点	操作方法	图示	补充说明
P3	将机器人切换至工具坐标系，轴向移至外角焊缝焊接开始点，设定指令为MOVEC，焊接点示教器上的操作如下：	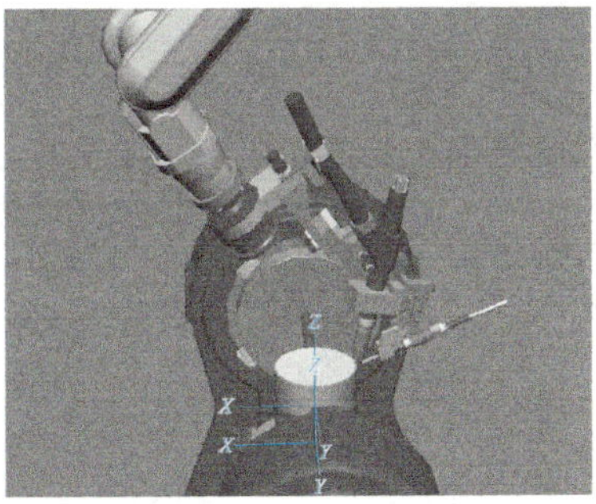	填丝角度为10°~20°，焊枪工作角度为70°~80°，焊枪前进角度为80°~90°（以下各位置填丝和焊枪角度相同），焊接参数也可在ARC-SET设置
	1）G_{III}型机器人配置氩弧焊机设置，首先，在"设置"菜单上单击弧焊子菜单项目，进入"焊接模式"，选择"TIG"	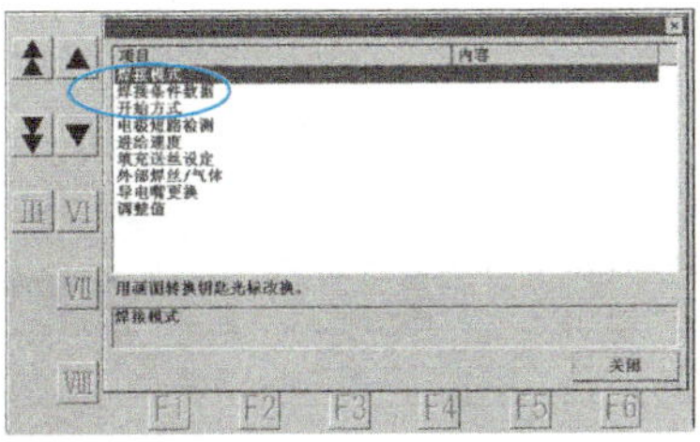	
	2）进入氩弧焊机参数设置对话框，选择焊接条件数据栏，单击拨动按钮，改变氩弧焊相关参数	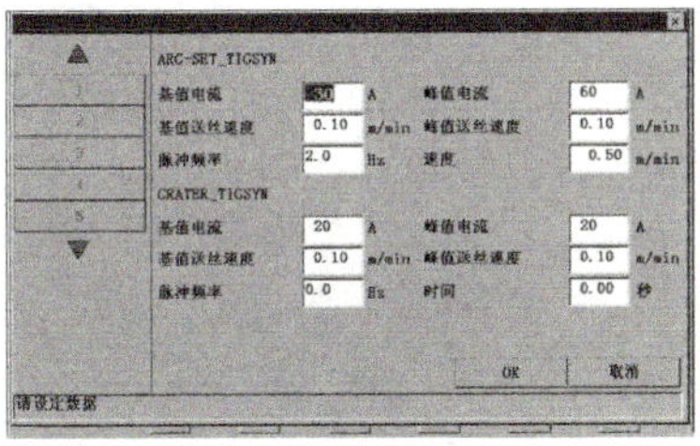	
	3）在子菜单中的项目参数设置对话框中，单击"开始方式"，进行高频引弧功能和热电流设置	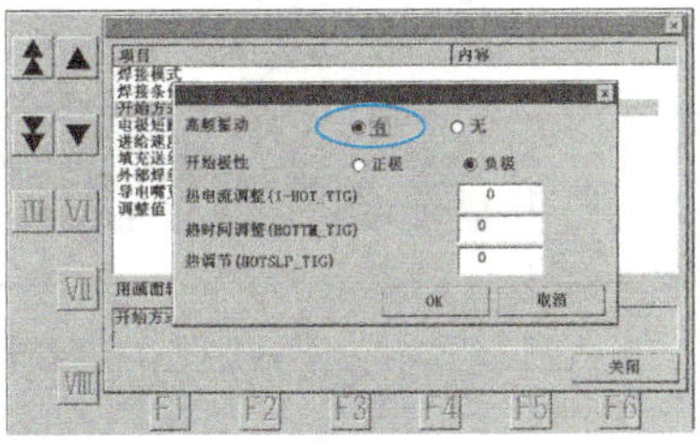	
	在脉冲设置对话框中设置是否采用脉冲，以及使用脉冲时的脉冲宽度	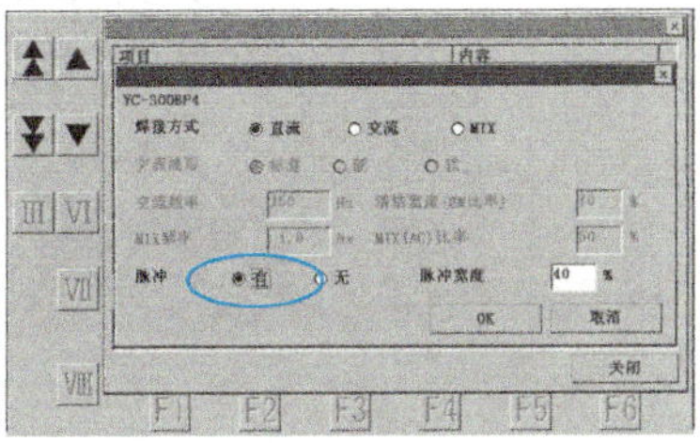	图中："脉冲"用于设置是否使用脉冲功能（有/无）"脉冲宽度"以百分比的形式设置脉冲宽度，范围为5%~95%

(续)

示教点	操作方法	图示	补充说明
P3	在送丝控制（填充送丝）设置对话框中设置是否采用填充送丝功能，如果采用，则设置相关条件	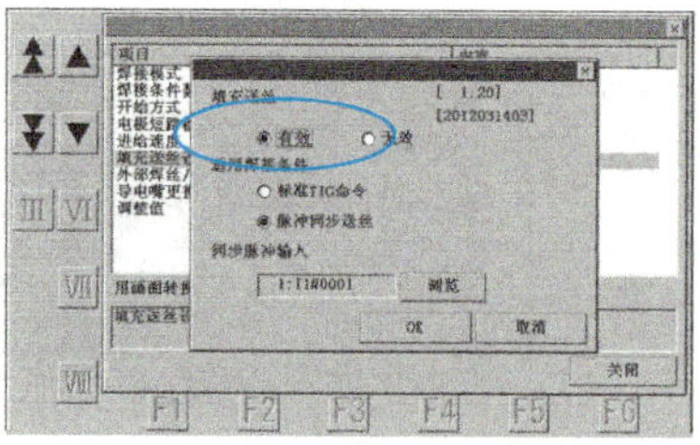	图中："填充送丝"用于设置是否采用填丝 "适用焊接条件"用于设置标准TIG命令或脉冲同步送丝方式 "标准TIG命令"为匀速送丝 "脉冲同步送丝"为脉动送丝 "同步脉冲输入"用于设置填丝速度特性
	调整值功能用于通过预设值来调整设置的焊接电流、脉冲频率与实际显示值之间的误差。单击调整值项目，即弹出设置对话框	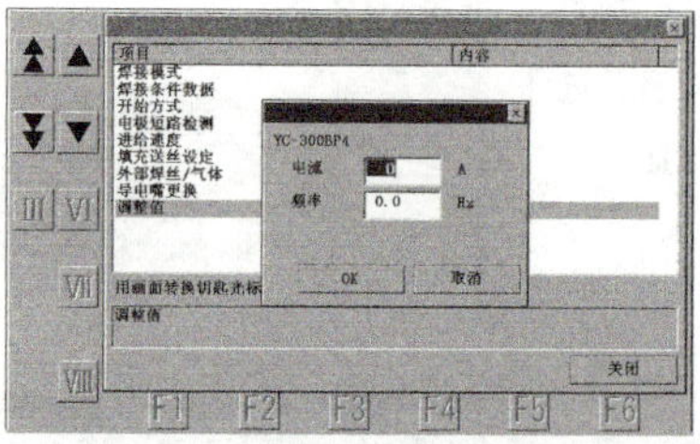	图中："电流"设置范围为−50~50A "频率"设置范围为−5.0~5.0Hz
P4	外角焊缝焊接中间点，设定指令为MOVEC，焊接点	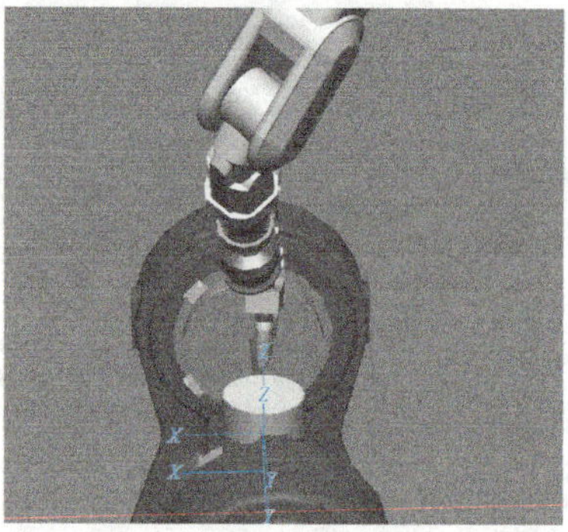	焊枪顺时针方向旋转80°~90°。焊枪对准焊缝中间位置
P5	外角焊缝焊接中间点，设定指令为MOVEC，焊接点	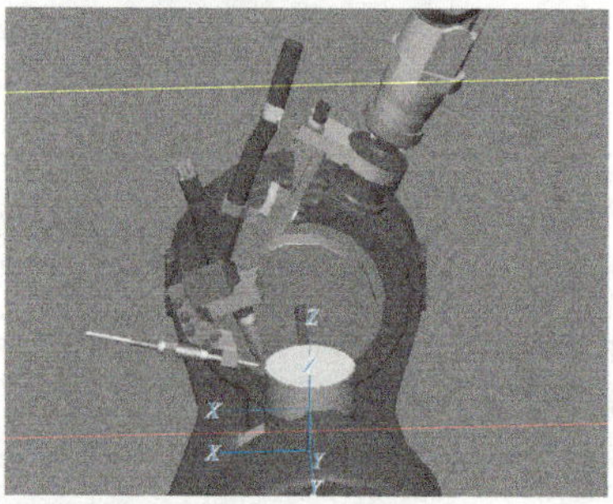	焊枪顺时针方向旋转80°~90°。焊枪对准焊缝中间位置

（续）

示教点	操作方法	图示	补充说明
P6	外角焊缝焊接中间点，设定指令为MOVEC，焊接点	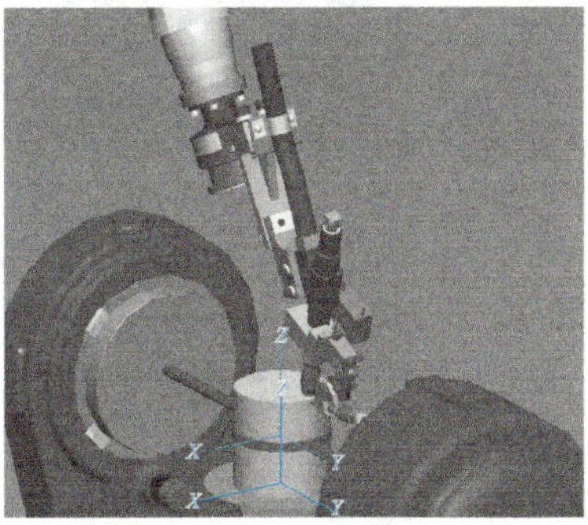	焊枪顺时针方向旋转80°~90°。焊枪对准焊缝中间位置
P7	外角焊缝焊接结束点，设定指令为MOVEC，空走点	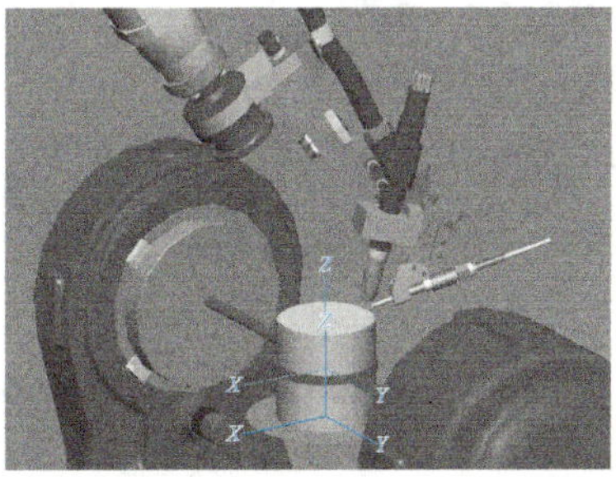	焊枪顺时针方向旋转80°~90°。焊枪对准焊缝中间位置。焊接结束点与焊接开始点处搭接3~4mm，收弧参数也可在CRATER设置
P8	外角焊缝退避点，设定指令为MOVEL，空走点	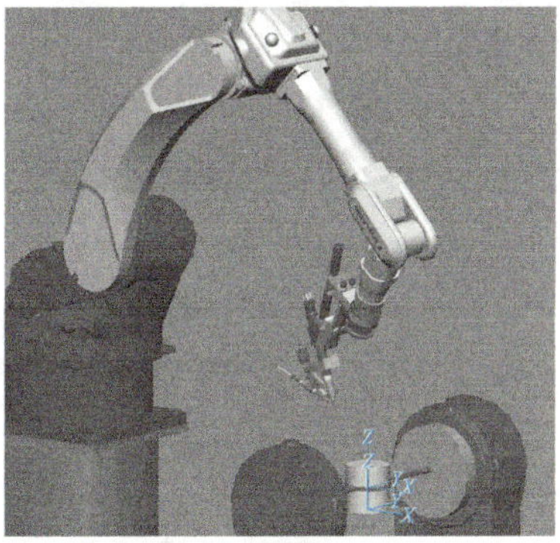	将机器人切换至工具坐标系，轴向移至退避点
P9	将外部轴顺时针方向翻转180°，并设内角焊缝进枪点，设定指令为MOVEL，焊接点	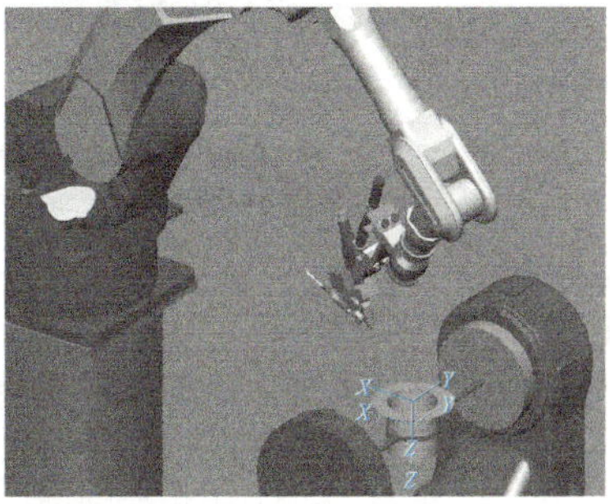	将焊枪移至焊接开始点轴向上方

（续）

示教点	操作方法	图示	补充说明
P10	内角焊缝焊接开始点，设定指令为MOVEC，焊接点示教器上的操作如下：	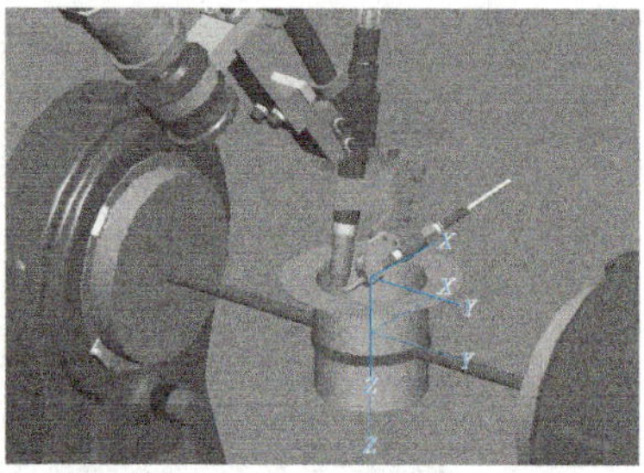	焊枪逆时针方向旋转80°~90°。焊枪对准焊缝中间位置，焊接参数也可在ARC-SET设置
	1) G_{III}型机器人配置氩弧焊机设置，首先，在"设置"菜单中单击 弧焊子菜单中的项目，进入"焊接模式"，选择"TIG"	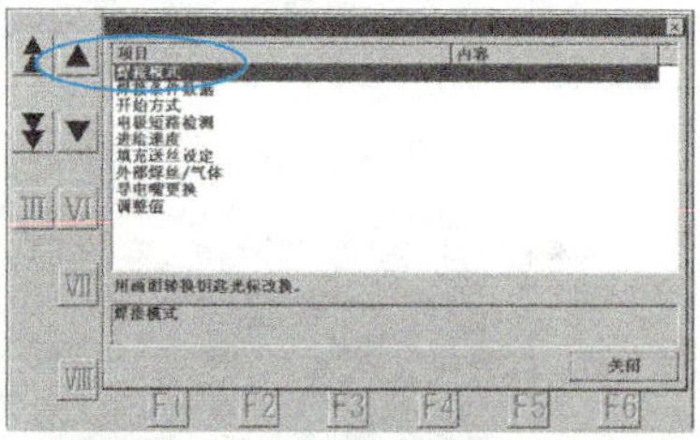	
	2) 进入氩弧焊机参数设置对话框，选择焊接条件数据栏，单击"拨动按钮"，改变氩弧焊相关参数	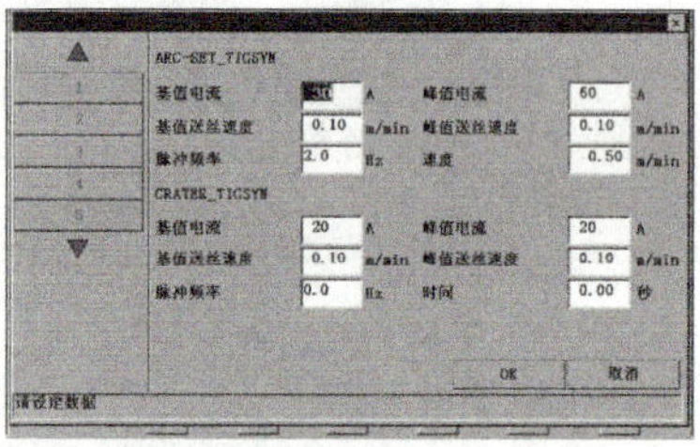	
	3) 在子菜单的项目参数设置对话框中单击"开始方式"，进行高频引弧功能和热电流设置	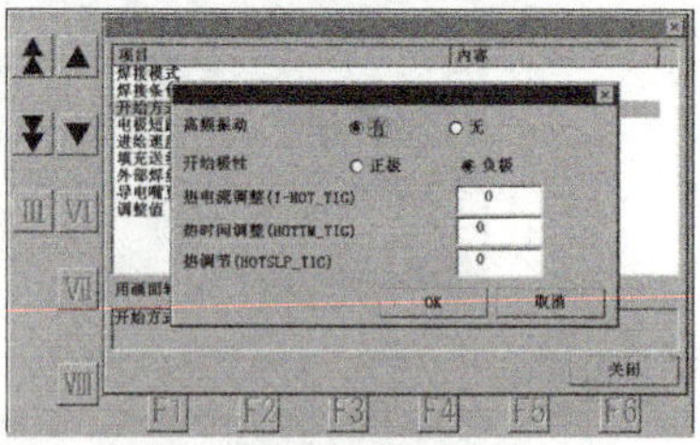	
	4) 在脉冲设置对话框中设置是否采用脉冲，以及使用脉冲时的脉冲宽度	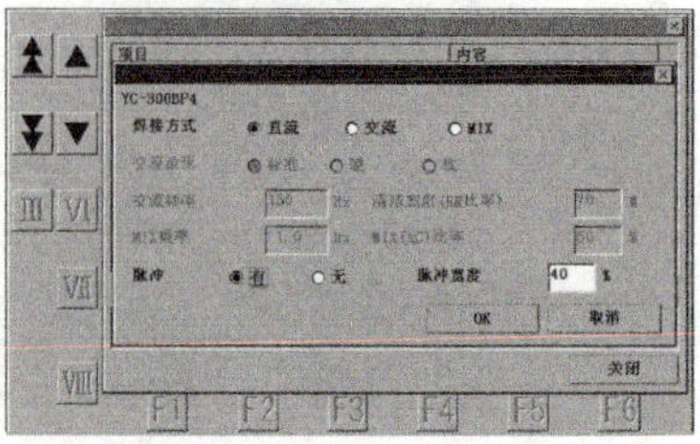	

第一部分 技　　师

（续）

示教点	操作方法	图示	补充说明
P10	5) 在送丝控制（填充送丝）设置对话框中设置是否采用填充送丝功能，如果采用，则设置相关条件		
	6) 调整值功能用于通过预设值来调整设置的焊接电流、脉冲频率与实际显示值之间的误差。单击调整值项目，弹出设置对话框	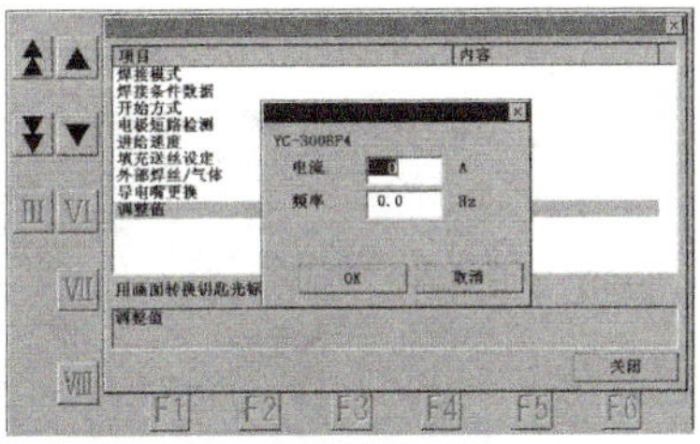	
P11	内角焊缝焊接中间点，设定指令为MOVEC，焊接点	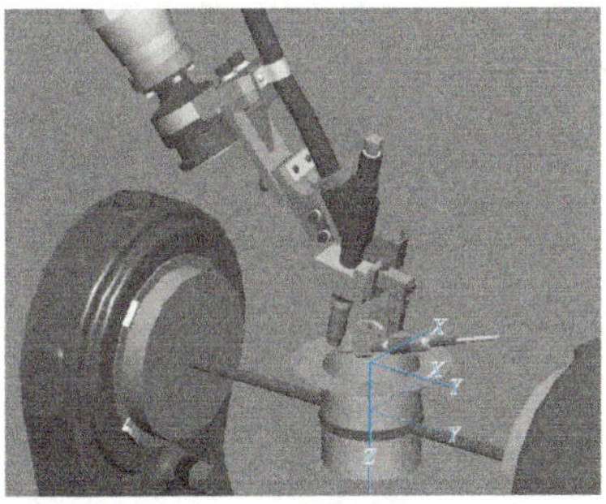	焊枪逆时针方向旋转80°~90°。焊枪对准焊缝中间位置
P12	内角焊缝焊接中间点，设定指令为MOVEC，焊接点		焊枪逆时针方向旋转80°~90°。焊枪对准焊缝中间位置
P13	内角焊缝焊接中间点，设定指令为MOVEC，焊接点	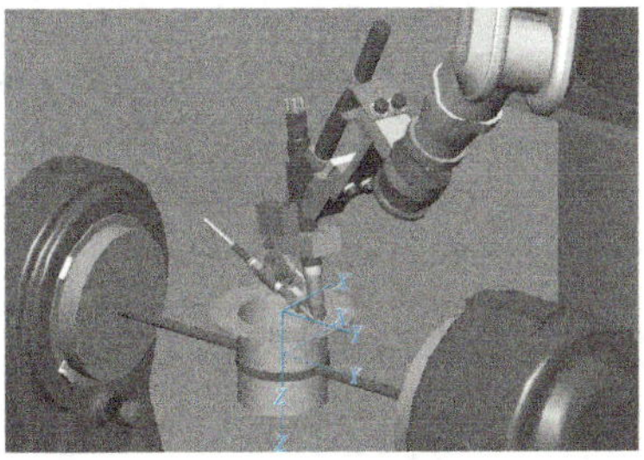	焊枪逆时针方向旋转80°~90°。焊枪对准焊缝中间位置

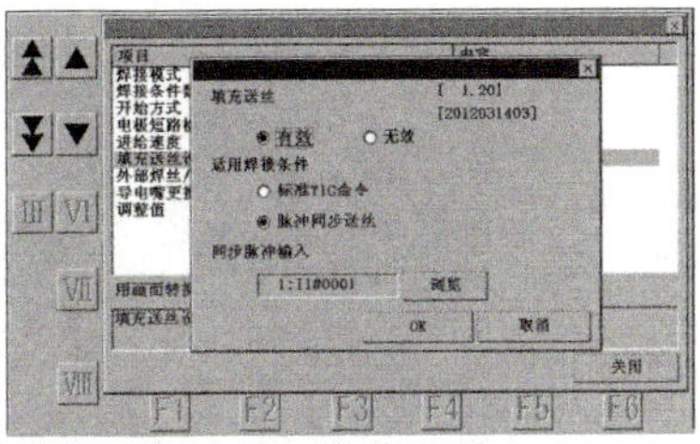

（续）

示教点	操作方法	图示	补充说明
P14	1）焊枪对准焊缝中间位置，示教内角焊缝焊接结束点，设定指令为MOVEC，空走点	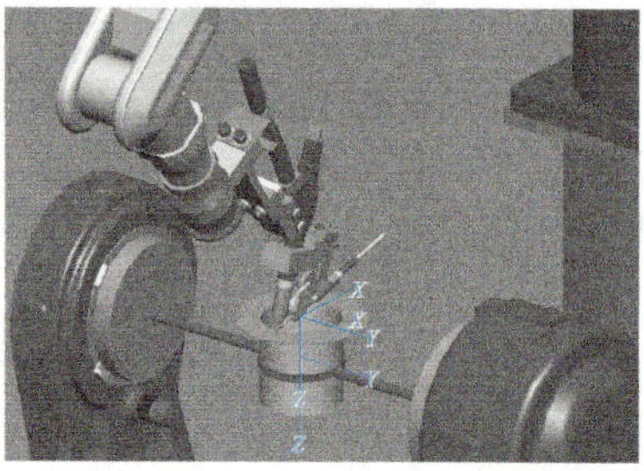	焊枪逆时针方向旋转80°~90°。焊接结束点与焊接开始点处搭接3~4mm
	2）进入氩弧焊机参数设置对话框，选择焊接条件数据栏，单击拨动按钮，改变氩弧焊相关参数	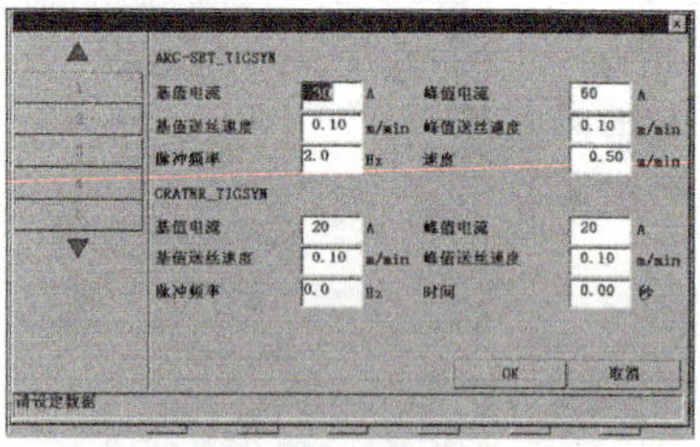	收弧参数也可在CRATER设置
P15	内角焊缝退枪点，设定指令为MOVEL，空走点		将机器人切换至工具坐标系，轴向移至退避点
P16	复制P1示教点并粘贴到此，使机器人回到原点，设定指令为MOVEP，空走点	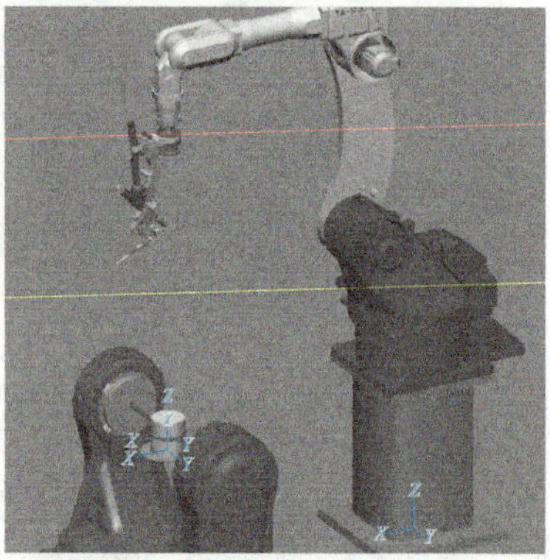	回到原点

不锈钢容器机器人氩弧焊示教程序如图1-5-4所示。

不锈钢焊件外角缝案例如图1-5-5所示。

```
TOOL = 1:TOOL01
REF MNU # 0
● MOVEP P001 15.00m/min
● MOVEP P002 15.00m/min
● MOVEC P003 15.00m/min
  ARC-SET_TIG Ib=15 Ip=85 WF=0.10 F=5.0 S=0.80
  ARC-OFF PROCESS=1
● MOVEC P004 15.00m/min
● MOVEC P005 15.00m/min
● MOVEC P006 15.00m/min
● MOVEC P007 15.00m/min
  CRATER_TIG Ib=10 Ip=1 WF=0.06 F=0.3 T=5.00
  ARC-OFF PROCESS=1
● MOVEC P008 15.00m/min
● MOVEL P009 15.00m/min
● MOVEP P010 15.00m/min
  ARC-SET_TIG Ib=15 Ip=85 WF=0.10 F=5.0 S=0.80
  ARC-OFF PROCESS=1
● MOVEC P011 15.00m/min
● MOVEC P012 15.00m/min
● MOVEC P013 15.00m/min
● MOVEC P014 15.00m/min
  CRATER_TIG Ib=10 Ip=1 WF=0.06 F=0.3 T=5.00
  ARC-OFF PROCESS=1
● MOVEC P015 15.00m/min
● MOVEP P016 15.00m/min
```

图 1-5-4 不锈钢容器机器人氩弧焊示教程序

图 1-5-5 不锈钢焊件外角缝案例

【项目评价】

不锈钢焊件技术要求及评判标准如下：

1）焊接方法：氩弧焊，装配焊接时间为 30min，示教编程时间及焊接时间，每人 60min，每超时 2min 扣 1 分。

2）总成绩：外观评判成绩。

3）外观评判：全部角接接头的焊缝成形质量成绩的总和。

不锈钢容器角焊缝焊件机器人氩弧焊项目评分标准见表 1-5-4。

表 1-5-4 不锈钢容器角焊缝焊件机器人氩弧焊项目评分标准

检查项目	评判标准及分数	等级			
		I	II	III	IV
焊缝宽度	标准/mm	5	>4.5, ≤5.5	>3.5, ≤6.5	≤3.5, >6.5
	分数	20	14	8	0
焊缝余高	标准/mm	0~1	>1~2	>2~3	<0, >3
	分数	10	7	4	0

(续)

检查项目	评判标准及分数	等级			
		Ⅰ	Ⅱ	Ⅲ	Ⅳ
咬边	标准/mm	0	深度≤0.5		深度>0.5
	分数	10	每2mm扣1分		0分
焊穿	标准	无	1处	2处	3处及以上
	分数	20	14	8	0
未焊透	标准/mm	0~2	>2~4	>4~6	>6
	分数	20	14	8	0
所有焊缝外观成形		优	良	一般	差
	标准	成形美观，焊纹均匀细密，高低宽窄一致，焊脚尺寸合格	成形较好，焊纹均匀，焊缝平整，焊脚尺寸合格	成形尚可，焊缝平直，焊脚尺寸合格	焊缝弯曲，高低宽窄明显，有表面焊接缺陷，焊脚尺寸不合格
	分数	20	14	8	0

注：1. 焊缝表面已修补或在焊件上做舞弊标记，则该焊件为0分。
   2. 凡焊缝表面有裂纹、夹渣、未熔合、气孔、焊瘤等缺陷之一的，该焊件外观为0分。

项目六　机器人激光焊系统编程

【实操目的】
机器人激光焊系统编程的步骤及方法。

【实操内容】
根据机器人激光焊系统编程操作步骤和要领进行机器人激光焊系统编程操作。

【工具及材料准备】

1. 设备和工具准备明细（表1-6-1）

表1-6-1　设备和工具准备明细

序号	名称	型号与规格	单位	数量	备注
1	激光焊机器人	臂伸长1400mm	台	1	
2	氩气	99.99%Ar	瓶	1	
3	头戴式面罩	自定	副	1	
4	纱手套	自定	副	1	
5	钢丝刷	自定	把	1	
6	尖嘴钳	自定	把	1	
7	扳手	自定	把	1	
8	钢直尺	自定	把	1	
9	十字槽螺钉旋具	自定	把	1	

(续)

序号	名称	型号与规格	单位	数量	备注
10	敲渣锤	自定	把	1	
11	定位块	自定	副	2	
12	焊缝测量尺	自定	把	1	
13	粉笔	自定	根	1	
14	角向磨光机	自定	台	1	
15	劳保用品	帆布工作服、工作鞋	套	1	

2. 焊件准备

材质为 06Cr20Ni11；焊件尺寸：ϕ60mm（外径）×2.0mm（壁厚）×200mm（长），2 根，其中每根管有一端为倾斜 45°的切断面，两个 45°切断面对接成管角接焊缝，如图 1-6-1 所示。

图 1-6-1　管角接焊件

【必备知识】

1. 激光焊原理

激光焊可以采用连续或脉冲激光束加以实现，激光焊可分为热传导型焊接和激光深熔焊接：功率密度小于 $10^4W/cm^2$ 的为热传导型焊接，此时熔深浅、焊接速度慢；功率密度大于 $10^7W/cm^2$ 时，金属表面因受热凹成"孔穴"，为激光深熔焊接，其具有焊接速度快、深宽比大的特点。激光焊工作原理如图 1-6-2 所示。

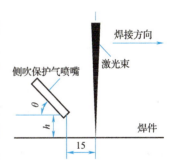

图 1-6-2　激光焊工作原理

（1）热传导型焊接原理　激光辐射加热待加工表面，表面热量通过热传导向内部扩散，通过控制激光脉冲的宽度、能量、峰功率和重复频率等激光参数，使焊件熔化，形成特定的熔池。

（2）激光深熔焊接原理　激光深熔焊接一般采用连续激光束完成材料的连接，其冶金物理过程与电子束焊接极为相似，即能量转换是通过"小孔"（Key-hole）结构来完成的。在具有足够高的功率密度的激光照射下，材料蒸发并形成小孔。这个充满蒸气的小孔犹如一个黑体，几乎吸收全部的入射光束能量，孔腔内平衡温度达 2500℃ 左右，热量从这个高温孔腔外壁传递出来，使包围着这个孔腔四周的金属熔化。小孔内充满在光束照射下壁体材料连续蒸发产生的高温蒸气，小孔四壁包围着熔融金属，液态金属四周包围着固体材料（而在大多数常规焊接过程和激光传导焊中，能量首先传递到焊件表面，然后输送到内部）。孔壁外液体流动和壁层表面张力与孔腔内连续产生的蒸气压力相持并保持着动态平衡。光束不断进入小孔，小孔外的材料连续流动，随着光束移动，小孔始终处于流动的稳定状态，即小孔和围着孔壁的熔融金属随着前导光束的前进向前移动，熔融金属充填着小孔移开后留下的空隙并随之冷凝，形成焊缝。上述过程在很短的时间内发生，焊接速度很快。

2. 工作设备

工作设备由光学振荡器及放在振荡器空穴两端镜间的介质所组成。介质被激发至高能量状态时，开始产生同相位光波且在两端镜间来回反射，形成光电的串结效应，将光波放大，并获得足够的能量而开始发射激光。

激光器也可解释为将电能、化学能、热能、光能或核能等原始能源转换成某些特定光频（紫外光、可见光或红外光）的电磁辐射束的一种设备。转换形态在某些固态、液态或气态介质中很容易进行。当这些介质以原子或分子形态被激发时，便产生相位几乎相同且波长近乎单一的光束——激光。由于激光具有相同相位及单一波长，差异角均非常小，在被高度集中以实现焊接、切割及热处理等功能前可传送的距离相当长。激光器设备如图1-6-3所示。

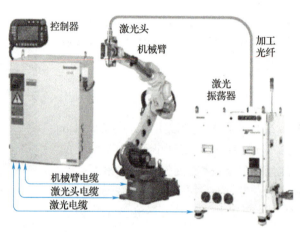

图 1-6-3　激光器设备

3. 激光器的分类

用于焊接的激光器主要有三种，即 CO_2 激光器、Nd：YAG 固体激光器和光纤激光器。CO_2 激光和 Nd：YAG 激光都是不可见红外光。Nd：YAG 固体激光器产生的光束主要是近红外光，波长为 1.06μm，热导体对这种波长的光的吸收率较高，对于大部分金属，它的反射率为 20%～30%。只要使用标准的光镜就能使近红外波段的光束聚焦为直径 0.25mm 的圆。CO_2 激光的光束为远红外光，波长为 10.6μm，大部分金属对这种光的反射率可达 80%～90%，需要特别的光镜把光束聚焦成直径为 0.75mm 的圆。Nd：YAG 激光功率一般能达到 4000～6000W，现在最大功率已达到 10000W，而 CO_2 激光功率却能轻易达到 20000W 甚至更大。CO_2 激光大功率焊接时，常使用不产生等离子体的氦气作为保护气体。

4. 激光器工作原理及工艺参数

（1）激光器工作原理　激光工作物质（或称激光介质）、谐振腔（或称激光腔）和激励源是产生激光的三要素。

1）激光工作物质。不同的激光器其工作物质不同，通常有如下几种：

①固体激光器。工作物质为掺铬离子的红宝石、掺钕离子的钇铝石榴石（简称YAG）、掺钕离子的玻璃棒。

②气体激光器。工作物质为 CO_2、He-Ne、N_2、Ar_2 等。

③半导体激光器。工作物质为以共价键形成的化合物（如 GaAS）。

④光纤激光器。光纤是以 SiO_2 为基质材料拉成的玻璃实体纤维。

2）谐振腔。谐振腔是激光器的重要部件，其不仅是形成激光振荡的必要条件，还对输出的模式、功率、光束发散角等有很大的影响。选择一个适当结构的光学谐振腔可对所产生受激辐射光束的方向、频率等加以选择。

谐振腔由全反射镜和部分反射镜（输出反射镜）组成，激光由部分反射镜输出。根据实际情况可选用稳定腔、非稳腔或临界稳定腔。

3）激励源。激励源提供能量给激光工作物质，使工作物质能处于稳定的激活状态（粒子搬迁的动力）。

①光激励。用光照射工作物质，工作物质吸收光能后实现粒子数反转，通常采用高效率、高强度的发光灯、太阳能等。

②放电激励。在高电压下，气体分子会发生电离导电，称为气体放电。在放电过程中，气体分子（或原子、离子）与被电场加速的电子碰撞，吸收电子能量后跃迁到高能级，实现粒子数反转。

③热能激励。用高温加热方式使高能级上气体粒子数增加，然后突然降低空气温度，因高、低能级的热弛豫时间不同，可使粒子数反转。

④核能激励。用核裂变反应放出的高能粒子、放射线或裂变碎片等来激励工作物质，也可实现粒子数反转。

综上所述，以 Nd：YAG 固体激光器为例，其工作原理是，把一定长度的工作物质放在两个互相平行的反射镜（其中至少有一个是部分透射镜）构成的光学谐振腔中，处于高能级的粒子会产生各种方向的自发发射。其中，非轴向传播的光很快逸出谐振腔外；而轴向传播的光却能在腔内往返传播，当它在激光介质中传播时，光强不断增长，以获得足够能量而开始发射激光。激光器工作原理如图 1-6-4 所示。

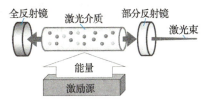

图 1-6-4 激光器工作原理

（2）激光深熔焊接的主要工艺参数

1）激光功率。激光焊中存在一个激光功率密度阈值，功率密度低于此值时熔深很浅，一旦达到或超过此值，熔深会大幅度提高。只有当焊件上的激光功率密度超过阈值（与材料有关）时，等离子体才会产生，这标志着稳定深熔焊的进行。如果激光功率密度低于此阈值，焊件仅产生表面熔化，即焊接以稳定热传导型进行。而当激光功率密度处于小孔形成的临界条件附近时，深熔焊接和热传导型焊接交替进行，产生不稳定焊接过程，导致熔深变化很大。深熔焊接时，激光功率同时控制熔透深度和焊接速度。焊接的熔深直接与光束功率密度有关，且是入射光束功率和光束焦斑的函数。一般来说，对直径一定的激光束，熔深随着光束功率提高而增加。

2）光束焦斑。光束焦斑的大小是激光焊的最重要变量之一，因为它决定功率密度。但对高功率激光来说，对它的测量是一个难题，尽管已经有很多间接测量技术。

光束焦斑衍射极限光斑的尺寸可以根据光衍射理论计算，但由于聚焦透镜像差的存在，实际光斑要比计算值大。最简单的实测方法是等温度轮廓法，即用厚纸烧焦和穿透聚丙烯板后测量焦斑和穿孔直径。这种方法要通过测量实践，掌握好激光功率的大小和光束作用的时间。例如,YAG 激光的光斑直径为 0.6mm,焊接速度为 3m/min;光纤激光的光斑直径为 0.4mm,焊接速度为 4m/min。

3)材料吸收值。材料对激光的吸收取决于材料的一些重要性能,如吸收率、反射率、热导率、熔化温度、蒸发温度等,其中最重要的是吸收率。

影响材料对激光光束的吸收率的因素有两个方面:首先是材料的电阻率,对材料抛光表面的吸收率进行测量发现,材料吸收率与电阻率的平方根成正比,而电阻率又随温度而变化;其次,材料的表面状态对光束吸收率有较大的影响,从而对焊接效果产生显著影响。

CO_2 激光器的输出波长通常为 10.6μm,陶瓷、玻璃、橡胶、塑料等非金属对它的吸收率在室温时就很高,而金属材料在室温时对它的吸收率很低,金属材料熔化乃至汽化,它的吸收率才急剧升高。采用表面涂层或表面生成氧化膜的方法,对提高材料对光束的吸收率很有效。

4)焊接速度。焊接速度对熔深影响较大,提高焊接速度会使熔深变浅,但焊接速度过低又会导致材料过度熔化、焊件焊穿。所以,一定激光功率和一定厚度的某特定材料有一个合适的焊接速度范围,并在达到其中相应的速度值时获得最大熔深。

5)保护气体。进行激光焊时常使用惰性气体来保护熔池,当某些材料在焊接过程中可不考虑表面氧化时则也可不进行保护,但对大多数应用场合则常使用氦气、氩气、氮气等气体进行保护,使焊件在焊接过程中免受氧化。

氦气不易电离(电离能量较高),可使激光顺利通过,光束能量不受阻碍地直达焊件表面。这是进行激光焊时最有效的保护气体,但价格比较高。

氩气比较便宜,密度较大,所以保护效果较好。但它易被高温金属等离子体电离,从而屏蔽了部分光束射向焊件,减小了焊接的有效激光功率,也影响了焊接速度与熔深。使用氩气保护的焊件表面要比使用氦气保护的焊件表面光滑。

氮气也较便宜,但并不适合在焊接某些类型的不锈钢时使用,如有时会在搭接区产生气孔。

保护气体的第二个作用是使聚焦透镜免受金属蒸气的污染和液体熔滴的溅射。特别是在进行高功率激光焊时,由于其喷出物变得非常有力,此时保护透镜更为必要。

保护气体的第三个作用是驱散高功率激光焊产生的等离子屏蔽。金属蒸气吸收激光束电离成等离子体云,金属蒸气周围的保护气体也会因受热而电离。如果等离子体过多,激光束在某种程度上被等离子体消耗。等离子体作为第二种能量存在于工作表面,使得熔深变浅、焊接熔池表面变宽。通过增加电子与离子和中性原子三体碰撞次数来增加电子的复合速率,可以降低等离子体中的电子密度。中性原子越轻,碰撞频率越高,复合速率越高。另一方面,只有电离能高的保护气体,才不致因气体本身的电离而增加电子密度。

等离子体云的尺寸随采用的保护气体的不同而变化,氦气最小、氮气次之、氩气最大。等离子体尺寸越大,熔深越浅。造成这种差别的原因首先是气体分子的电离程度不同,另外,保护气体的密度不同,金属蒸气的扩散也有差别。

氦气电离程度最小,密度最小,它能很快地驱除金属熔池产生的并上升的金属蒸气。所以将氦气作为保护气体,可最大限度地抑制等离子体,从而增加熔深,提高焊接速度,同时由于氦气密度小而能逸出,不易产生气孔。当然,从实际焊接的效果看,用氩气保护的效果也较好。等离子体云对熔深的影响在低焊接速度区最为明显。当焊接速度升高时，它的影响就会减弱。

保护气体是通过喷嘴以一定的压力射出，到达焊件表面的，喷嘴的流体力学形状和出口的直径大小十分重要。它必须足够大，以驱使喷出的保护气体覆盖焊接表面。但为了有效保护透镜，避免金属蒸气污染或金属飞溅损伤透镜，喷口大小也要加以限制。同时也应控制气体流量，否则保护气体的层流变成紊流，使大气卷入熔池，最终会形成气孔。

为了提高保护效果，还可附加侧向吹气，即通过一个直径较小的喷管将保护气体以一定的角度直接射入深熔焊接的小孔。保护气体不仅抑制了焊件表面的等离子体云，而且对孔内的等离子体及小孔的形成也有影响，熔深进一步增大，可获得深宽比较为理想的焊缝。但是，此种方法要求精确控制气体流量大小、方向，否则容易产生紊流而破坏熔池，使焊接过程难以稳定。

6) 透镜焦距。焊接时通常采用聚焦方式汇聚激光，一般选用焦距为 63~254mm 的透镜。聚焦光斑大小与焦距成正比，焦距越短，光斑越小。但焦距长短也影响焦深，即焦深随着焦距的增加而增加，所以短焦距可提高功率密度，但因焦深小，必须精确保持透镜与焊件的间距，且熔深也不大。由于受焊接过程中产生的飞溅物和激光模式的影响，实际焊接使用的最短焦距多为 126mm。当焊缝较大或需要通过加大光斑尺寸来增加焊缝时，可选择焦距为 254mm 的透镜，在此情况下，为了达到深熔小孔效应，需要更高的激光输出功率（功率密度）。

当激光功率超过 2kW 时，特别是对于波长为 10.6μm 的 CO_2 激光束，由于采用特殊光学材料构成光学系统，为了避免聚焦透镜受到光学破坏，经常选用反射聚焦方法，一般采用抛光铜镜作为反射镜，由于能有效冷却，它常被推荐用于高功率激光束聚焦。

7) 焦点位置。焊接时，为了保持足够的功率密度，焦点位置至关重要。焦点与焊件表面相对位置的变化直接影响焊缝宽度与深度。大多数激光焊接应用场合，通常将焦点的位置设置在焊件表面之下大约所需熔深的 1/4 处。

8) 激光束位置。对不同的材料进行激光焊时，激光束位置控制着焊缝的最终质量，对接接头比搭接接头对此更为敏感。例如，当将淬火钢齿轮焊接到低碳钢鼓轮上时，正确控制激光束位置将有利于产生主要由低碳组分组成的焊缝，这种焊缝具有较好的抗裂性。一些应用场合需要激光束偏转一个角度，当激光束轴线与接头平面的偏转角度在 100°以内时，焊件对激光能量的吸收不会受到影响。

9) 焊接起始点、终止点的激光功率渐升、渐降控制。进行激光深熔焊接时，无论焊缝深浅，小孔现象始终存在。当焊接过程终止、关闭功率开关时，焊缝尾端将出现凹坑。另外，当激光焊层覆盖原先焊缝时，会出现对激光束过度吸收的现象，导致焊件过热或产生气孔。

为了防止上述现象发生，可编制功率起止点程序，即用电子学方法在短时间内使起始功率从零升至设置功率值，并调节焊接时间，最后在焊接终止时使功率由设置功率逐渐降至零。

5. 激光深熔焊的特征及优缺点

(1) 激光深熔焊的特征

1) 高的深宽比。因为熔融金属围绕圆柱形高温蒸气腔体形成并延伸向工件，焊缝深而窄。

2）最小热输入。因为小孔内的温度非常高，熔化过程极快，输入焊件的热量很低，热变形和热影响区很小。

3）高致密性。充满高温蒸气的小孔有利于焊接熔池搅拌和气体逸出，从而生成无气孔的熔透焊缝。焊后高的冷却速度又易使焊缝组织细微化。

4）强固焊缝。热源温度高，非金属组分吸收充分，可降低杂质含量、改变夹杂物的尺寸和其在熔池中的分布。焊接过程无须电极或填充焊丝，熔化区受污染小，使得焊缝强度、韧性相当于甚至超过母体金属。

5）精确控制。因为聚焦光点很小，可以精确定位焊缝。激光输出无"惯性"，可在高速下急停和重新起始，用数控光束移动技术则可焊接复杂焊件。

6）非接触大气焊接过程。因为能量来自光束，与焊件无物理接触，所以没有外力施加于焊件。另外，磁场和空气对激光都无影响。

（2）激光深熔焊的优点

1）由于聚焦激光比常规方法具有高得多的功率密度，焊接速度快，热影响区和变形都很小，还可以焊接钛等难焊的材料。

2）因为光束容易传输和控制，且不需要经常更换焊枪、喷嘴，又没有电子束焊接所需的抽真空，显著减少了停机辅助时间，所以有荷系数和生产效率都高。

3）由于纯化作用和高的冷却速度，焊缝强度、韧性和综合性能高。

4）由于平均热输入低，加工精度高，可减小再加工费用。另外，激光焊的运转费用也较低，从而可降低焊件加工成本。

5）可有效控制光束强度和精细定位，容易实现自动化操作。

（3）激光深熔焊的缺点

1）焊接深度有限。

2）焊件装配要求高。

3）激光系统一次性投资较大。

【实操建议】

采用激光脉冲自熔焊工艺，侧向吹氩气，激光入射角为0°。激光焊机器人焊接不锈钢管端角接工艺参数见表1-6-2。

表1-6-2 激光焊机器人焊接不锈钢管端角接工艺参数

焊缝形式	焊接速度/(m/min)	主功率/W	基底功率/W	保护气体	离焦量/mm	激光偏转角度/(°)	焊点光束直径/mm	频率/Hz	脉冲宽度/ms
管端角焊缝	1	1000	500	高纯氩气	0	0	3.2	100	50

【参见教学资源包一、技师、项目六：机器人激光焊系统编程】

【实操步骤】

以松下机器人为例，激光焊机器人焊接不锈钢管端角接编程的方法和步骤见表1-6-3。

表 1-6-3　激光焊机器人焊接不锈钢管端角接编程的方法和步骤

示教点	操作方法	图示	补充说明
P1	设置原点，设定指令为 MOVEP，空走点	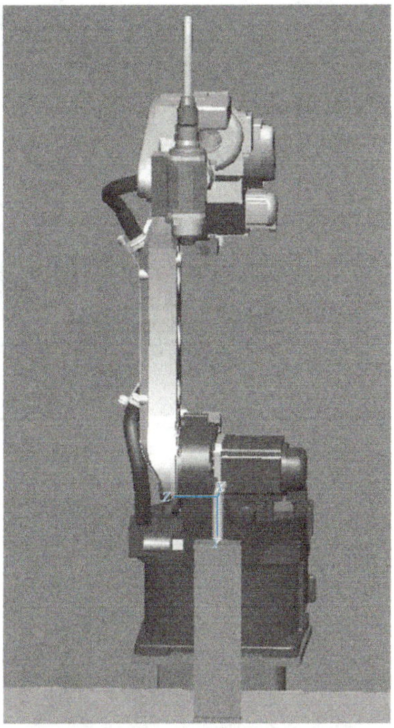	保存原点
P2	外角焊缝焊接准备点，设定指令为 MOVEL，空走点	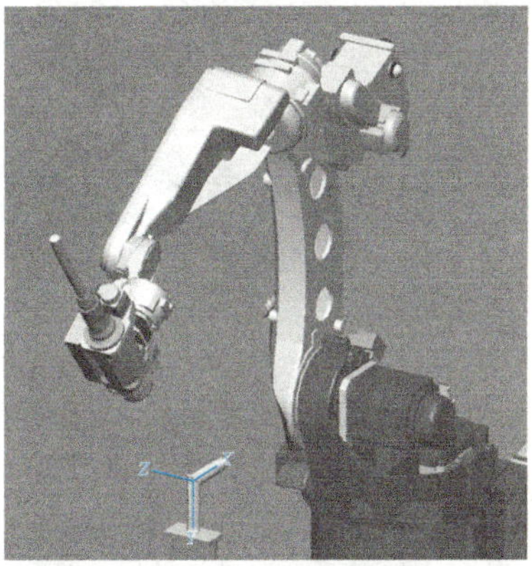	
P3	示教焊接开始点，设为 MOVEC（焊接），采用前进法焊接，使激光头工作角为 45°，行进角为 80°	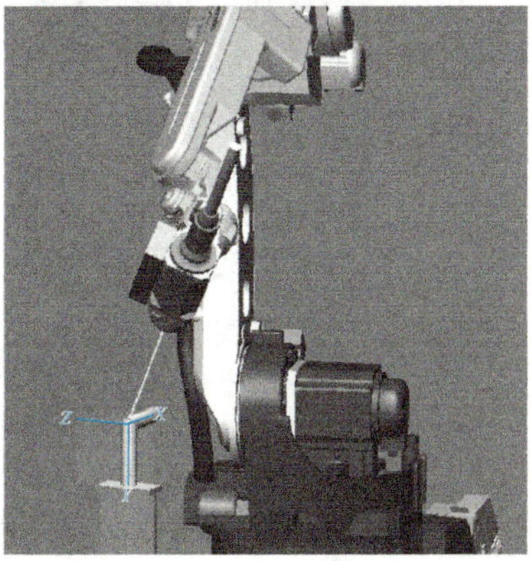	保持焊件的焊接位置距离激光头 280mm，使用工具坐标系将激光头轴向移至焊接开始点，圆弧焊接指令

(续)

示教点	操作方法	图示	补充说明
P4	管-板角端接焊缝（第1条）中间点，设为MOVEC（焊接）	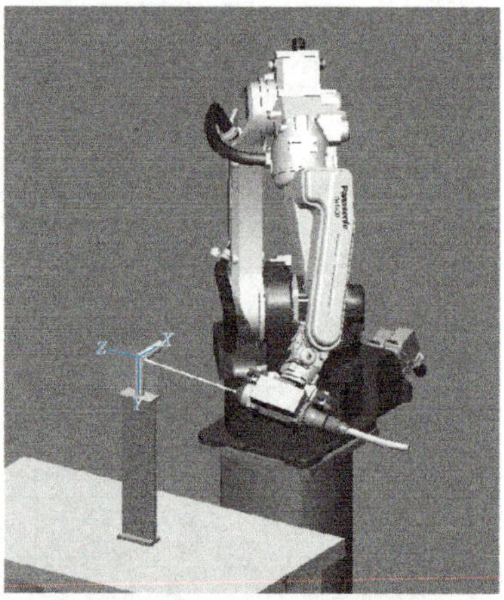	使用工具坐标系将焊枪移动到下一点并轴向顺时针方向旋转60°
P5	管-板角端接焊缝（第1条）中间点，设为MOVEC（焊接）	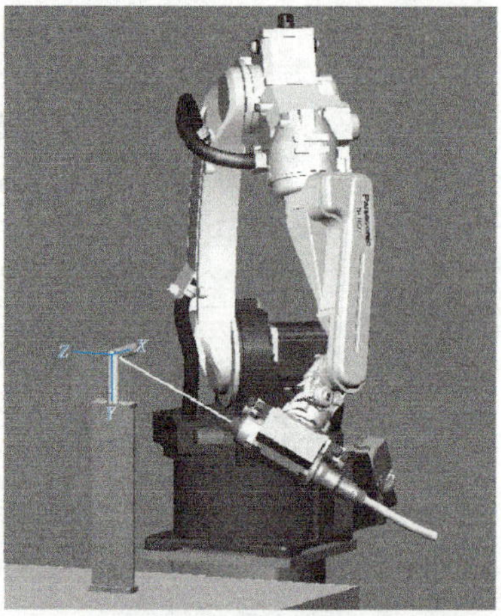	继续使用工具坐标系将焊枪移动到下一点并轴向顺时针方向旋转60°
P6	焊接结束点，设为MOVEC（空走）	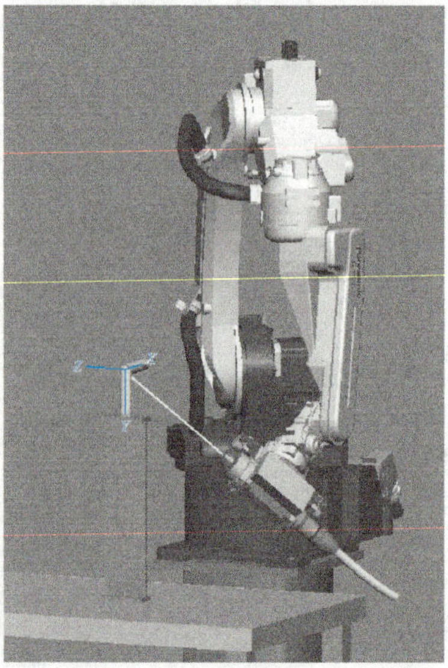	继续使用工具坐标系将焊枪移动到下一点并轴向顺时针方向旋转60°

(续)

示教点	操作方法	图示	补充说明
P7	回到原点位置设置过渡点 MOVEP（空走）	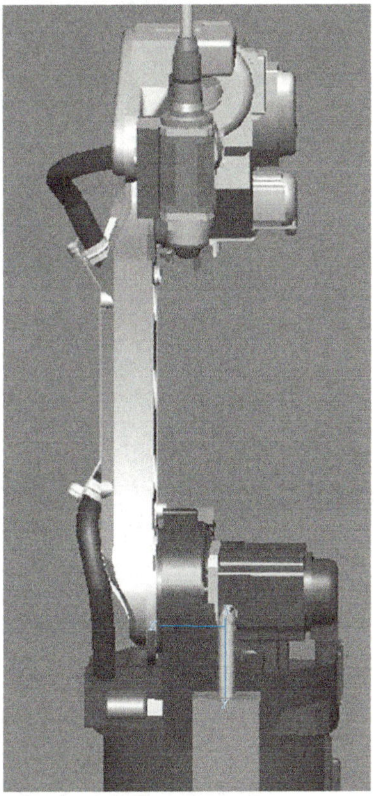	将原点指令复制粘贴到此行
P8	管端角接焊缝（第2条）过渡点，设为 MOVEP（空走）	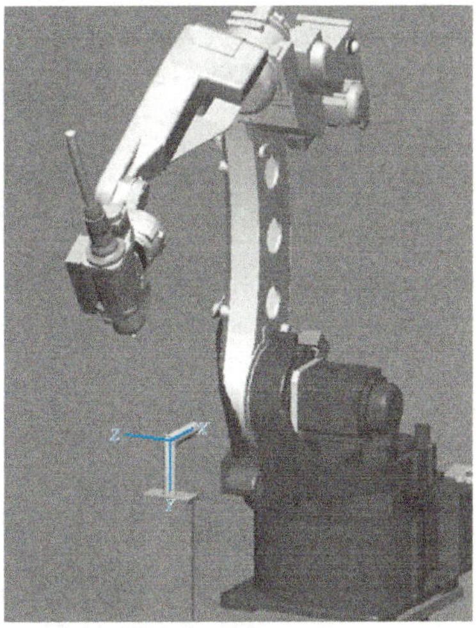	

(续)

示教点	操作方法	图示	补充说明
P9	示教焊接开始点，设为 MOVEC（焊接），采用前进法焊接，使焊枪工作角为45°，行进角为80°	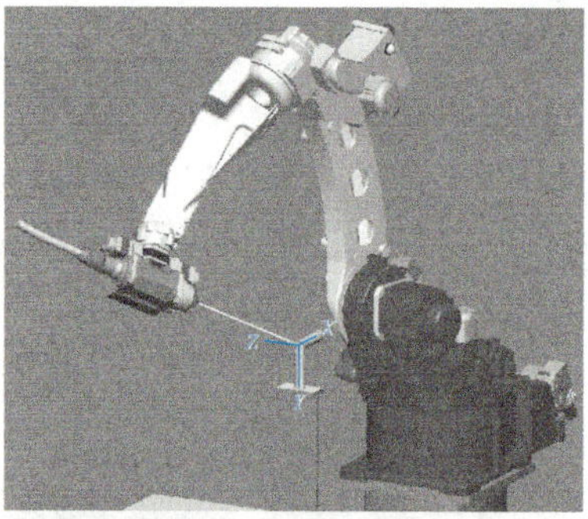	继续使用工具坐标系将焊枪移动到下一点并轴向顺时针方向旋转10°
P10	管-板角端接焊缝（第2条）中间点，设为 MOVEC（焊接）	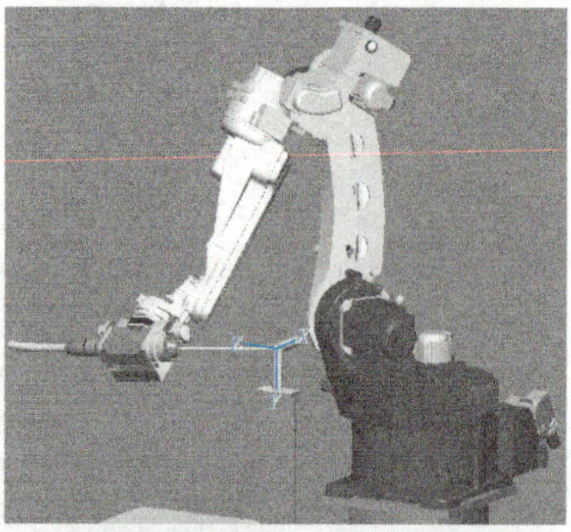	继续使用工具坐标系将焊枪移动到下一点并轴向顺时针方向旋转10°
P11	管-板角端接焊缝（第2条）中间点，设为 MOVEC（焊接）	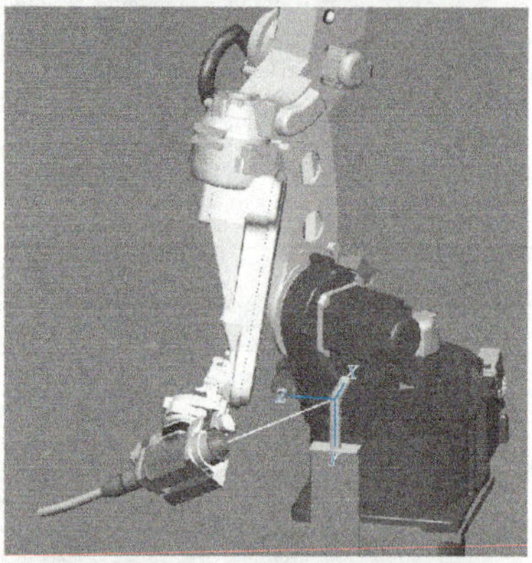	继续使用工具坐标系将焊枪移动到下一点并轴向顺时针方向旋转10°
P12	焊接结束点，设为 MOVEC（空走）	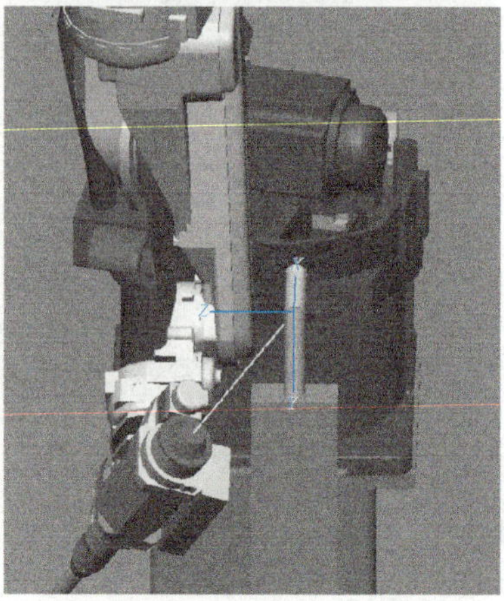	继续使用工具坐标系将焊枪移动到下一点并轴向顺时针方向旋转10°

（续）

示教点	操作方法	图示	补充说明
P13	原点指令设为 MOVEP	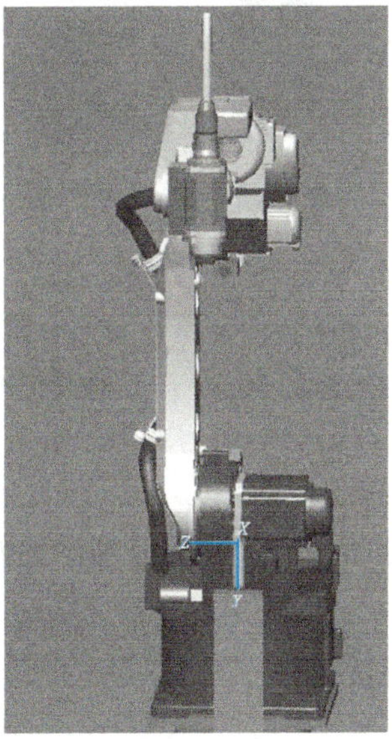	将该程序第一条机器人原点指令复制后粘贴到程序最后一行，使机器人回到原点位置

激光焊机器人焊接不锈钢管角接示教程序如图 1-6-5 所示。

```
TOOL = 1:TOOL01
● MOVEP P039 35.00m/min
● MOVEC P049 35.00m/min
  LASER-SET_LP Pm=1000 Pb=1000 FRQ=100 Wd=50 S=3.00
  LASER-ON LaserStart1 PROCESS=0
  LASER-EMIT-SW ON
● MOVEC P062 1.00m/min
● MOVEC P050 1.00m/min
● MOVEC P051 1.00m/min
● MOVEC P052 1.00m/min
  LASER-OFF LaserEnd1 PROCESS=0
● MOVEP P055 35.00m/min
● MOVEC P056 35.00m/min
  LASER-SET_LP Pm=1000 Pb=1000 FRQ=100 Wd=50 S=3.00
  LASER-ON LaserStart1 PROCESS=0
  LASER-EMIT-SW ON
● MOVEC P057 1.00m/min
● MOVEC P058 1.00m/min
● MOVEC P063 1.00m/min
● MOVEC P060 1.00m/min
  LASER-OFF LaserEnd1 PROCESS=0
● MOVEP P039 35.00m/min
```

图 1-6-5　激光焊机器人焊接不锈钢管角接示教程序

激光焊机器人焊接不锈钢管端角接焊缝成形如图 1-6-6 所示。

图 1-6-6　激光焊机器人焊接不锈钢管角接焊缝成形

【项目评价】

焊件技术要求及评判标准如下：

1）焊接方法：装配焊接时间为 10min，示教编程时间及焊接时间，每人 60min，每超时 2min 扣 1 分。

2）总成绩：外观评判成绩。

激光焊机器人焊接不锈钢管角接焊缝评分标准见表 1-6-4。

表 1-6-4　激光焊机器人焊接不锈钢管角接焊缝评分标准

检查项目	评判标准及分数	等级			
		I	II	III	IV
焊缝凸凹度	标准/mm	≥0、≤0.5	>0.5、≤1.0	>1.0、≤1.5	<0、>1.5
	分数	20	14	8	0
咬边	标准/mm	0	深度≤0.5 且长度≤15	深度≤0.5 15<长度≤30	深度>0.5 或长度>30
	分数	20	14	8	0
未焊透	尺寸标准/mm	0~2	>2~4	>4~6	>6
	分数	20	14	8	0
焊缝正面外观成形	标准	优 成形美观，焊纹均匀细密，高低宽窄一致，无飞溅	良 成形较好，焊纹均匀，焊缝平整	一般 成形尚可，焊缝平整	差 焊缝弯曲，高低宽窄明显，有表面焊接缺陷
	分数	40	30	20	0

注：1. 若焊缝表面已修补或在焊件上做舞弊标记，则该焊件为 0 分。
　　2. 凡焊缝表面有裂纹、夹渣、未熔合、气孔、焊瘤等缺陷之一的，该焊件外观为 0 分。

项目七　焊接机器人系统工装夹具应用

【实操目的】

掌握焊接机器人系统工装夹具应用的步骤及方法。

【实操内容】

根据焊接机器人系统工装夹具应用的操作步骤和动作要领，操作焊接机器人系统工装夹具。

【工具及材料准备】

1. 设备和工具准备明细（表1-7-1）

表1-7-1 设备和工具准备明细

序号	名称	型号与规格	单位	数量	备注
1	弧焊机器人	臂伸长1400mm	台	1	
2	焊丝	ER50-6、$\phi 0.8$mm	盘	1	
3	混合气	80%Ar+20%CO_2	瓶	1	
4	头戴式面罩	自定	副	1	
5	线手套	自定	副	1	
6	钢丝刷	自定	把	1	
7	尖嘴钳	自定	把	1	
8	扳手	自定	把	1	
9	钢直尺	自定	把	1	
10	十字槽螺钉旋具	自定	把	1	
11	敲渣锤	自定	把	1	
12	定位块	自定	副	2	
13	焊缝测量尺	自定	把	1	
14	粉笔	自定	根	1	
15	角磨机	自定	台	1	
16	劳保用品	帆布工作服、工作鞋	套	1	

2. 焊件准备

材质为Q235；焊件：自行车三角架工装夹具定位示意图及装夹图分别如图1-7-1和图1-7-2所示。

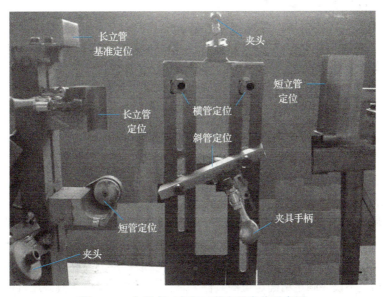

图1-7-1 自行车三角架工装夹具定位示意图

图 1-7-2 自行车三角架装夹图

【必备知识】

1. 工装夹具的基本概念

（1）工装　工装即工艺装备，是制造过程中所用的各种工具的总称。用于焊接的工装是指在焊接结构生产的装配与焊接过程中起配合及辅助作用的夹具、机械装置或设备，简称焊接工装。

（2）夹具　夹具用于工件装夹、定位的工具。焊接夹具装置的主要用途是固定焊件并保证定位精度，同时为焊件提供适当的支撑。

（3）工装夹具与焊接机器人系统组合的基本形式　对于小批量多品种、体积或质量较大的产品，可根据其焊缝的空间分布情况，采用简易焊接机器人工作站或焊接变位机和机器人组合的机器人工作站，以适应多品种、小批量的柔性化生产。

2. 工件定位的基本原理

（1）六点定位原理　一个自由的物体，它对三个相互垂直的坐标轴来说，有六个活动可能性，其中三个是移动，三个是转动，即空间任一自由物体共有六个自由度。夹具用合理分布的六个支撑点，分别限制工件的六个自由度，使工件在夹具中的位置完全确定，称为六点定位原理。工件的六点定位如图 1-7-3 所示。

（2）薄板焊接定位　焊件为薄板冲压件时，其刚性比较差，极易变形，如果仍然按刚体的六点定位原理，即 3—2—1 定位，就可能因自重或夹紧力的作用，造成焊件定位部位发生变形而影响定位精度。此外，薄板焊接主要产生波浪变形，为了防止变形，通常采用比较多的辅助定位点和辅助夹紧点，更多地依赖于冲压件外形定位。因此，薄板焊接工装与机床夹具有显著的差别，不仅要满足精确定位的共性要求，还要充分考虑薄板冲压件的易变形和制造尺寸偏差较大的特点，在第一基面上的定位点数目 N 允许大于 3，即采用 N—2—1 定位原理。

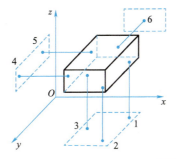 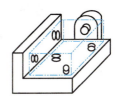

图 1-7-3　工件的六点定位

3. 焊接工装夹具分类

（1）按用途分类

1）装配用工艺装备。这类工装的主要任务是按产品图样和工艺要求，把各零件或部件的相互位置准确地固定下来，只进行点固焊，而不完成整个焊接工作。这类工装通常称为装配定位焊夹具，也称为暂焊夹具，包括各种定位器、夹紧器、推拉装置、组合夹具和装配台架。

2）焊接用工艺装备。这类工装专门用来焊接已点固好的焊件。例如，移动焊机的龙门式、悬臂式、可伸缩悬臂式、平台式、爬行式焊机；移动焊工的升降台等。

3）装配焊接工艺装备。在这类工装上既能完成整个焊件的装配，又能完成焊缝的焊接工作。这类工装通常是专用焊接机床或自动焊接装置，或者是装配焊接的综合机械化装置，如一些自动化生产线。

应该指出，实际生产中工艺装备的功能往往不是单一的，如定位器、夹紧器常与装配台架配合在一起，装配台架又与焊件操作机械合并在一套装置上。又如焊件变位机与移动焊机的焊接操作机、焊接电源、电气控制系统等组合，构成机械化、自动化程度较高的焊接中心或焊接工作站。

（2）按应用范围分类　焊接工装通常有通用焊接工装、专用焊接工装、柔性焊接工装几种类型。

1）通用焊接工装。通常指已标准化且有较大适用范围的工装。这类工装无须调整或只需稍加调整，就能适用于不同焊件的装配或焊接工作。

2）专用焊接工装。只适用于某一焊件的装配或焊接，产品变换后，该工装就不再适用。

3）柔性焊接工装。柔性焊接工装是一种可以自由组合的万能夹具，以适应在形状与尺寸上有所变化的多种焊件的焊接生产。

（3）按动力源分类　焊接工装按动力源可分为手动、气动、液压、电动、磁力、真空等几种类型。

4. 焊接工装的作用

（1）保证和提高产品质量　采用焊接工装不仅可以保证装配定位焊时各零件相对位置正确，而且可以减小焊件的焊接变形。尤其是批量生产时，可以稳定和提高焊接质量，减小焊件尺寸偏差，保证产品的互换性。

（2）提高劳动生产率，降低制造成本　能减少装配和焊接工时的消耗，减少辅助工序的时间,从而提高劳动生产率;降低对装配、焊接工人的技术水平要求;由于焊接质量高,可以减免焊后矫正变形或修补工序,简化检验工序等,缩短整个产品的生产周期,使产品成本大幅度降低。

焊接结构生产过程一般包括准备(焊接材料的清洗、烘干、焊件开坡口等)、装配(对正、定位、夹紧或定位焊等)、焊接、清理(从工装夹具上卸除焊件、清除焊渣等)、检验、焊后热处理及矫正、最后检验等工序。焊前和焊后各项辅助工序的劳动量往往超过焊接工序本身。

采用工装夹具,焊件定位迅速,装夹方便、省力,减轻了焊件装配定位和夹紧时的繁重体力劳动;焊件的翻转可以实现机械化,变位迅速,使焊接条件较差的空间位置焊缝转变为焊接条件较好的平焊位置焊缝,劳动条件大为改善,同时有利于焊接生产安全管理。手动垂直式快速夹紧器和焊接夹具平台分别如图1-7-4和图1-7-5所示。

图1-7-4　手动垂直式快速夹紧器

图1-7-5　焊接夹具平台

5. 焊接工装夹具设计的基本要求

焊接机器人及变位机都能满足自动化要求,自动化生产线能否正常运转,除受工艺流程是否合理、零件精度是否满足要求影响外,焊接夹具设计的合理性最为重要。

(1) 机器人焊接工装夹具的特点

1) 对零件的定位精度要求更高,焊缝相对位置精度较高,应≤1mm。

2) 由于焊件一般由多个简单零件组焊而成,而这些零件的装配和定位焊在焊接工装夹具上是按顺序进行的,因此它们的定位和夹紧是单独进行的。

3) 机器人焊接工装夹具前后工序的定位须一致。

4) 由于变位机的变位角度较大,机器人焊接工装夹具应尽量避免使用活动手动插销。

5) 对于焊接节拍要求较高的焊件,机器人焊接工装夹具应尽量采用气缸压紧,且需配置带磁开关的气缸。以便将压紧信号传递给焊接机器人。

6) 与普通焊接夹具不同，机器人焊接工装夹具除正面可以施焊外，其反面也能够对焊件进行焊接。

以上几点是机器人焊接工装夹具与普通焊接夹具的主要不同之处，设计机器人焊接工装夹具时要充分考虑这些区别，使设计出来的夹具能满足使用要求。

(2) 机器人焊接工装夹具的设计要求

1) 机器人焊接工装夹具应动作迅速、操作方便，操作位置应处在工人容易接近、最易操作的部位。当夹具处于夹紧状态时，应能自锁。

2) 夹具应有足够的装配、焊接空间，所有的定位元件和夹紧机构应与焊缝保持适当的距离。

3) 夹紧可靠，刚性适当。夹紧时不改变焊接的定位位置和几何形状，夹紧后既不使焊件松动滑移，又不使焊件的拘束度过大而产生较大的应力。

4) 夹紧时不应破坏焊件的表面质量，夹紧薄件时，应限制夹紧力，或者采取压头行程限位，加大压头接触面积，使用铜、铝衬套等措施。

5) 夹具的施力点应位于焊件的支承处或者布置在靠近支承的地方，要防止支承反力与夹紧力、支承反力与重力形成力偶。

6) 为了便于控制，在同一个夹具上，定位器和夹紧机构的结构形式不宜过多，并且尽量只选用一种动力源。

7) 工装夹具本身应具有较好的制造工艺性和较高的机械效率。

(3) 焊接工装夹具设计方案的确定　确定工装夹具方案时，夹具的合理性和经济性是主要考虑的因素。当焊件的焊接方法及工艺确定后，所选夹具首先要能保证焊接工艺的实施。同时，焊件的结构尺寸及零件总成的制作工艺和制造精度，则是确定夹具定位方法、定位基准和夹紧机构方案的重要依据。除此之外，还应考虑经济上的因素，使夹具的制造、使用费用最低而取得最大的经济效益。由于上述各因素都不是孤立存在的，它们之间往往有联系又有制约，所以在确定夹具方案时要对上述各因素进行综合分析，只有全面考虑，才能制订出最佳的设计方案。具体确定设计方案时，应结合以下几个方面进行考虑。

1) 焊件的形状和尺寸是确定夹具设计方案、夹紧机构类型和结构形式的主要依据，并且直接影响其几何尺寸的大小；制造精度是选择定位器结构形式和定位器配置方案及确定定位器本身制造精度和安装精度的主要依据。

2) 装焊工艺对夹具的要求。夹紧除保证定位、夹紧可靠外，还应便于装配和卸件。

3) 焊件的班产量。在设计机器人焊接工装夹具时必须使夹具的结构方案与焊件的产量相匹配。

(4) 焊件在夹具中的定位及定位器与夹具体

1) 焊件在夹具中的定位。在设计焊接夹具时，首先应考虑焊件在夹具上如何进行定位。为了降低焊接夹具的高度，降低夹具的制造难度，有时需将焊件进行适当旋转。通常有两种旋转方式：①旋转到与水平面垂直的位置；②旋转到与水平面平行的位置。

为了保证装配精度，应将焊接几何形状比较规则的边和面与定位器的面接触，并完全的覆盖。

在夹具体上布置定位器时，应不妨碍焊接和装卸作业的进行，同时要考虑焊接变形的影响。如果定位器对焊接变形有限制作用，则多制作成拆卸或退让式的。操作式定位器应设置在便于操作的位置上。

2）定位器。对定位器的技术要求有耐磨性、刚度、制造精度和安装精度。在安装基面上的定位器主要承受焊接产生的力，其与焊件接触的部位易磨损，要有足够的硬度和耐磨性。在导向基面上的定位器常承受焊件因焊接而产生的变形力，要有足够的强度和硬度。

3）夹具体。各种焊接变位机械上的工作台及装焊车间中的各种固定式平台，就是通用的夹具体，在其台面上开有安装槽、孔，用来安放和固定各种定位器和夹紧机构。

在批量生产中使用的专用夹具，其夹具体是根据焊接形状、尺寸、定位及夹紧要求、装配施焊工艺等专门设计的。

对夹具体的要求是：①有足够的强度和刚度；②便于装配和焊接作业的实施；③能方便地将装焊好的焊件卸下；④满足必要的导电、导热、通水、通气及通风条件；⑤容易清理焊渣、锈皮等污物；⑥有利于定位器、夹紧机构位置的调节与补偿；⑦必要时，还应具有反变形的功能。

（5）焊接所需夹紧力的确定　装配、焊接焊件时，焊件所需的夹紧力，按性质可分为四类：第一类是在焊接及随后的冷却过程中，防止焊件发生焊接残余变形所需的夹紧力；第二类是为了减小或消除焊接残余变形，焊前对焊件施以反变形所需的夹紧力；第三类是在焊件装配时，为了保证安装精度，使各相邻焊件相互紧贴，消除它们之间的装配间隙所需的夹紧力，或者根据图样要求，保证给定间隙和位置所需的夹紧力；第四类是在具有翻转或变位功能的夹具或台具上，为了保证焊件翻转变形时在重力作用下不致坠落或移位所需的夹紧力。

焊件所需夹紧力的确定方法，要随焊接结构的不同而异。所确定的夹紧力要适度，既不能过小而失去夹紧作用，又不能过大而使焊件在焊接过程中的拘束作用太强，以致出现焊接裂纹。因此在设计夹具时，应使夹紧机构的夹紧力能在一定范围内调节，这在气动、液压、弹性等夹紧机构中不难实现。

6. 焊接工装操作使用注意事项

1）因机器人焊接定位准确，程序固定，在进行点焊的过程中应注意零件的外加工面不能有明显的毛刺和飞边及变形，以免焊接位置误差过大。同时，焊接时应开启焊弧跟踪功能，补偿点焊过程中的焊接位置误差。

2）要及时清理焊渣，尤其是定位销附近应保持洁净。

3）人机合作中，特别要注意安全，避免弧光伤害，机器人自动复位停止工作后，一定要待操作人员离开工作区以后才能按下自动焊接按钮。

4）使用工装时，若有不能夹紧等问题，应立即停止操作，待维修人员维修和维护。

7. 夹具安装调试

夹具的安装调试是决定焊件质量的重要因素之一。夹具采用型面定位，根据标准样件定位面在夹具支座上安装定位件和夹紧件，并利用三坐标测量仪检测并精确调整，确保定位精度。一般是以焊件作为试样，连续试制5~10件，均检测合格即视为合格。其使用注意事项如下：

1）使用前必须确认工装夹具正常。

2）使用过程中，不得违章操作，不得敲打和随意拆卸等。

3）使用过程中，未经工程部门同意，操作人员不得随意改变其结构、电气线路、标贴及在上面做任何与其无关的标示。

4）在使用结束时，必须确认工装夹具的状态，若发现有故障应及时申请交由工程部门维修。

5）使用后需要涂防锈油，经检验后入库。

8. 工装完好标准

1）技术性能：符合设计要求，全部工作状态正常良好。

2）外观：零件完整无缺，标记清楚。

3）润滑：润滑装置完整，润滑正常。

4）清洁：外观及工作部分干净，定位和支承面无积屑、飞溅、锈蚀和油垢。

5）其他：安全可靠，易损件更换及时。

9. 应用案例

焊接工装夹具的特点：

1）由于焊件由多个简单零件组成，它们的定位和夹紧是按顺序一个个单独进行的。对于一些特殊结构的焊件，需要事先在点焊工装上点固好再放到焊接工装上进行焊接。

2）焊接是一个热胀冷缩的变形过程，为了减小或消除焊接变形，要求工装夹具对某些零件给予反变形或刚性固定，为了减小焊接应力，允许某些零件在某个方向上自由伸缩。气动焊接工装夹具的组成如图 1-7-6 所示。

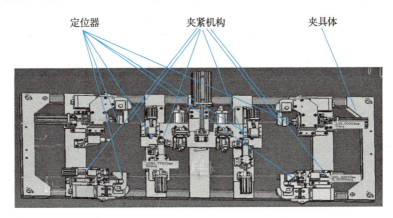

图 1-7-6　气动焊接工装夹具的组成

【参见教学资源包一、技师、项目七：焊接机器人系统工装夹具应用】

【实操步骤】

焊接机器人工作站集成一般由工业机器人、焊接电源、辅助变位机、工装夹具、电气控制设备、安全防护栏 6 个部分组成。

各种机器人系统及柔性工装系统的形式见表 1-7-2。

表 1-7-2　各种机器人系统及柔性工装系统的形式

系统编号	系统名称	图示	操作
1	双工位二维柔性工装平台		
2	三工位二维柔性工装平台	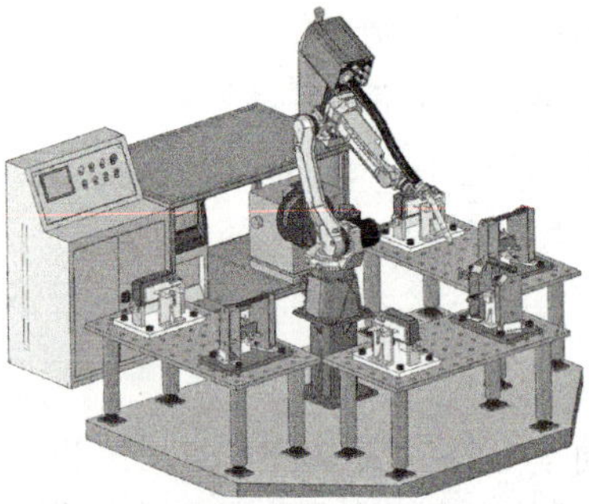	
3	工字型柔性变位工装	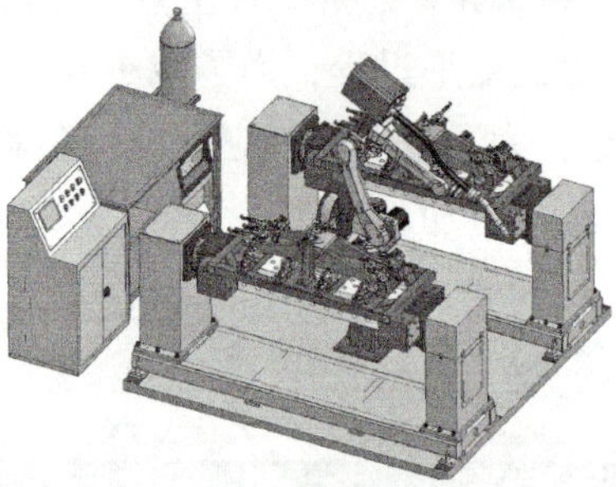	进行装夹操作并阐述工装夹具的特点及工作效率
4	两轴柔性变位工装	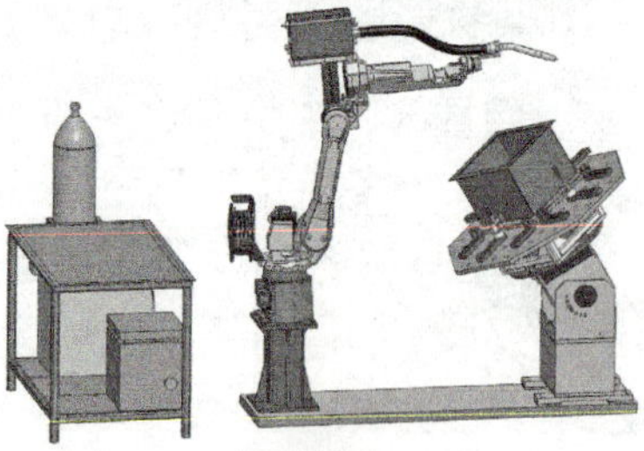	
5	八角形三维柔性变位工装	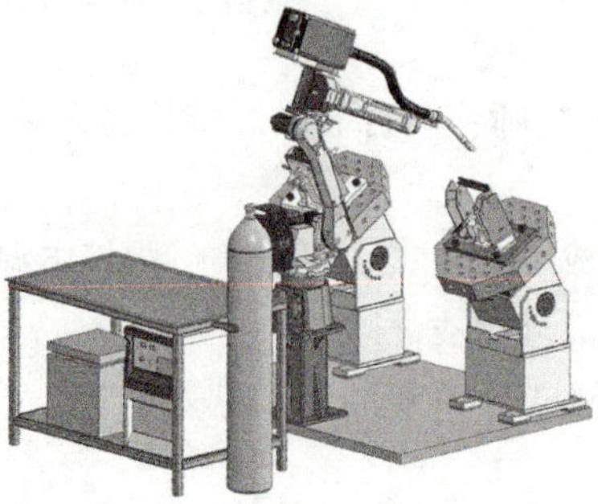	

(续)

系统编号	系统名称	图示	操作
6	日字型柔性变位工装	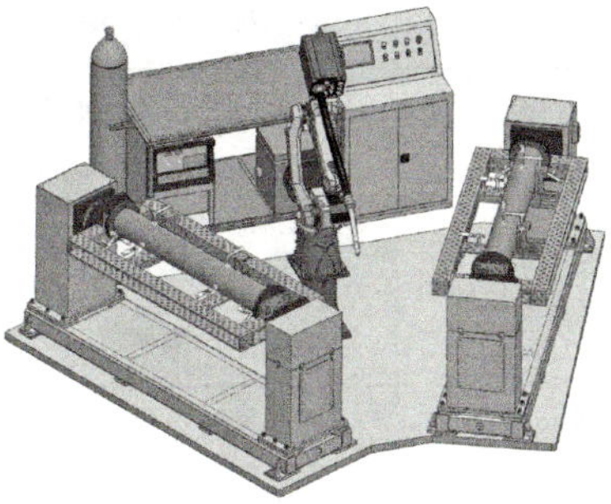	
7	L型三维柔性变位工装	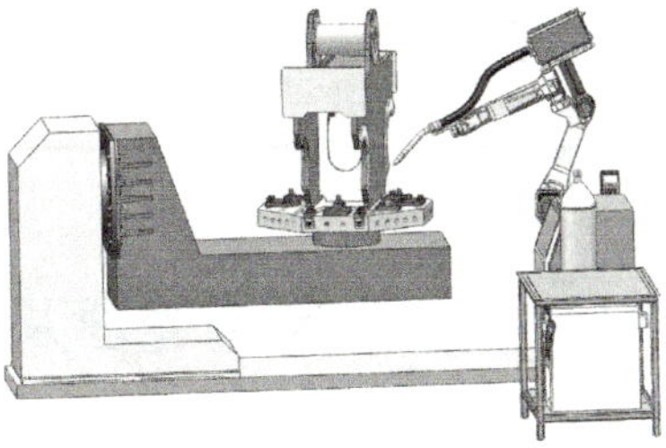	进行装夹操作并阐述工装夹具的特点及工作效率
8	L型双工位柔性变位工装	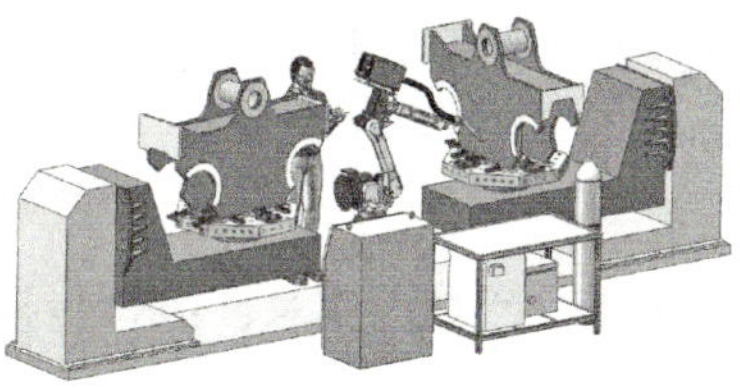	
9	大型龙门型工装	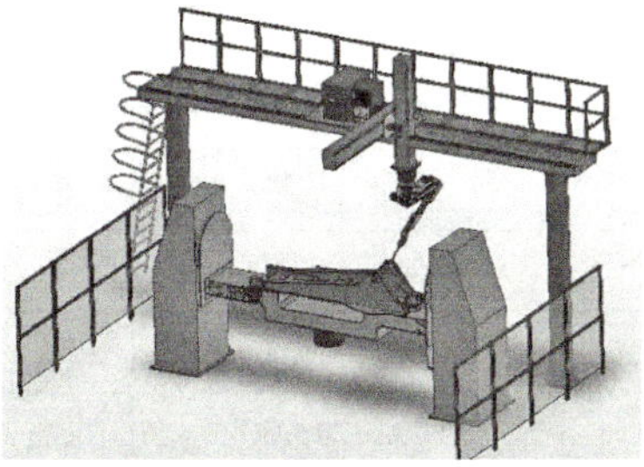	

【项目评价】

工装夹具日常保养及调试项目评分标准见表1-7-3。

表1-7-3 工装夹具日常保养及调试项目评分标准

序号	日常保养检查项目	合格描述	分数
1	清洁度检查情况	清洁度达中等、上等	10
2	附件是否齐全、完好	附件齐全、完好	10

(续)

序号	日常保养检查项目	合格描述	分数
3	紧固件是否齐全、紧固	紧固件齐全、紧固	10
4	定位元件磨损程度	定位元件与被定位件单边间隙不大于0.4mm	10
5	压紧器是否灵活、可靠	压紧器灵活、可靠	10
6	夹具本体是否有缺陷	夹具本体无缺陷	10
7	是否漏油、漏气	无漏油、漏气	10
8	焊件首末件是否合格	焊件检查合格	10
9	焊件装夹调整	装夹牢固	10
10	机器人运行是否与夹具干涉	示教点运行轨迹与夹具无干涉	10
	总分		100

项目八　焊接机器人现场管理及日常保养与维护

【实操目的】

掌握焊接机器人现场管理及维护保养技能，能进行焊接机器人工作站的日常管理和维护保养。

【实操内容】

根据焊接机器人工作站安全生产管理体系，进行焊接机器人现场管理及检查和保养。

【工具及材料准备】

设备和工具准备明细见表1-8-1。

表1-8-1　设备和工具准备明细

序号	名称	型号与规格	单位	数量	备注
1	弧焊机器人	臂伸长1400mm	台	1	
2	焊丝	ER50-6、ϕ0.8mm	盒	1	
3	混合气	80%Ar+20%CO_2	瓶	1	
4	头戴式面罩	自定	副	1	
5	纱手套	自定	副	1	
6	钢丝刷	自定	把	1	
7	尖嘴钳	自定	把	1	
8	扳手	自定	把	1	
9	钢直尺	自定	把	1	
10	十字槽螺钉旋具	自定	把	1	
11	敲渣锤	自定	把	1	

(续)

序号	名称	型号与规格	单位	数量	备注
12	定位块	自定	副	2	
13	焊缝测量尺	自定	把	1	
14	粉笔	自定	根	1	
15	角向磨光机	自定	台	1	
16	劳保用品	帆布工作服、工作鞋	套	1	

【必备知识】

1. 焊接机器人日常检查和保养

机器人属于机电一体化产品,在工厂生产环境下,会受磁、电、光、振动、粉尘等的影响,同时机器人长时间连续工作,会产生发热、磨损等变化,一些小故障可能会造成大事故,影响整个生产。为保证机器人有良好的运行状态,需要对机器人进行日常检查和保养,及时发现问题、及时解决。

机器人系统长期动作时,由于振动等原因,会造成各部件的螺钉松动,由此可能会引起部件脱落、接触不良等,需及时紧固松动的螺钉。工厂的粉尘中含有金属,长期堆积会造成电路板故障、排风口堵塞、电动机转动部位运转不畅等严重后果,因此要及时清理脏污,保障设备正常运行。

【参见教学资源包一、技师、项目八:焊接机器人现场管理及日常保养与维护】

检查保养时要注意:机器人属于专业性很强、技术领域很广的电子设备,未经正式培训的人员,不能随意打开控制柜和拆卸零部件,以免造成损坏。根据示教器的提示信息,如果确认属于设备内部的故障,需要立即通知专业人员处理,如实反映情况,以防产生更大损失。

(1)机器人本体的检查与保养　机器人本体的检查与保养见表1-8-2。

表1-8-2　机器人本体的检查与保养

序号	检查内容	检查事项	方法及对策(评价内容)
1	外观	机器人本体有无脏污及损伤	清扫并进行处理
2	机器人本体安装螺钉	1)机器人本体的安装螺钉是否紧固 2)焊枪本体安装螺钉、母材线、地线是否紧固	1)紧固螺钉 2)紧固螺钉和各零部件
3	伺服电动机安装螺钉	伺服电动机安装螺钉是否紧固	紧固伺服电动机安装螺钉
4	同步带	1)检查同步带的松紧程度 2)检查同步带的损伤程度	1)同步带松弛时进行调整 2)损伤、磨损严重时要更换
5	超程开关的运转	闭合电源开关(伺服电源关断),打开各轴的超程开关,检查运转是否正常	思考:机器人本体上有几个超程开关?

(续)

序号	检查内容	检查事项	方法及对策（评价内容）
6	原点标志	原点复位，确认原点标志是否吻合	目测原点标志是否吻合，不吻合时，若用户反馈信息，应帮助其进行示教修正，使原点标志吻合
7	腕部	1）伺服锁定时腕部有无松动 2）在所有运转领域中腕部有无松动	松动时要调整锥齿轮
8	防碰撞传感器	闭合电源开关及伺服电源，拨动焊枪使防碰撞传感器运转，观察紧急停止功能是否正常	防碰撞传感器损坏或不能正常工作时应进行更换
9	空转（刚性损伤）	运转各轴，检查是否有刚性损伤	（现场提问：如何确认刚性损伤？）
10	润滑脂	以3年为一个周期更换润滑脂	建议由售后专业人员指导解决
11	电线束	检查机器人本体内电线束上润滑脂的情况	在机器人本体内电线束上涂抹润滑脂
12	所有轴的异常振动、声音	检查所有轴运转中的异常振动、声音	用示教器手动操作转动各轴，不能有异常振动和声音
13	所有轴的运转区域	用示教器手动操作使机器人各轴运动，检查在软限位发生警告时是否达到硬限位	根据示教器显示确认各轴运动区域，目测是否达到硬限位
14	所有轴与原点标志的一致性	原点复位后，检查所有轴与原点标志是否一致	用示教器运动各轴，目测所有轴与原点标志是否一致，与原点标志不一致时重新检查
15	锂电池	每2年更换一次	按时间更换锂电池
16	检测后现场的运转	检测后需要操作者做现场运转检查	运转机器人，目测机器人各方面是否正常

（2）控制装置及示教器的检查与保养 控制装置及示教器的检查与保养见表1-8-3。

表1-8-3 控制装置及示教器的检查与保养

序号	检查内容	检查事项	方法及对策（评价内容）
1	外观	1）机器人本体和控制装置是否洁净 2）电缆外观有无损伤 3）通风孔是否堵塞	1）清扫机器人本体和控制装置 2）目测外观有无损伤，如果有应紧急处理，损坏严重时应进行更换 3）目测通风口有无堵塞，并进行处理
2	指示灯	1）面板、示教器、外部机器、机器人本体的指示灯是否正常 2）其他常用指示灯是否正常	1）目测面板、示教器、外部机器、机器人本体的指示灯有无异常 2）目测其他常用指示灯有无异常

(续)

序号	检查内容	检查事项	方法及对策（评价内容）
3	异常停止按钮	1）面板异常停止按钮是否正常 2）示教器异常停止按钮是否正常 3）外部控制异常停止按钮是否正常	1）开机后用手按动面板异常停止按钮，确认有无异常，损坏时进行更换 2）开机后用手按动示教器异常停止按钮，确认有无异常，损坏时进行更换 3）开机后用手按动外部控制异常停止按钮，确认有无异常，损坏时进行更换
4	印制电路板、放大器等器件	印制电路板、放大器等器件是否洁净	清洁印制电路板、放大器等器件
5	冷却风扇	所有冷却风扇运转是否正常	打开控制电源，目测所有冷却风扇运转是否正常，不运转的予以更换
6	印制电路板的固定螺钉、螺母及接线端子等	1）各印制电路板的固定螺钉、螺母是否紧固 2）各接线端子是否接触良好	1）紧固各印制电路板的固定螺钉、螺母 2）用手确定接线端子连接状态，松动时连接好
7	放大器输入/输出电缆、安装螺钉	放大器的输入/输出电缆是否连接、安装螺钉是否紧固	连接放大器的输入/输出电缆，并紧固安装螺钉
8	次序板上I/O端子连接的导线	次序板上I/O端子是否连接导线，安装螺钉是否紧固	连接次序板上I/O端子的导线，并紧固安装螺钉
9	磁性开关的触点	伺服侧及控制侧的磁性开关的触点处有无损坏	确认触点是否损坏，损坏时进行更换
10	蓄电池（KUKA机器人）	1）关闭所有电源，检查印制电路板存储器挡板上的蓄电池电压是否正常 2）机器人本体内编码器挡板上的蓄电池电压是否正常	1）若需更换，在机器人控制柜断电时，更换新蓄电池，然后给机器人控制柜加电（每5年更换一次） 2）当蓄电池没电，机器人遥控盒显示编码器复位时，需要按照机器人维修手册给出的方法更换蓄电池（所有机型每2年更换一次）
11	伺服放大器的输入/输出电压	打开伺服电源，参照各机型维修手册测量伺服放大器的输入/输出电压是否正常，判定基准为在±15%的范围内	建议由专业人员指导解决
12	直流电源的输入/输出电压	打开伺服电源，参照各机型维修手册测量各直流电源的输入/输出电压及各印制电路板的输入电压是否正常	建议由专业人员指导解决
13	制动器打开时的电压	在电动机制动器部位测量其电压	建议由专业人员指导解决
14	I/O功能	用示教器确认各I/O端子功能是否正常	建议由专业人员指导解决

(3)连接电缆的检查与保养　连接电缆的检查与保养见表1-8-4。

表1-8-4　连接电缆的检查与保养

序号	检查内容	检查事项	方法及对策（评价内容）
1	机器人本体与伺服电动机相连的电缆	1）接线端子的松紧程度 2）电缆外观有无损伤	1）用手确认松紧程度 2）目测外观有无损伤，如果有应紧急处理，损坏严重时应进行更换
2	焊机及接口箱相连的电缆	1）接线端子的松紧程度 2）电缆外观有无损伤	1）用手确认松紧程度 2）目测外观有无损伤，如果有应紧急处理，损坏严重时应进行更换
3	与控制装置相连的电缆	1）接线端子的松紧程度 2）电缆（包括示教器及外部轴电缆）外观有无损伤	1）用手确认松紧程度 2）目测外观有无损伤，如果有应紧急处理，损坏严重时应进行更换
4	接地线	1）本体与控制装置间是否接地 2）外部轴与控制装置间是否接地	目测并连接地线

(4)焊机日常检查与保养

1)焊接电源的检查与保养。焊接电源的检查与保养见表1-8-5。

表1-8-5　焊接电源的检查与保养

序号	检查内容	检查事项	方法及对策（评价内容）
1	焊接电源内部	焊接电源内部是否有脏污	清洁焊接电源内部
2	冷却风扇	闭合电源，检查冷却风扇运转状态是否正常	闭合电源，目测冷却风扇运转状态，损坏时进行更换
3	主变压器接线、安装螺钉的松紧	主变压器接线、安装螺钉是否紧固	紧固主变压器接线、安装螺钉
4	1次电缆、2次电缆接线的安装螺钉	1次电缆、2次电缆接线的安装螺钉是否紧固	紧固1次电缆、2次电缆接线的安装螺钉
5	磁性开关的触点、接线安装螺钉	1）磁性开关的触点是否损坏 2）接线安装螺钉是否紧固	1）确认触点是否损坏，损坏时进行更换 2）紧固接线安装螺钉
6	其他部件的接线	其他部件的接线是否紧固	紧固其他部件的接线

2)焊枪的检查与保养。焊枪的检查与保养见表1-8-6。

表1-8-6　焊枪的检查与保养

序号	检查内容	检查事项	方法及对策（评价内容）
1	飞溅及灰尘	焊枪有无飞溅及灰尘附着	清扫飞溅及灰尘
2	外观	焊枪、焊枪本体外观有无损伤	目测外观有无损伤，如果有应进行紧急处理，严重时要更换零件
3	绝缘件	焊枪、焊枪本体安装部位的绝缘件及送丝电动机安装部位的绝缘件是否损坏	清扫各部位，目测绝缘件是否损坏，必要时进行更换

（续）

序号	检查内容	检查事项	方法及对策（评价内容）
4	焊枪安装螺钉、焊接地线、保护接地线的松紧	焊枪安装螺钉、焊接地线、保护接地线是否紧固	紧固焊枪安装螺钉、焊接地线、保护接地线
5	易损件是否损坏	检查导电嘴、喷嘴、喷嘴接头是否拧紧或损坏	导电嘴磨损严重应更换，喷嘴接头有老化现象需更换，喷嘴有烧损需更换

3）送丝机的检查与保养。送丝机的检查与保养见表1-8-7。

表1-8-7 送丝机的检查与保养

序号	检查内容	检查事项	方法及对策（评价内容）
1	送丝轮	送丝轮有无油污及金属屑附着，磨损是否严重，是否紧固良好	清理送丝轮槽的油污及金属屑，磨损严重时应更换
2	送丝电动机齿轮	送丝电动机齿轮部位有无脏污、金属屑	清扫送丝电动机齿轮部位
3	压臂轮	加压手柄是否可调压力	调整加压手柄压力及刻度，使其一致
4	导套帽	导套帽与送丝轮槽同心	调整导套帽与送丝轮槽，使其同心
5	中心管	中心管是否有堵塞	清理中心管污垢和灰尘

2. 焊接机器人警报代码和错误及处理

（1）警报代码 以松下机器人为例，机器人警报代码及处理方法见表1-8-8。

表1-8-8 机器人警报代码及处理方法

警报代码	信息	发生原因	处理方法（评价内容）
A4000	温度异常	检测出温度异常上升，如果继续使用可能会造成内部机器损坏	关断电源，待温度下降后闭合电源
A4010	焊接接触：示教器紧急停止	过载停止或紧急停止按钮动作	关断电源，检查过载原因，复位紧急停止按钮
	焊接接触：过载		
	焊接接触：外部紧急停止		
A4020	过载解除输入检测	在过载解除输入中发生矛盾	关断电源，检查过载解除开关
A6000	伺服关闭	控制装置异常或噪声混入	关断电源，然后闭合电源
A6010	伺服通信异常	控制装置异常、伺服基板异常或噪声混入	关断电源，然后闭合电源
A6030	示教器通信异常	控制装置、示教器异常，噪声混入	关断电源，然后闭合电源
A6040	主中央处理器（CPU）异常	控制装置异常或噪声混入	
A6050	伺服CPU异常		
A6060	I/O CPU异常	控制装置异常	关断电源，然后闭合电源

（续）

警报代码	信息	发生原因	处理方法（评价内容）
A8000	编码器电池错误	编码器数据支持用电池的电压过低	更换电池
A8010	编码器数据错误	编码器数据错误	关断电源，然后闭合电源
A8030	编码器电缆异常	检测编码器电缆断线	咨询售后服务部门
A8110	Ext.1 编码器数据错误	编码器数据错误	关断电源，然后闭合电源
A8130	Ext.1 编码器电缆错误	检测编码器电缆断线	咨询售后服务部门

（2）编码错误　以松下机器人为例，机器人编码错误及处理方法见表1-8-9。

表 1-8-9　机器人编码错误及处理方法

错误代码	信息	可能原因	处理方法（评价内容）
E1010	不能启动	不能启动	确定是否选择启动程序，是否闭合伺服电源
E1020	摆动参数错误	摆动类型、速度、频率、时间等参数错误	改正速度、频率或定时器
E1030	坐标变换（运行）(手动)	插补动作不能进行	确认程序内容
E1040	移动数据超出（运行）(手动)		
E1050	示教与实际姿势不一致	示教时与实际姿势不相符	改变示教姿势
E1060	手腕180°以上的动作	插补形态中指定了不能登录的手腕计算号（CL号）登录示教点	指定正确的手腕计算号
E1070	试运行不存在或不能运行的程序	在CALL命令中指定的程序不存在	检查并改正程序
E1180	软限位错误	关节轴达到软限位	修改关节轴的软限位
E1190	RT监视运行	试图在RT监视输入打开时侵入监视领域	如果RT监视输入关闭，可重新启动
E1200	分程序监视运行	试图在分程序监视输入打开时侵入监视领域	如果分程序监视输入关闭，可重新启动
E2010	不可读取	运行接触传感器动作命令时已经打开输入信号	向后跟踪，然后启动
E2120	电弧传感器：焊机	焊机的相关设置不适当	改正焊机的相关设置
E2130	电弧传感器：焊丝	焊丝的相关设置不适当	改正焊丝设置
E2140	电弧传感器：焊接电流	焊接电流设定在100~400A的范围外	确认焊接电流设定值
E2150	电弧传感器：焊接速度	焊接速度设定在0.1~1.2m/min的范围外	确认焊接速度设定值
E2170	电弧传感器：摆动振幅	摆动振幅在2~6mm的范围外	修改示教摆动振幅点
E2180	电弧传感器：摆动类型	设定系统支持以外的类型	确认摆动类型号码

(续)

错误代码	信息	可能原因	处理方法（评价内容）
E2210	电弧传感器：跟踪距离超出	跟踪和程序焊接路径间的距离超出范围	改变示教点的位置，改变跟踪范围设置
E2270	电弧传感器：数据通信	控制装置异常，噪声混入，电弧传感器单元电源打开	关断电源，然后重新闭合电源
E2280	电弧传感器：检测位相	在检测位相（前/后）设定中有不一致时发生	按更正键，确认检测位相（前/后）设置
E2290	电弧传感器：编码器位相	编码器位相在范围外	确认编码器位相（前/后）设置
E4000	过载	过载发生时硬限位输入工作	用过载解除模式把过载轴返回到可动范围内
E4010	安全支架工作	由于相撞，安全支架起作用	解除干涉因素
E7010	电动机超负荷错误	电动机负荷超过限定值	改变机器人姿势，减小电动机负荷

（3）焊接错误代码　以松下机器人为例，焊接错误代码以"W"开头，指数字通信型焊机接收错误或数字通信型焊机发送数据时发生的错误。焊接错误代码及处理方法见表1-8-10。

表1-8-10　焊接错误代码及处理方法

焊接错误代码	信息	发生原因	处理方法（评价内容）
W0000	焊接异常：P-side ov/curr	从焊机收到了"P-side ov/curr"信号	检查焊机
W0010	焊接异常：无电流检测	从焊机收到了"无电流检测"信号	检查没有焊接电流的原因，使用气压检测器时，确认是否是气压过低
W0020	焊接异常：无电弧	从焊机收到了"无电弧"信号	检查焊接条件，检查送丝线路是否异常
W0030	焊接异常：粘丝	从焊机收到了"粘丝"信号	切断粘丝部分，改变示教点到不易粘丝的位置，检查焊接电源
W0040	焊接异常：焊枪接触	从焊机收到了"焊枪接触"信号	排除原因
W0050	焊接异常：无焊丝/气体	从焊机收到了"无焊丝/气体"信号	排除原因
W0060	焊接异常：导电嘴融合	从焊机收到了"导电嘴融合"信号	更换导电嘴
W0140	焊接异常：电源相位缺少	从焊机收到了"电源相位缺少"信号	检查焊机
W0150	再试超出（断弧）	从焊机收到了"再试超出（断弧）"信号	查找原因，改善后再启动

(续)

焊接错误代码	信息	发生原因	处理方法（评价内容）
W0160	冷却水回路异常	从焊机收到了"冷却水回路异常"信号	检查焊机
W0180	焊接异常：气体减压	从焊机收到了"气体减压"信号	检查气体压力
W0190	焊接异常：温度上升	从焊机收到了"温度上升"信号	检查焊机
W0270	焊接异常：送丝编码器	从焊机收到了"送丝编码器"信号	检查焊机
W0320	焊接异常：请更换导电嘴	满足导电嘴变化情况之一	更换新的导电嘴
W0900	焊机通信错误 0003	焊机电源未启用或电缆断线	关断控制器电源开关。确认导线故障后，闭合焊机电源，闭合控制器电源
W0910	焊机通信错误 0005	在同焊机的通信中，焊机电源切断或电缆断线	检查焊机
W0920	焊机电源断	焊机电源被切断	检查被切断电源的焊机

【项目评价】

焊接机器人现场管理及维护保养项目评分标准见表 1-8-11。

表 1-8-11　焊接机器人现场管理及维护保养项目评分标准

序号	项目	评分标准	分数
1	机器人本体的检查与保养	好 10 分、一般 5 分、差 0 分	
2	机器人控制装置的检查与保养	好 10 分、一般 5 分、差 0 分	
3	机器人示教器的检查与保养	好 10 分、一般 5 分、差 0 分	
4	机器人连接电缆的检查与保养	好 10 分、一般 5 分、差 0 分	
5	焊接电源的检查与保养	好 10 分、一般 5 分、差 0 分	
6	焊枪的检查与保养	好 10 分、一般 5 分、差 0 分	
7	送丝机的检查与保养	好 10 分、一般 5 分、差 0 分	
8	机器人警报代码检查	好 10 分、一般 5 分、差 0 分	
9	机器人编码错误检查	好 10 分、一般 5 分、差 0 分	
10	焊接错误代码检查	好 10 分、一般 5 分、差 0 分	
		总分	

第二部分 高级技师

项目一 激光-电弧复合焊机器人系统编程

【实操目的】
掌握激光-电弧复合焊机器人系统编程实操的步骤及方法。

【实操内容】
根据激光-电弧复合焊机器人系统编程的操作步骤和要领,进行激光-电弧复合焊机器人系统编程操作。

【工具及材料准备】

1. 设备和工具准备明细(表2-1-1)

表2-1-1 设备和工具准备明细

序号	名称	型号与规格	单位	数量	备注
1	弧焊机器人	臂伸长1440mm,载荷120N	台	1	YASKWA 机器人
2	光纤激光器	3kW	台	1	
3	弧焊电源	RD350	台	1	凯尔达
4	激光-电弧复合焊接头	KLA3000	套	1	
5	水冷机	MCWL100	台	1	
6	焊丝	ER50-6、ϕ0.8mm	盒	1	
7	混合气	80%Ar+20%CO_2	瓶	1	
8	头戴式面罩	自定	副	1	
9	纱手套	自定	副	1	
10	钢丝刷	自定	把	1	
11	尖嘴钳	自定	把	1	
12	扳手	自定	把	1	
13	钢直尺	自定	把	1	
14	十字槽螺钉旋具	自定	把	1	
15	敲渣锤	自定	把	1	
16	定位块	自定	副	2	
17	焊缝测量尺	自定	把	1	
18	粉笔	自定	根	1	
19	角向磨光机	自定	台	1	
20	劳保用品	帆布工作服、工作鞋	套	1	

2. 焊件准备

材质为 Q235；焊件尺寸：300mm（长）×100mm（宽）×8mm（厚），2 块；对接 V 形坡口（7°）。焊件示意图如图 2-1-1 所示，上表面间间隙约为 1mm。

图 2-1-1　V 形坡口对接焊件示意图

【必备知识】

1. 激光-电弧复合焊接技术

激光作为一种高密度热源，应用于焊接领域有焊接速度高、热输入低、焊件变形小、焊缝热影响区狭窄等诸多优势。但单热源激光焊接存在以下的局限性。

1）大功率激光器价格昂贵，设备投资大。
2）焊前准备工作要求无间隙或间隙微小，错边、对中要求严格。
3）等离子体控制困难，导致焊接过程稳定性差。
4）焊接熔池凝固速度快，易产生气孔、裂纹缺陷。

激光-电弧复合焊将激光焊和电弧焊两种工艺相结合，发挥各自优势，不仅能获得好的焊接质量和生产效益，还能降低成本，实现高效、优质的焊接。

（1）基本原理　激光-电弧复合焊原理如图 2-1-2 所示，激光与电弧同时作用于金属表面同一位置，焊缝上方因激光作用而产生光致等离子体云，等离子体云对入射激光的吸收和散射会降低激光能量利用率，外加电弧后，低温低密度的电弧等离子体致使激光等离子体被稀释，激光能量的传输效率提高。同时，电弧对母材进行加热，使母材温度升高，母材对激光的吸收率提高，焊接熔深增加。另外，激光熔化金属，为电弧提供自由电子，降低了电弧通道的电阻，电弧的能量利用率也提高，从而使总的能量利用率提高，熔深进一步增加。激光束对电弧还有聚焦、引导作用，使焊接过程中的电弧更加稳定。

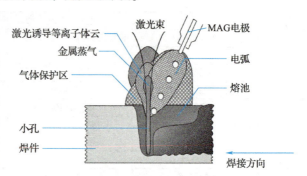

图 2-1-2　激光-电弧复合焊原理

（2）激光-电弧复合焊的特点　激光-电弧复合焊是将电弧与较小功率的激光配合从而获得较大熔深的焊接方法。图 2-1-3a 所示为单一的弧焊焊缝和激光焊缝，图 2-1-3b 所示为激光-电弧复合焊缝。激光-电弧复合焊将两种物理性质、能量传输机制截然不同的热源复合在一起，共同作用于焊件表面，从而实现对焊件进行加热并完成焊接的过程。

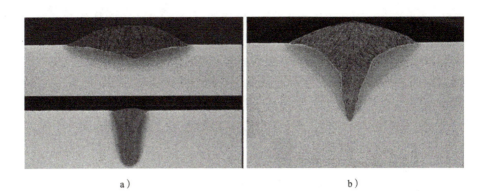

图 2-1-3 单一焊缝和复合焊缝
a) 弧焊焊缝（上）和激光焊缝（下）　b) 激光-电弧复合焊缝

采用激光与电弧复合的方式可以充分发挥两种热源的优势，弥补双方的不足，是一种新型、优质、高效、节能的焊接方法。在同等条件下，激光-电弧复合焊比单一的激光焊或电弧焊具有更强的适应性。其优点如下：

1) 提高了焊接接头的适应性。由于电弧的作用降低了激光对接头间隙装配精度的要求，因此可以在较大的接头间隙下实现焊接。

2) 增加了焊缝的熔深。在激光的作用下电弧可以到达焊缝的深处，使得熔深增加。电弧的作用会增大金属对激光的吸收率也是熔深增大的原因。

3) 改善焊缝质量，减少焊接缺陷。激光的作用使得焊缝的加热时间变短，不易导致晶粒过大，而且使热影响区减小，改善了焊缝组织性能。在电弧的作用下复合热源能够减缓熔池的凝固，使得熔池的相变充分进行，而且有利于气体的逸出，能够有效地减少气孔、裂纹、咬边等焊接缺陷。

4) 增加焊接过程的稳定性。由于激光的作用在熔池中会形成匙孔，它对电弧有吸引作用，从而增加了焊接的稳定性。而且匙孔会使电弧的根部压缩，从而增大电弧能量的利用率。

5) 提高生产效率，降低生产成本。激光与电弧的相互作用会提高焊接速度，电弧的作用使得用较小功率的激光器就能达到很好的焊接效果，与激光焊相比可以降低设备成本。

（3）激光-电弧的复合方式　激光-电弧复合热源使用的激光器一般采用光纤激光器或碟片激光器，电弧包括 TIG 电弧、MIG（熔化极惰性气体保护焊）电弧和等离子电弧。

根据激光与电弧相对位置的不同可分为：同轴复合，即激光与电弧同轴共同作用于焊件的同一位置；旁轴复合，即激光与电弧以一定的角度共同作用于焊件的同一位置。激光与电弧的旁轴复合又可分为激光在电弧前和激光在电弧后两种。激光与电弧的相对位置不同会对焊缝的表面成形和内部性能产生重大的影响。激光在电弧前，焊缝的上表面成形均匀且饱满美观，特别是在焊接速度较高的情况下效果更明显；而电弧在激光前，焊缝的上表面会出现沟槽。

根据电弧的不同，目前激光-电弧复合焊的方法主要有以下几种。

1) 激光-TIG 复合焊。多数用于薄板高速焊，也可用于不等厚材料对接焊缝的焊接。这种复合方法是激光-电弧复合焊中最早出现的。

2)激光-MIG复合焊。利用填充焊丝的优势可以改善焊缝的冶金性能和微观组织结构,常用于焊接中厚板。这种方法主要用于造船业、管道运输业和重型汽车制造业。

3)激光-等离子复合焊。激光与等离子复合一般采用同轴复合方式。等离子弧具有刚性好、温度高、方向性好、电弧易引燃等优点,有利于进行复合热源焊接。

2. 激光-电弧复合焊机器人系统构成

典型的激光-电弧复合焊机器人系统如图2-1-4所示,主要由以下几部分组成。

1)高功率激光器及传输光纤。
2)弧焊电源及送丝装置。
3)焊接机器人本体及控制器。
4)激光-电弧复合焊接头。

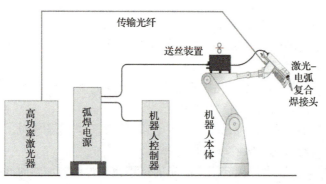

图2-1-4 激光-电弧复合焊机器人系统

激光-电弧复合焊接头也称为复合焊枪,是将激光束与电弧热源结合在一起的部件,通过调节装置可以灵活地改变弧焊焊枪与激光束的相对位置。调整图2-1-5所示的光丝间距 D_{LA} 和光丝夹角 α,可实现两种热源的有效耦合。激光-电弧复合焊接头是激光-电弧复合焊机器人系统的关键部件。

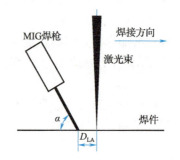

图2-1-5 激光-电弧复合焊接头参数

【实操建议】

板对接,两端点固,单面焊双面成形。采用MAG弧焊与激光旁轴复合焊工艺,保护气体为80%Ar+20%CO_2,焊接层次为单层单道,复合焊焊接参数见表2-1-2。

表2-1-2 板对接激光-电弧复合焊焊接参数

接头形式	焊接速度/(cm/min)	激光焦点位置/mm	激光功率/kW	光丝间距/mm	光丝夹角/(°)	焊接电流/A	焊接电压/V
板对接	150~180	-4	2.5	2	60	200~240	17~19

【参见教学资源包二、高级技师、项目一:激光-电弧复合焊机器人系统编程】

【实操步骤】

板对接激光-电弧复合焊的方法和步骤见表2-1-3。

表 2-1-3　板对接激光–电弧复合焊的方法和步骤

示教点	操作方法	图示	补充说明
P1	作业原点，设 MOVJ VJ = 50.00，空走点	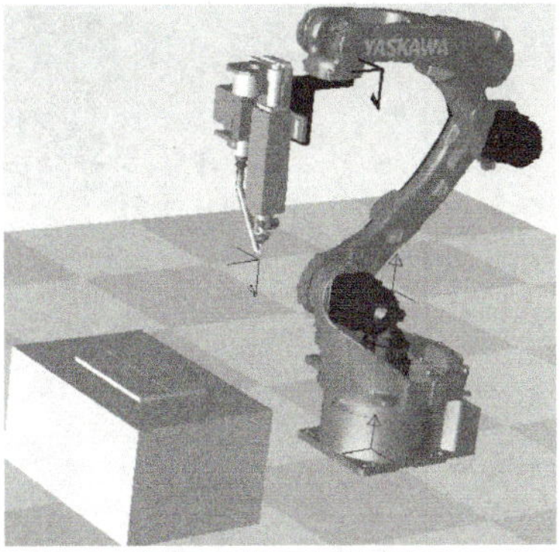	应注意示教前手动调整复合焊接头的光丝间距 D_{LA} 和光丝夹角 α
P2	焊枪在钢板左侧上方 100mm 位置设过渡点，设 MOVJ VJ = 50.00，空走点	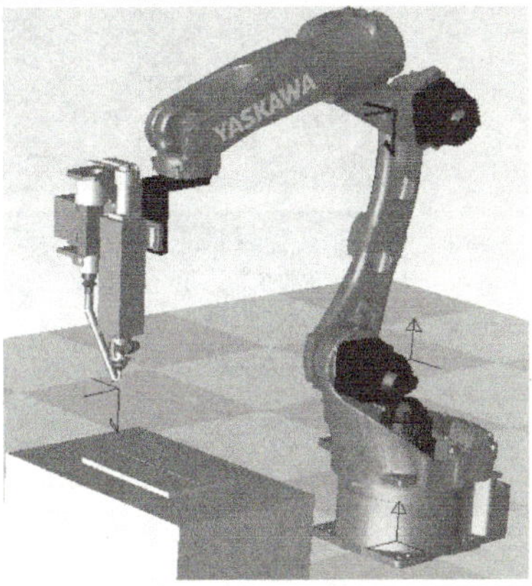	
P3	钢板左侧起弧点，激光焦点位置设定在板下 4mm 处，设 MOVL V = 150	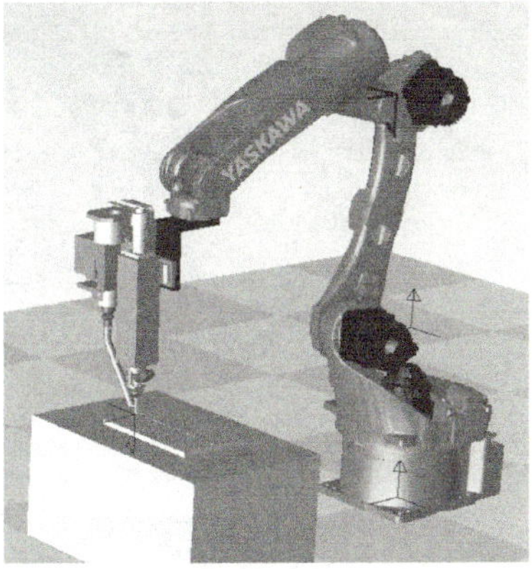 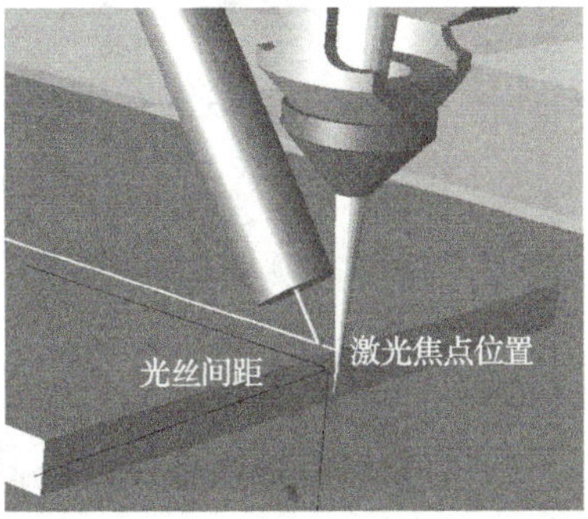	

（续）

示教点	操作方法	图示	补充说明
P3	开始焊接起弧，设 ARCON AC = 220 AVP = 100，然后激光束开启，设 LASER_ON POWER = 2500W	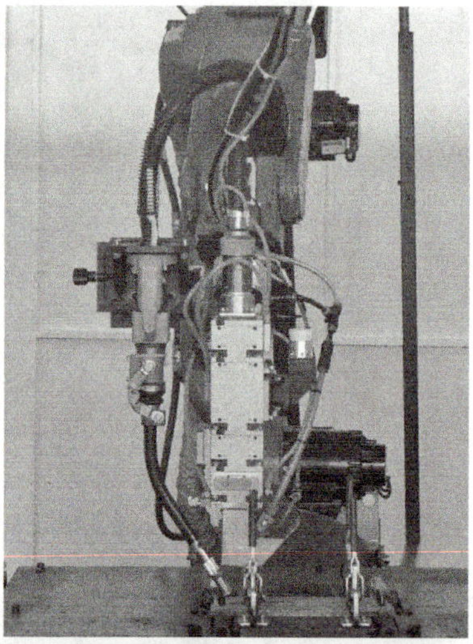 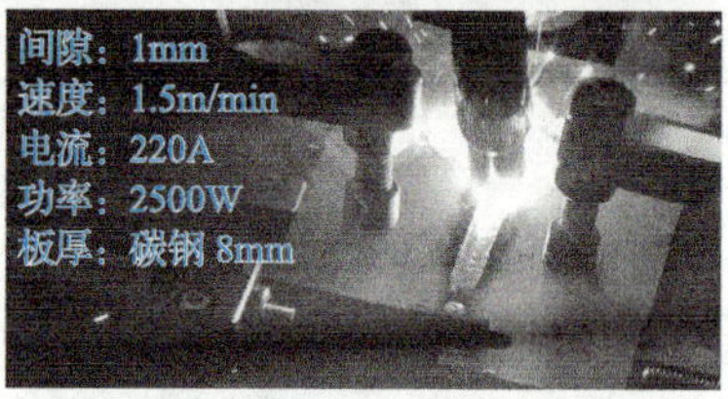 间隙：1mm 速度：1.5m/min 电流：220A 功率：2500W 板厚：碳钢 8mm	
P4	钢板右侧收弧点处，设 MOVL V = 150	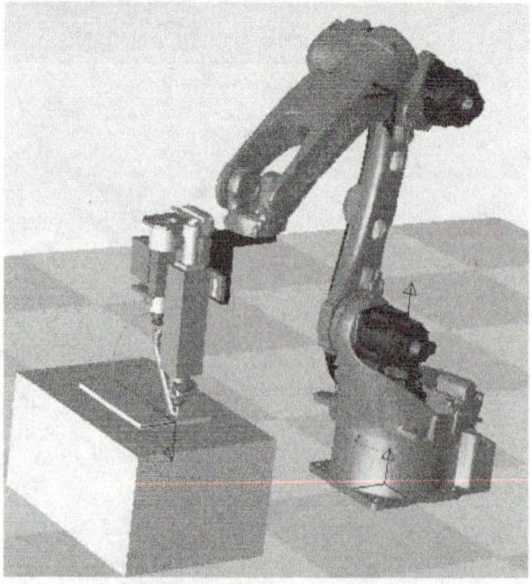 	

(续)

示教点	操作方法	图示	补充说明
P4	钢板右侧收弧点处关闭激光束，设 LASER_OF，然后弧焊熄弧，设 ARCOF	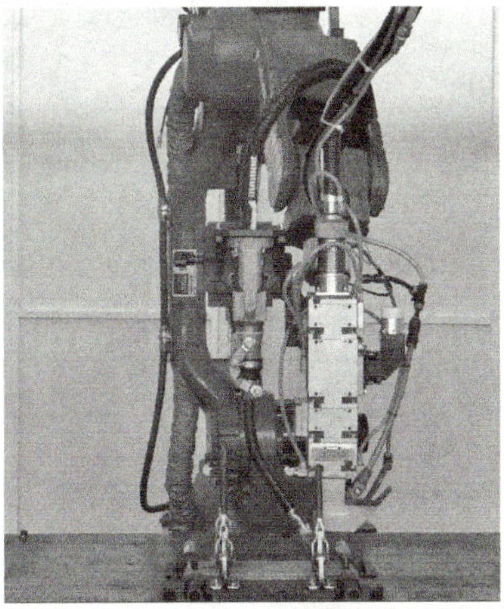	收弧时要填满弧坑，以免产生弧坑裂纹和气孔
P5	焊枪在钢板左侧上方 100mm 位置设过渡点，MOVJ VJ = 50.00，空走点	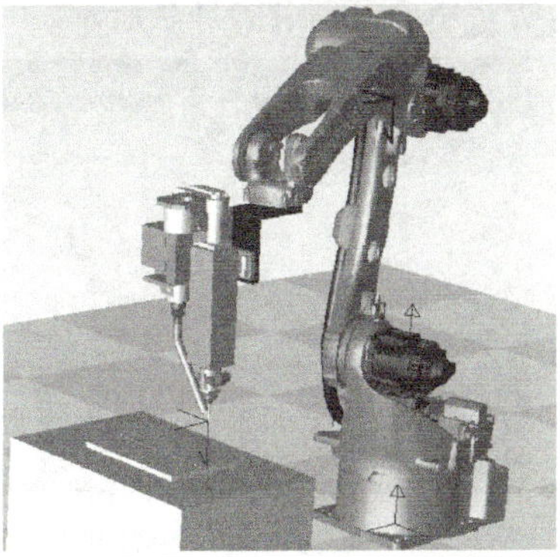	
P6	回到作业原点 MOVJ VJ = 50.00	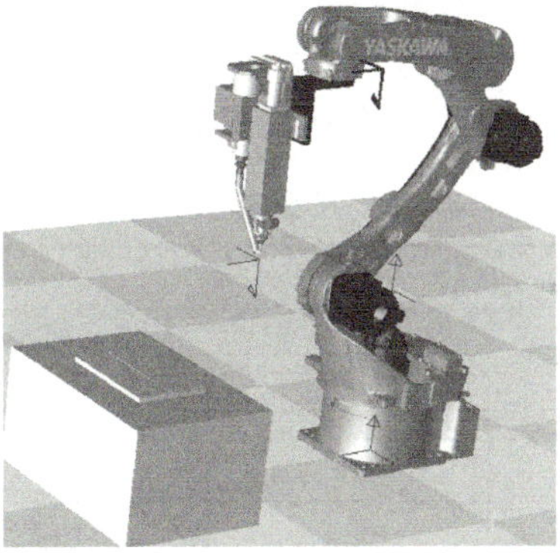	

编写的板对接激光-电弧复合焊机器人程序如下：

```
0000 NOP                                    //程序开始
0001 MOVJ    VJ=50.00                       //程序点 P1
0002 MOVJ    VJ=50.00                       //程序点 P2
0003 MOVL    V=150    PL=0                  //程序点 P3
0004 ARCON   AC=220   AVP=100               //焊接起弧
0005 LASER_ON   POWER=2500W   T=0.1s        //激光开启
```

```
0006 MOVL    V=150              //程序点 P4
0007 LASER_OF                   //激光关闭
0008 ARCOF                      //焊接熄弧
0009 MOVJ    VJ=50.00           //程序点 P5
0010 MOVJ    VJ=50.00           //程序点 P6
0011 END                        //程序结束
```

板对接激光-电弧复合焊正反面成形如图 2-1-6 所示。

图 2-1-6　板对接激光-电弧复合焊正反面成形

板对接激光-电弧复合焊焊缝截面如图 2-1-7 所示。

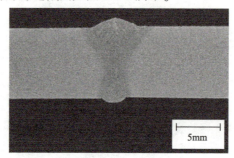

图 2-1-7　板对接激光-电弧复合焊焊缝截面

【项目评价】

板对接激光-电弧复合焊项目评分标准见表 2-1-4。

表 2-1-4　板对接激光-电弧复合焊项目评分标准

检查项目	评判标准及分数	等级			
		Ⅰ	Ⅱ	Ⅲ	Ⅳ
焊缝宽度	标准/mm	>15，≤17	≤15，>17	≤14，>18	≤14，>19
	分数	20	14	8	0
焊缝余高	标准/mm	0~1	>1~2	>2~3	<0，>3
	分数	10	7	4	0
背面凹坑	标准/mm	>0，≤10	>10，≤20	>20，≤30	>30
	分数	20	14	8	0
试件变形量	标准/(°)	>0，≤1	>1，≤2	>2，≤3	>3
	分数	10	7	4	0
错边量	标准/mm	>0，≤0.4	>0.4，≤0.8	>0.8，≤1.2	>1.2
	分数	10	7	4	0

(续)

检查项目	评判标准及分数	等级			
		Ⅰ	Ⅱ	Ⅲ	Ⅳ
咬边	标准/mm	0	深度≤0.5		深度>0.5 或总长度>30
	分数	10	7		0
焊缝外观成形	标准	优	良	一般	差
		成形美观，焊纹均匀、细密，高低宽窄一致	成形较好，焊纹均匀，焊缝平整	成形尚可，焊缝平直	焊缝弯曲，高低宽窄明显，有表面焊接缺陷
	分数	20	14	8	0

注：1. 若焊缝表面有修补，该焊件为 0 分。
2. 焊缝表面有裂纹、夹渣、未熔合、气孔、焊瘤等缺陷之一的，该焊件外观为 0 分。

项目二 点焊机器人柔性制造系统编程

【实操目的】
掌握点焊机器人柔性制造系统编程的操作步骤及方法。

【实操内容】
点焊机器人+搬运机器人+回转变位机系统的操作步骤及方法。

【工具及材料准备】
1. 设备和工具准备明细（表 2-2-1）

表 2-2-1 设备和工具准备明细

序号	名称	型号与规格	单位	数量	备注
1	点焊机器人	臂伸长 2600mm，载荷 210kg	台	1	KUKA 机器人
2	搬运机器人	臂伸长 2000mm，载荷 20kg	台	1	埃夫特机器人
3	焊钳	伺服或气动 C 型气动焊钳	套	1	南京小原
4	点焊控制器	ST21	台	1	南京小原
5	纱手套	自定	副	1	
6	钢丝刷	自定	把	1	
7	尖嘴钳	自定	把	1	
8	扳手	自定	把	1	
9	钢直尺	自定	把	1	
10	十字槽螺钉旋具	自定	把	1	
11	敲渣锤	自定	把	1	
12	定位块	自定	副	2	

(续)

序号	名称	型号与规格	单位	数量	备注
13	焊缝测量尺	自定	把	1	
14	粉笔	自定	根	1	
15	角向磨光机	自定	台	1	
16	劳保用品	帆布工作服、工作鞋	套	1	

2. 焊件准备

材质为 Q235；焊件尺寸：500mm（长）×300mm（宽）×1.2mm（厚），2 块。将 2 块板重叠放在一起并固定。本系统采用 C 型气动焊钳，点焊位置如图 2-2-1 所示。

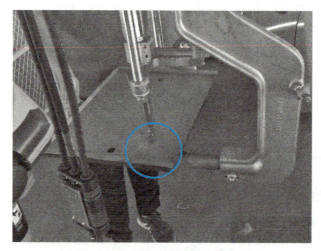

图 2-2-1　C 型气动焊钳及点焊位置

【必备知识】

1. 点焊机器人系统

1）点焊机器人适用于两工位的生产，可满足多种不同的焊接，变位机适应性良好，可配备各种类型的机器人。点焊机器人可大幅提高生产效率，配合不同的工装夹具，可适合各种焊件的需求。

2）工位旋转采用伺服电动机驱动，运用脉冲频率调速可实现旋转速度的无级调速。

3）本机采用以三菱可编程逻辑控制器（PLC）为主体的控制系统，以实现动作程序的自动化控制。可通过直接输入参数的方式设定焊接位置参数，并通过 I/O 与机器人通信，实现自动焊接及搬运的控制。其整机质量可靠，劳动强度低，操作方便，自动化程度高。

该设备主要由旋转工作台、电气控制系统、气动系统等组成，系统形式如图 2-2-2 所示。

2. 控制系统

（1）控制面板　控制面板由数据输入终端（触摸屏）、控制按钮及指示灯构成，主要起设置焊接参数、控制指令输入的作用并监视生产。

（2）电气控制箱　电气元件安装板安装有三菱 PLC、松下伺服电动机等，用导线和数

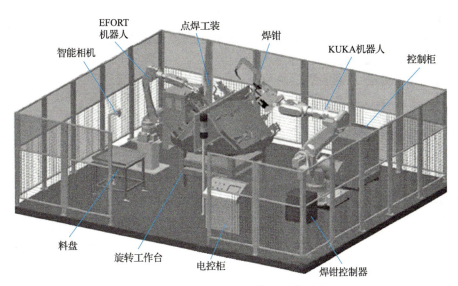

图 2-2-2 点焊机器人工作站系统形式

据连接线与安装在控制面板上的数据输入终端、控制按钮及指示灯连接，实现控制功能。本设备的控制核心为三菱 PLC，通过内部程序控制设备各轴的精确定位，并实现设备各个动作的协调工作，从而实现设备的自动化控制。

3. 工作程序

焊接每种焊件的首件时，应该先确定当前对应的是哪一个工位，触摸屏上可设定一工位和二工位的角度值（出厂设定值：一工位为 180°，二工位为 0°），确定工位角度后，才能编制机器人运行程序。

当机器人程序编制完成后，在机器人示教器上进行相应的关联，因每种机器人的设定方法不同，应自行进行机器人设定。控制箱及触摸屏如图 2-2-3 所示。

设备联机运行时，气动压紧阀会根据当前执行的工位状态，自动切换压紧和松开。

电控柜上的数据输入终端由触摸屏构成，包含以下几个画面。

图 2-2-3 控制箱及触摸屏

1）监视器系统运行状态画面，如图 2-2-4 所示，在此画面中可以监控自动运行时当前焊接的各种状况及监控显示的参数。

2）上/下料设定及定位画面，如图 2-2-5 所示，在此画面中可进行手动（触摸式）操作。

① "主轴正转"与"主轴反转"：按下后主轴正转或反转，松开后主轴停止转动（在"定位关闭模式"下有效）。操作说明：它是将"主轴定位角度设定"设定为正角度（如+180°）或负角度（如-180°）来实现"主轴正转"或"主轴反转"，然后按住"启动"按钮，旋转至设定角度。若中途松开"启动"按钮，则旋转动作停止。

② "1#夹紧/松开"与"2#夹紧/松开"：分别控制一工位和二工位的工装电磁阀动作。

③"主轴定位":用于手动定位的开启和关闭。

④"主轴定位角度设定":用于设定所要定位的角度(需在定位开启模式下设定,然后按"启动"按钮,主轴会运行到指定的角度)。

⑤"自动速度设定":根据焊件的大小设定主轴的转速。

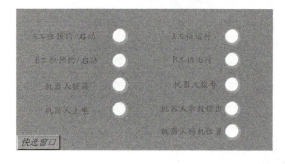

图 2-2-4 系统运行状态画面

图 2-2-5 上/下料设定及定位画面

3) 角度监控与设定画面,如图 2-2-6 所示,在此画面中可以设置回转工作台位置的参数。

①"工位旋转角度设定":设定焊件的焊接角度。

②"工位下料角度设定":当前只需要一个工位焊接时,为方便上下料,才开启此功能(后面的开关可以开启或关闭此功能)。

③"搬运联机关闭":在联机关闭的情况下,只有电阻焊机器人工作;当联机开启时,两台机器人会同时动作,一边上下料,另一边进行焊接。

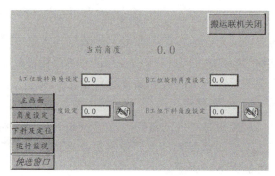

图 2-2-6 角度监控与设定画面

4) 操作盒说明。控制按钮、选择开关及指示灯如图 2-2-7 所示。

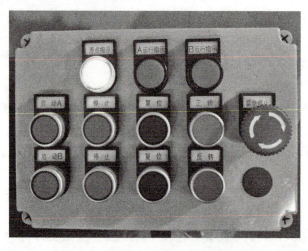

图 2-2-7 控制按钮、选择开关及指示灯

① "启动""停止""紧急停止":用于设备的启动、暂停和在紧急情况下停止。

② "正转""反转":用于手动操纵主轴的正、反转,但机器人必须在安全位置,以免操作时碰撞机器人的手臂。

③ "电源关/开":用于开关设备的电源(如图 2-2-3 所示中间按钮)。

④ "电源指示":用于指示设备是否得电(如图 2-2-3 所示左边按钮)。

⑤ "运行指示":用于指示设备是否正在自动运行状态。

⑥ "报警指示":用于指示设备在焊接过程中的警报(如图 2-2-3 所示右边按钮)。

⑦ "原点指示":工作台当前位置为"0"。

⑧ "复位(取消)":当前工位在预约的情况下,按此按钮可取消对应的预约工位。当设备没有自动运行时,可以使旋转台执行回零操作(触摸屏上面的定位按钮需在关闭的状态)。

图 2-2-8 焊接控制器

4. 焊接系统

焊接系统主要由焊接控制器、焊钳(含电阻焊变压器)及水、电、气等辅助部分组成。焊接控制器(点焊控制器)如图 2-2-8 所示。

(1) 焊接控制器编程器操作面板布置　此处选用南京小原焊接控制器编程器,其操作面板如图 2-2-9 所示。

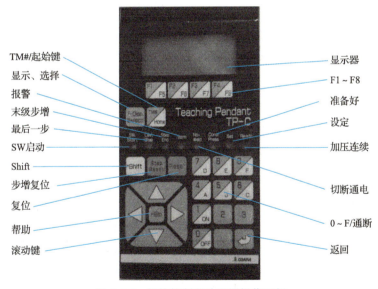

图 2-2-9 焊接控制器编程器操作面板

(2) 显示面板按键及其功能(表 2-2-2)

表 2-2-2 显示面板按键及其功能

按键	功能
Step Reset	启用步增功能时,清除步增计数
Reset	报警复位、清除焊接计数器、清除报警历史、暂停操作
Home	显示接通电源时出现的初始屏幕

(续)

按键	功能
滚动键	每个键按它所指示的方向卷动显示的内容
Shift（移位）	当按下另一个键时同时按住本键（如 Shift 键+Scroll 键），就可选择各功能，如输入/输出数据等

（3）操作流程（图 2-2-10）

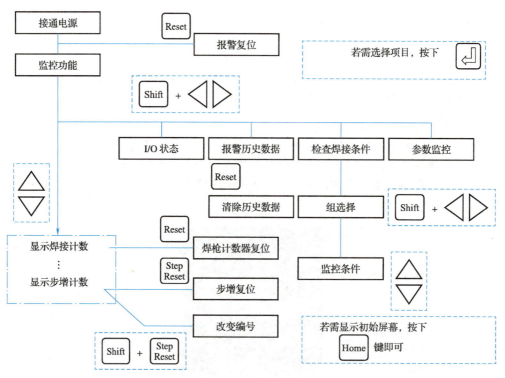

图 2-2-10　操作流程

（4）操作面板按键及其功能（表 2-2-3）

表 2-2-3　操作面板按键及其功能

按键	功能
F1~F8	功能键。用于选择菜单，若选择 F5~F8，按下相应的功能键+Shift 键。F8 键专门用于返回到先前的菜单
F-Disp Select	启用或禁止 F1~F8 键时操作本键，也可用于选择是否在显示器的下部显示功能说明
0~9 和 "."/A~F/ON 和 OFF	输入数据的键。若输入 A~F，按下 Shift 键+与要输入的数值相符的键，ON 和 OFF 键的操作与 Shift 键无关
TM#/Home	显示和编辑当前连接 TM#的键，选择待监控的控制器数值键 TM#+Shift 键等于 Home 键，为显示初始屏的快捷键
Help	按该键显示求助功能

（5）指示灯　指示灯用来指示控制器状态，其名称和说明见表 2-2-4。

表 2-2-4　指示灯名称和说明

名称	说明
Ready	TP 完成初始处理，然后通过通信接收初始数据后，控制器随时准备接收焊接数据时，灯亮
No Weld	控制器处于"Weld off"方式时，灯亮
Conti. Press	控制器处于"Weld off"方式且焊枪压力控制在连续加压方式中时，灯亮
Set	控制器处于数据设定方式时，灯亮
SW Start	控制器的起动开关接通时，灯亮
Step last Stdge	控制器进入最后一步时，灯亮
Step up finish	控制器进入步增结束阶段时，灯亮
Alarm	控制器检测出故障时，灯亮

电极修磨器及 C 型气动焊钳如图 2-2-11 所示。

5. 焊接循环

焊接循环在电阻焊中是指完成一个焊点（缝）所包括的全部程序。点焊过程由预压、焊接、维持和休止四个基本程序组成焊接循环，必要时可增加附加程序，其基本参数为电流和电极压力。点焊焊接循环过程如图 2-2-12 所示。

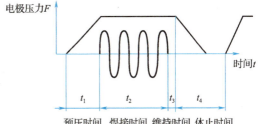

图 2-2-11　电极修磨器及 C 型气动焊钳　　　图 2-2-12　点焊焊接循环过程

（1）预压　这个阶段包括电极压力的上升和恒定两部分。为保证在通电时电极压力恒定，必须保证预压时间，尤其是当需要连续点焊时，须充分考虑焊机运动机构动作所需的时间，不能无限缩短。

预压的目的是建立稳定的电流通道，以保证焊接过程有重复性好的电流密度。对厚板或刚度大的冲压零件，有条件时可在此期间先加大预压力，而后再恢复到焊接时的电极压力，使接触电阻恒定而又不太小，以提高热效率。

（2）焊接　这个阶段是焊件加热熔化形成熔核的阶段，焊接电流可基本不变（指有效值），也可为渐升或阶跃上升。在此期间，焊件焊接区的温度分布经历复杂的变化后趋向稳定。起初输入热量大于散失热量，温度上升，形成高温塑性状态的连接区，并使中心与大气隔绝，保证随后熔化的金属不被氧化，而后在中心部位首先出现熔化区。随着加热的进行，熔化区扩大，而其外围的塑性壳（在金相试片上呈环状，故称塑性环）也向外扩大，最后当输入热量与散失热量平衡时达到稳定状态。当焊接参数适当时，可获得尺寸波动小于15%的熔化核心。

（3）维持（电极压力 $F>0$，焊接电流 $I=0$）此阶段不再输入热量，熔核快速散热、冷却结晶。结晶过程遵循凝固理论。由于熔核体积小，且夹持在水冷电极间，冷却速度极高，一般在几个周波内凝固结束。由于液态金属处于封闭的塑性壳内，若无外力，冷却收缩时将产生三维拉应力，极易产生缩孔、裂纹等缺陷，故在冷却时必须保持足够的电极压力来压缩熔核体积，补偿收缩。对厚板、铝合金和高温合金等零件，可增加顶锻力来达到防止产生缩孔、裂纹的目的，这时必须精确控制加顶锻力的时刻，过早将导致液态金属因压强突然升高使塑性环被冲破，产生飞溅，过晚则因凝固缺陷已形成而无效。此外，加后热缓冷电流，降低凝固速度，也有利于防止缩孔和裂纹的产生。

（4）休止（电极压力 $F>0$，焊接电流 $I=0$）此阶段仅在焊接淬硬钢时采用，一般插在维持时间内，当焊接电流结束，熔核完全凝固且冷却到完成马氏体转变之后再插入，其目的是改善金相组织。一个点焊焊接循环结束后，如果焊接参数选择合理，一个好的焊点应满足下列各项要求：

1）外观上要求压痕深度浅，既平滑又呈均匀过渡，无明显凸肩或表面局部被挤压的痕迹。

2）不允许外表有环状或径向裂纹，表面不得有呈熔化状或黏附（电极）的铜合金。

3）内部熔核应规则、均匀，熔核直径应满足焊件的强度要求。

4）核心内部无贯穿性或超越相关规定的裂纹，核心周围无严重过热组织及其他不允许的焊接缺陷。

【实操建议】

低碳钢点焊焊接条件（A 类）见表 2-2-5。

表 2-2-5　低碳钢点焊焊接条件（A 类）

板厚/mm	电极最小直径/mm	电极最大直径/mm	最小点距/mm	最小搭距/mm	最佳条件（A 类）				
					电极压力/kN	焊接时间（周期）	焊接电流/kA	熔核直径/mm	拉剪强度/kN
0.4	3.2	10	8	10	1.15	4	5.2	4.0	1.8
0.5	4.8	10	9	11	1.35	5	6.0	4.3	2.4
0.6	4.8	10	10	11	1.50	6	6.6	4.7	3.0
0.8	4.8	10	12	11	1.90	7	7.8	5.3	4.4
1.0	6.4	13	18	12	2.25	8	8.8	5.8	6.1
1.2	6.4	13	20	14	2.70	10	9.8	6.2	7.8
1.6	6.4	13	27	16	3.60	13	11.5	6.9	10.6
1.8	8.0	16	31	17	4.10	15	12.5	7.4	13.0
2.0	8.0	16	35	18	4.70	17	13.3	7.9	14.5
2.3	8.0	16	40	20	5.80	20	15.0	8.6	18.5
3.2	9.5	16	50	22	8.20	27	17.4	10.3	31.0

参考表 2-2-5 给出的焊接条件，厚度为 1.2mm 双层板的点焊参数见表 2-2-6。

表 2-2-6 点焊参数

焊接电流/kA	电极压力/kN	焊接时间（周期）	维持（周期）	休止时间（周期）	通流比（％）	匝数比
9~10	2.7~3.0	10~15	10~15	10~15	64	1:27

该项目中单个焊件的焊接节拍约为 20s。焊接节拍是指从机器人开始动作到机器人结束动作所需的全部时间，其中：

1) 点焊数为 2 点。
2) 点焊时间（含休止时间）为 [2(焊点数)×1(点焊时间)]s＝2s。
3) 移动和等待时间为 [6(过渡点)×2(跳转移动时间)]s＝12s。
4) 工作台旋转变位时间为 6s。

以上各项合计为 20s。

【参见教学资源包二、高级技师、项目二：点焊机器人柔性制造系统编程】

【实操步骤】

本项目中的 KUKA 点焊机器人为 A 工位、安徽埃夫特搬运机器人为 B 工位，两台机器人和一台变位机组成点焊机器人工作站协同作业，示教及焊接步骤见表 2-2-7。

表 2-2-7 点焊机器人系统示教及焊接步骤

示教点	操作方法	图示	补充说明
P1	首先，按下操作盒"复位"按钮，将工作台复位到基准位置，使 1# 工位旋转到点焊机器正前方，2# 工位旋转到搬运机器人正前方，此时水平回转工作台位置传感器向机器人发出"OK"信号	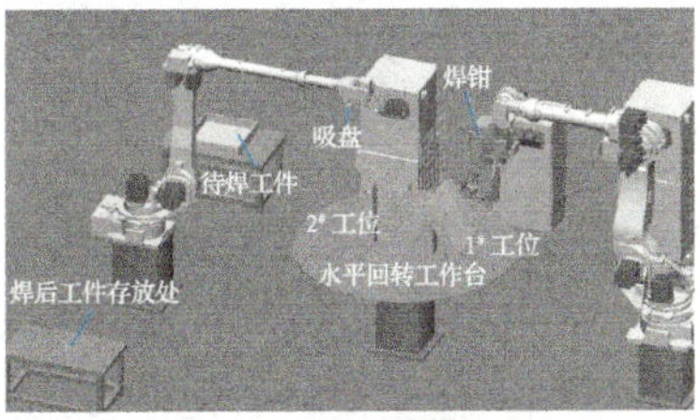	
P2	将点焊机器人移动到 1# 工位焊件的右侧示教（第一个焊接点）过渡点，指令为 LIN。同时，将搬运机器人移动到待焊件上方，设过渡点 MOVJ	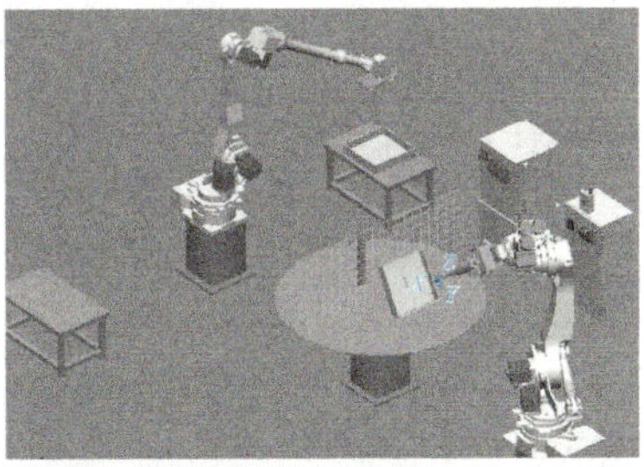	
P3	点焊机器人开始对 1# 工位焊件的第一点进行焊接，指令为 LIN。同时，搬运机器人吸盘与待焊表面接触，输出信号使电磁阀动作，吸盘产生负压，抓取焊件。此点设 MOVL，输出指令 DOUT	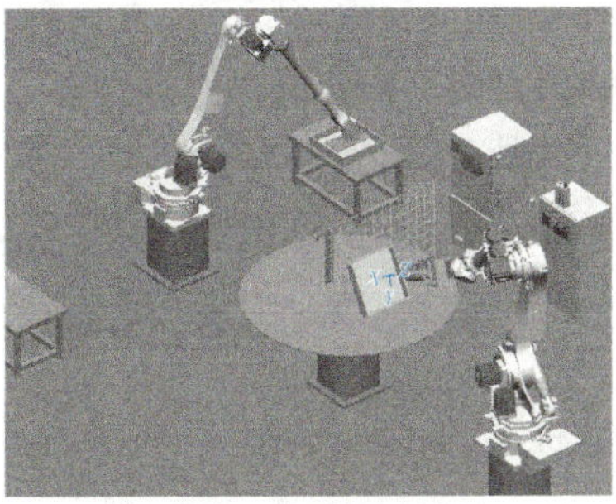	

(续)

示教点	操作方法	图示	补充说明
P4	将点焊机器人焊钳向焊件右侧移动，示教退避点，指令为LIN。同时，将搬运机器人移动到待焊件上方，设过渡点MOVJ	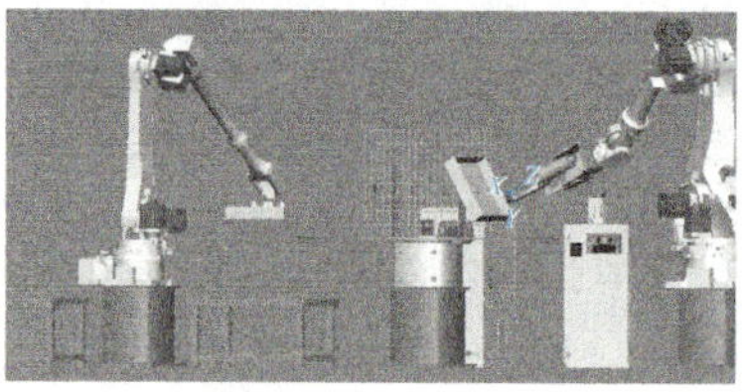	
P5	将点焊机器人移动到1#工位焊件的左侧示教（第二个焊接点）过渡点，指令为LIN。同时，搬运机器人移动到2#工位装夹上方，设过渡点MOVJ	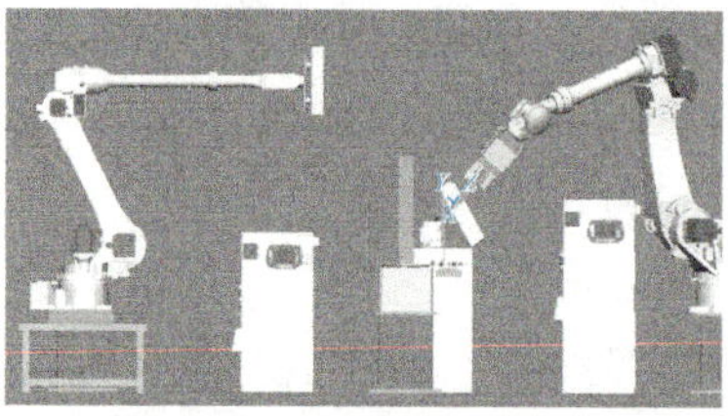	
P6	点焊机器人开始对1#工位的焊件进行第二点焊接，同时搬运机器人将待焊件移至2#工位装夹位置，输出信号使电磁阀动作，吸盘泄压，放下焊件。此点设MOVL，输出指令DOUT	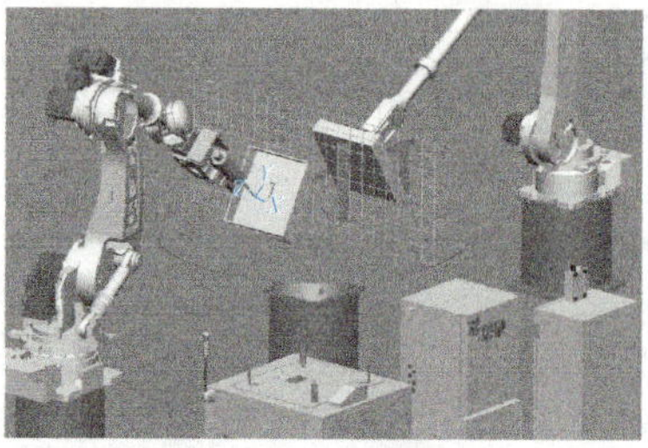	
P7	将点焊机器人焊钳向左侧移动，示教退避点，指令为LIN。同时，将搬运机器人移动到2#工位夹具上方，设过渡点MOVJ	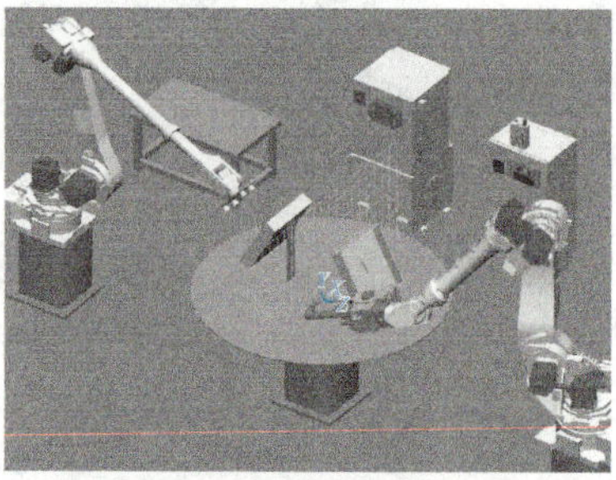	
P8	点焊机器人和搬运机器人回到原点，工作台顺时针方向回转180°，点焊机器人准备对2#工位的焊件实施焊接，搬运机器人准备将焊好的焊件移动到成品件料架上	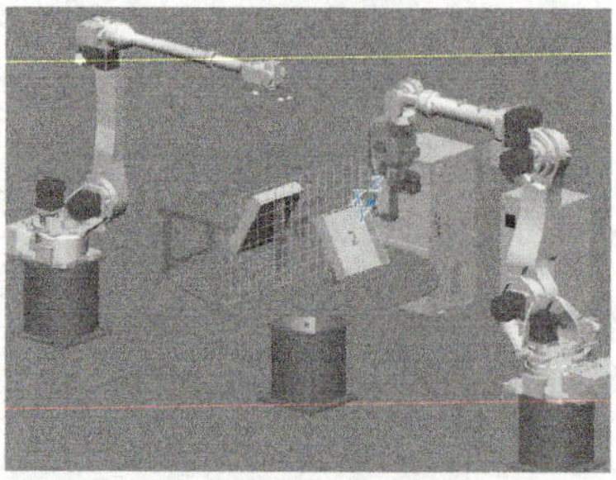	

（续）

示教点	操作方法	图示	补充说明
P9	将点焊机器人移动到 2# 工位焊件的右侧示教（第一个焊接点）过渡点，指令为 LIN。同时，将搬运机器人移动到 1# 工位夹具上方，设过渡点 MOVJ	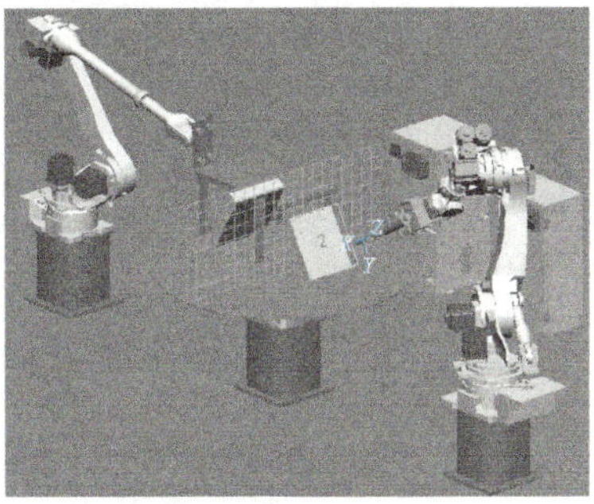	
P10	点焊机器人开始对 2# 工位的焊件进行第一点焊接，与此同时，搬运机器人将吸盘移至 1# 工位的焊件夹具位置，使吸盘与焊件表面接触，输出信号使电磁阀动作，吸盘产生负压，抓取焊件。此点设 MOVL，输出指令 DOUT	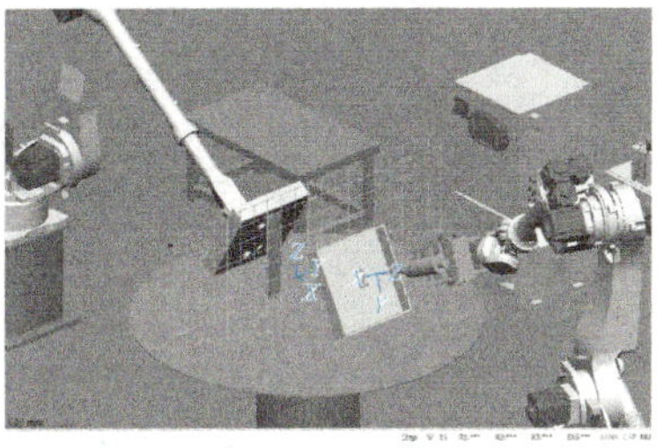	
P11	将点焊机器人焊钳向焊件右侧移动，示教退避点，指令为 LIN。同时，将搬运机器人移动到 1# 工位的工位夹具上方，设过渡点 MOVJ	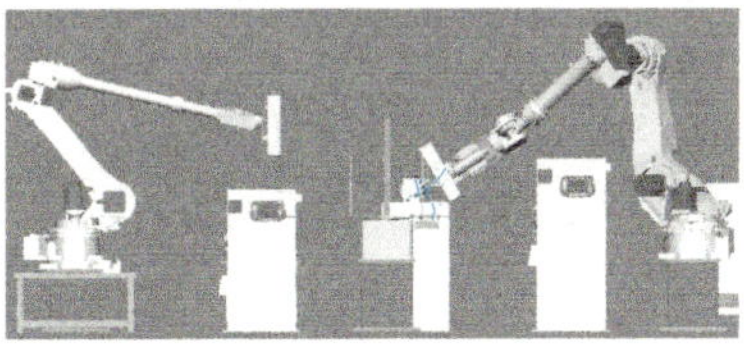	
P12	将点焊机器人移动到 2# 工位焊件的左侧示教（第二个焊接点）过渡点，指令为 LIN。同时，将搬运机器人移动到成品件物料架位置上方，设过渡点 MOVJ	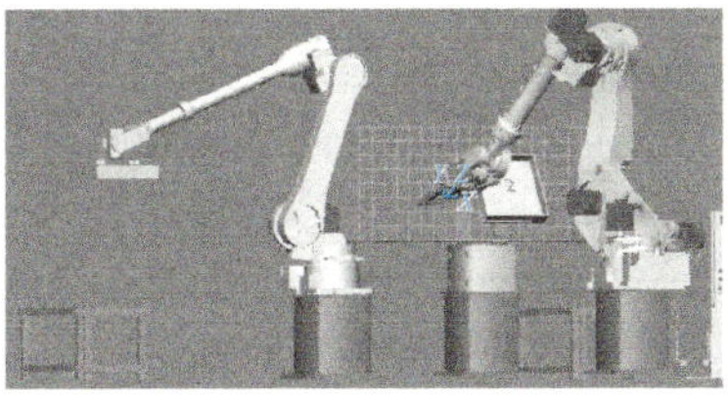	
P13	点焊机器人开始对 2# 焊件第二点进行焊接，与此同时，搬运机器人将焊好的焊件移送至焊后焊件物料架上，输出信号使电磁阀动作，吸盘泄压，放下焊件。此点设 MOVL，输出指令 DOUT	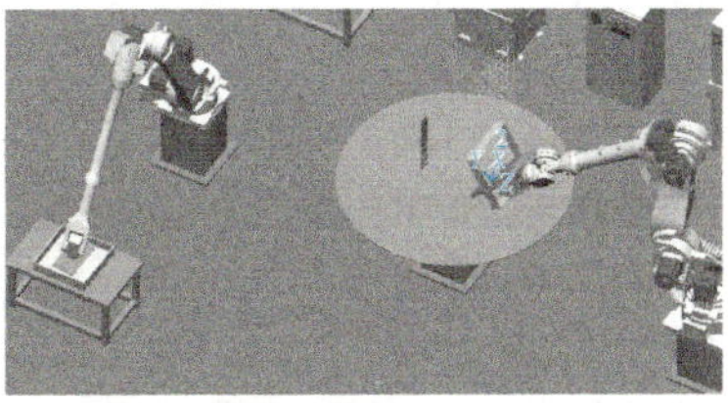	

(续)

示教点	操作方法	图示	补充说明
P14	将点焊机器人焊钳向左侧移动，示教退避点，指令为LIN。同时，将搬运机器人吸盘移动到成品件上方，设过渡点MOVJ	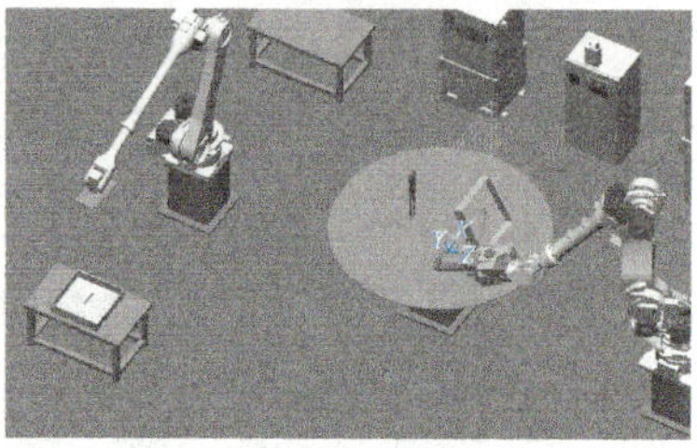	
P15	点焊机器人和搬运机器人回到原点，然后搬运机器人再上料，工作台顺时针方向回转180°，点焊机器人再进行焊接	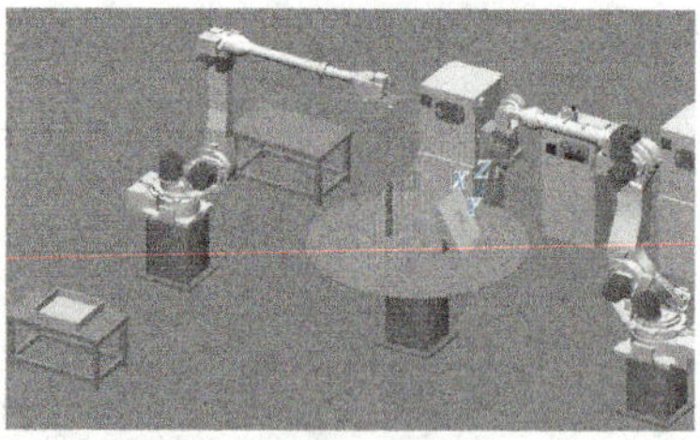	

点焊机器人系统程序见表2-2-8。

表2-2-8 点焊机器人系统程序

点焊机器人主程序	1　PTP HOME Vel=100% DEFAULT 2　LOOP 3　IF　SIN［215］=TRUE THEN 4　ST1（） 5　END IF 6　IF　SIN［212］=TRUE THEN 7　ST2（） 8　END IF 9　END LOOP 10　PTP HOME Vel=100% DEFAULT 11　END
点焊程序	1　DEF MAINPROGRAM（） 2　INI 3　PTP HOME Vel=100% DEFAULT 4　GUN_OPEN（） 5　WAIT Time=5 sec 6　WAIT Time=5 sec 7　GUN_OPEN_RETRACT（） 8　WAIT Time=5 sec 9　GUN_CLOSE（） 10　PTP HOME Vel=100% DEFAULT 11　END

(续)

电极修磨器程序	1　LIN　P4　VEL=2 M/S　CPDAT4　Tool [1]　Base [0] 2　LIN　P5　VEL=2 M/S　CPDAT5　Tool [1]　Base [0] 3　LIN　P6　VEL=2 M/S　CPDAT6　Tool [1]　Base [0] 4　WAIT　Time=0.5 sec 5　OUT 211 'Noto Start'　Start=TRUE　CONT 6　GUNCLOSE（） 7　WAIT　Time=2.0 sec 8　OUT 211 'Noto Start'　Start=FALSE　CONT 9　GUNOPEN（） 10　WAIT　Time=1.0 sec 11　LIN　P9　VEL=2 M/S　CPDAT7　Tool [1]　Base [0] 12　PTP P10 CONT Vel=100% PDAT5 Tool [1] Base [0] 13　PTP HOME Vel= 100% DEFAULT
搬运机器人主程序	0000　NOP 0001　CALL PROG= prog101（job1-1） 0002　CALL PROG= prog201（job1-2） 0003　PULSE DO0.1 T = 1s 0004　END
搬运程序	job1-1（job1-2）=<程序名称> 0000　NOP 0001　SPEED SP=80 0002　DYN ACC=100 DCC=100 J=128 0003　TIMER T = 1000ms 0004　MOVJ V=100%　BL=0 VBL=0 0005　MOVJ V=80%　　BL=0 VBL=0 0006　MOVL V=40%　　BL=0 VBL=0 0007　DOUT DO0.4=1 0008　TIMER T = 3000ms 0009　MOVL V=60%　　BL=0 VBL=0 0010　MOVJ V=80%　　BL=0 VBL=0 0011　MOVJ V=80%　　BL=0 VBL=0 0012　MOVL V=40%　　BL=0 VBL=0 0013　DOUT DO0.4=0 0014　TIMER T = 1500ms 0015　MOVL V=60%　　BL=0 VBL=0 0016　MOVJ V=80%　　BL=0 VBL=0 0017　MOVJ V=80%　　BL=0 VBL=0 0018　MOVL V=40%　　BL=0 VBL=0 0019　DOUT DO0.4=1 0020　TIMER T = 3000ms 0021　MOVL V=60%　　BL=0 VBL=0 0022　MOVJ V=80%　　BL=0 VBL=0 0023　MOVJ V=80%　　BL=0 VBL=0 0024　MOVL V=40%　　BL=0 VBL=0 0025　DOUT DO0.4=0 0026　TIMER T = 1500ms 0027　MOVL V=60%　　BL=0 VBL=0 0028　MOVJ V=80%　　BL=0 VBL=0 0029　MOVJ V=80%　　BL=0 VBL=0 0030　END

【项目评价】

机器人点焊项目评分标准见表2-2-9。

表2-2-9 机器人点焊项目评分标准

检查项目	评判标准及分数	等级			
		Ⅰ	Ⅱ	Ⅲ	Ⅳ
最小熔核直径	标准/mm	5	>4.5，≤5.5	>3.5，≤6.5	≤3.5，>6.5
	分数	20	14	8	0
表面凹坑	标准/mm	无凹坑		深度≤0.5	深度>0.5
	分数	20		10	0
气孔	标准	无		熔核直径的10%<气孔直径<熔核直径的20%	气孔直径≥熔核直径的20%
	分数	20		10	0
薄板卷曲检验	标准	优	良	一般	差
	分数	20	14	8	0
焊点外观成形	标准	优	良	一般	差
		焊点成形美观，尺寸合格	焊点成形较好，尺寸合格	焊点成形尚可，尺寸合格	焊点有表面焊接缺陷，尺寸不合格
	分数	20	14	8	0

注：1. 焊缝表面已修补或在焊件上做舞弊标记，则该焊件为0分。

2. 凡焊点表面有裂纹、焊穿、未熔合等缺陷之一的，该焊件外观为0分。

项目三 机器人L型变位机系统建模及离线编程

【实操目的】

掌握机器人L型变位机系统实操的步骤及方法。

【实操内容】

根据机器人L型变位机系统实操的操作步骤和要领，进行机器人L型变位机系统操作。

【工具及材料准备】

1. 设备和工具准备明细（表2-3-1）

表2-3-1 设备和工具准备明细

序号	名称	型号与规格	单位	数量	备注
1	松下机器人离线编程软件（试用版）	DTPS-Ⅱ	套	1	
2	台式计算机	Windows 7 系统	台	1	
3	卷尺	长度为3m	个	1	

2. 焊件准备

材质为 Q235，管-板组合件材料尺寸及数量见表 2-3-2。

表 2-3-2　管-板组合件材料尺寸及数量

序号	名称类型	尺寸	数量
1	底板	540mm(长)×100mm(宽)×4.0mm(厚)	1
2	副底板	540mm(长)×50mm(宽)×4.0mm(厚)	1
3	立管	φ60mm（外径)×3.0mm(壁厚)×300mm(长)	1
4	横管	φ50mm(外径)×2.0mm(壁厚)×300mm(长)	1
5	斜管	φ40mm(外径)×2.0mm(壁厚)×280mm(长)	1

管-板组合件装配尺寸如图 2-3-1 所示。

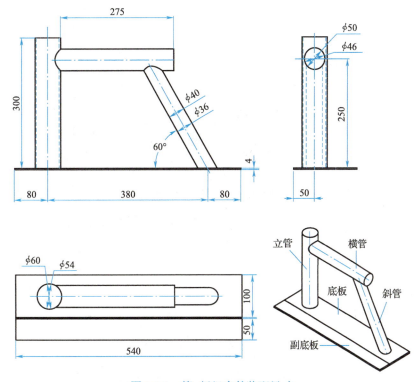

图 2-3-1　管-板组合件装配尺寸

【必备知识】

运用 DTPS 软件导入 L 臂工件模型，如图 2-3-2 所示。

运用 DTPS 软件导入 L 型变位机主动箱工件模型，如图 2-3-3 所示。

运用 DTPS 软件将 L 臂工件和主动箱工件模型集成为 L 型变位机，如图 2-3-4 所示。

运用 DTPS 软件将管板组合焊件导入到 L 型变位机系统中的指定位置上，如图 2-3-5 所示。

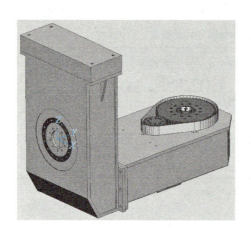

图 2-3-2　导入 L 臂工件模型

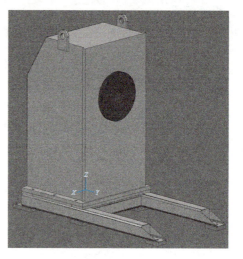

图 2-3-3　导入 L 型变位机主动箱工件模型

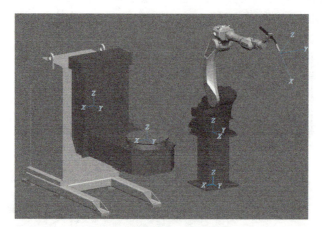

图 2-3-4　集成为 L 型变位机

图 2-3-5　将管板组合焊件导入到 L 型变位机系统

第二部分　高级技师

【实操建议】

采用 CO_2/MAG 焊接工艺，保护气体为 80%Ar+20%CO_2，焊接层次为单层单道，管–板组合件焊接工艺参数见表 2-3-3。

表 2-3-3　管–板组合件焊接工艺参数

焊接类型	焊接电流/A	焊接电压/V	焊接速度/(m/min)	收弧电流/A	收弧电压/V	收弧时间/s	气体流量/(L/min)
平角焊	90~110	17~19	0.5~0.6	70~80	15~16	0.3~0.4	15~18

【参见教学资源包二、高级技师、项目三：机器人 L 型变位机系统建模及离线编程】

【实操步骤】

实际工作时，将管–板组合件点固好，固定在外部轴上，管–板组合件焊接方法与步骤见表 2-3-4。

表 2-3-4　管–板组合件焊接方法与步骤

示教点	操作方法	图示	补充说明
P1	设置原点，设指令为 MOVEP，空走点	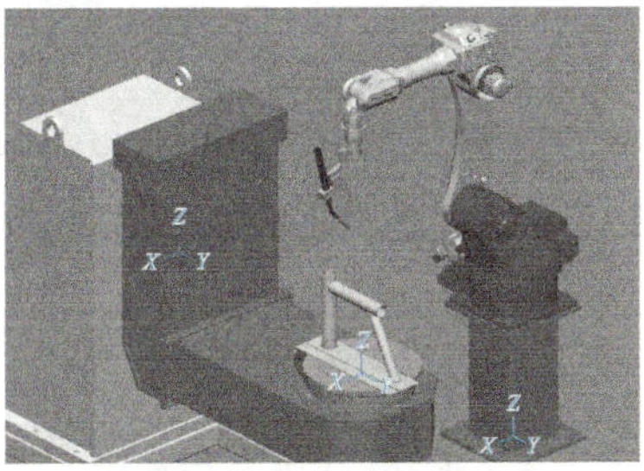	建模正确
P2	顺时针转动 L 型变位机 150°，作为焊缝 1 过渡点，设指令为 MOVEP，空走点	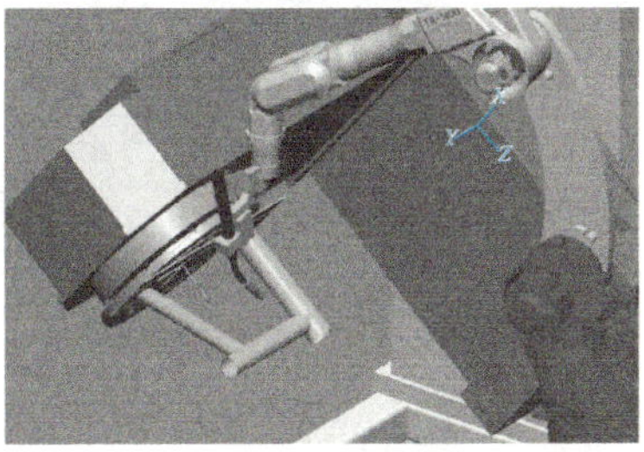	示教点位置和机器人姿态正确
P3	焊缝 1 焊接起始点，设指令为 MOVEC+，焊接点	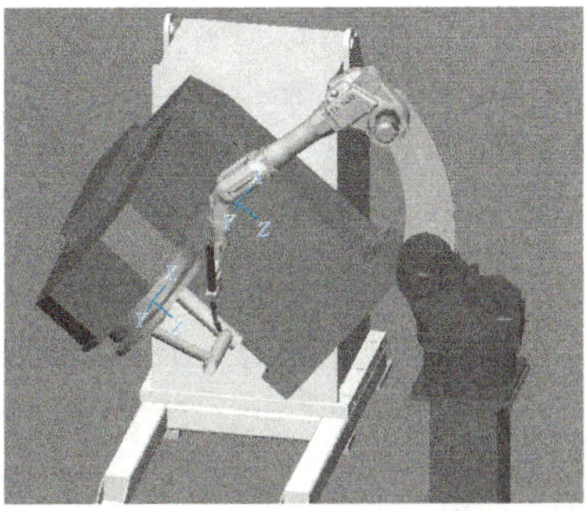	机器人与外部轴协调的示教点都要选带"+"的指令，如 MOVEC+。机器人及外部轴姿态正确，焊件为船形焊位置

（续）

示教点	操作方法	图示	补充说明
P4	逆时针转动L型变位机90°，作为焊缝1焊接中间点，设指令为MOVEC+	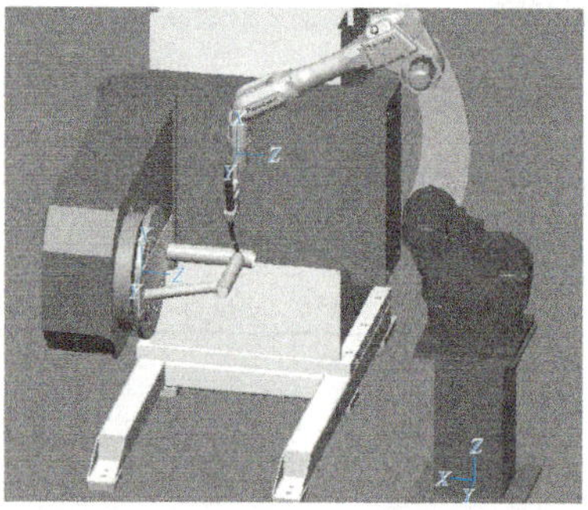	
P5	逆时针转动L型变位机90°，作为焊缝1焊接中间点，设指令为MOVEC+	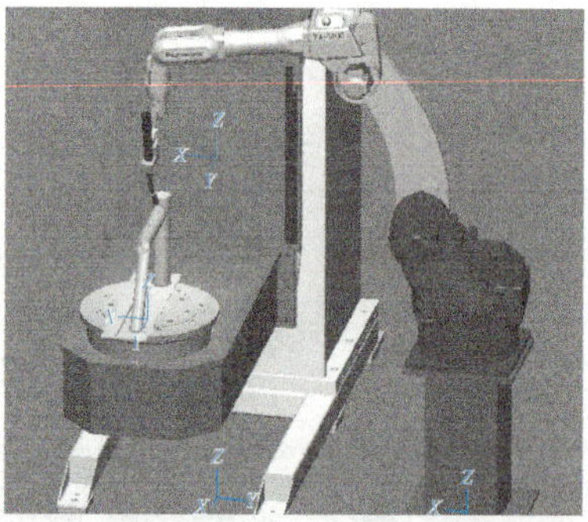	
P6	逆时针转动L型变位机90°，作为焊缝1焊接中间点，设指令为MOVEC+，焊接点	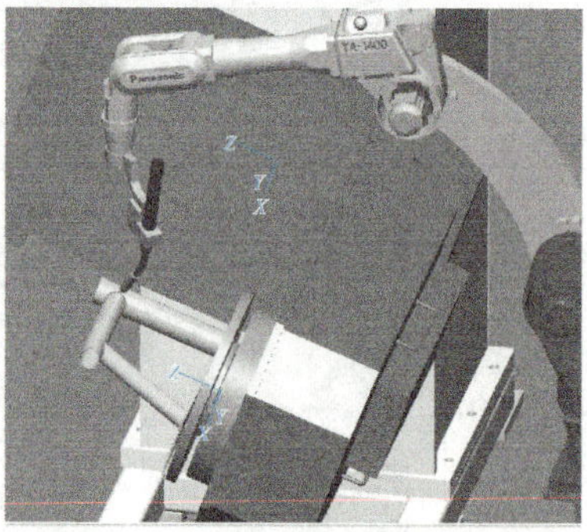	水平方向外部轴变位机逆时针方向转动15°~20°
P7	逆时针转动L型变位机90°，作为焊缝1焊接结束点，设指令为MOVEC+，空走点	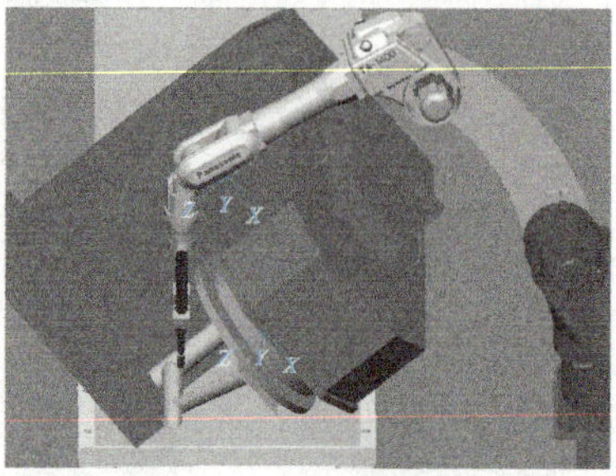	水平方向外部轴变位机逆时针方向转动15°~20°。适当调整垂直方向外部轴双持变位机角度，使焊件焊缝呈船形焊位置

（续）

示教点	操作方法	图示	补充说明
P8	顺时针转动 L 型变位机至水平，过渡点，设指令为 MOVEP+，空走点	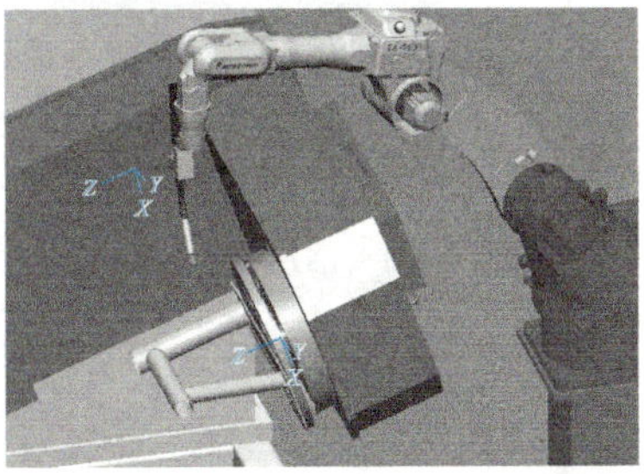	水平方向外部轴变位机逆时针方向转动 40°~50°。适当调整垂直方向外部轴双持变位机角度，使焊件焊缝呈船形焊位置
P9	焊缝 2 焊接开始点，设指令为 MOVEC+，焊接点	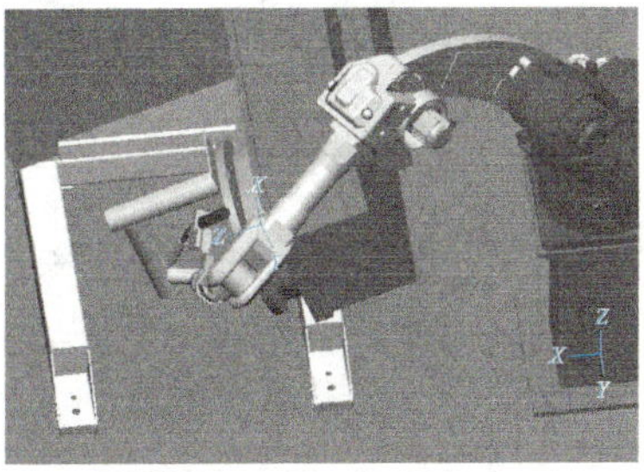	水平方向外部轴变位机逆时针方向转动 40°~50°。适当调整垂直方向外部轴双持变位机角度，使焊件焊缝呈船形焊位置
P10	焊缝 2 焊接中间点，设指令为 MOVEC+，焊接点	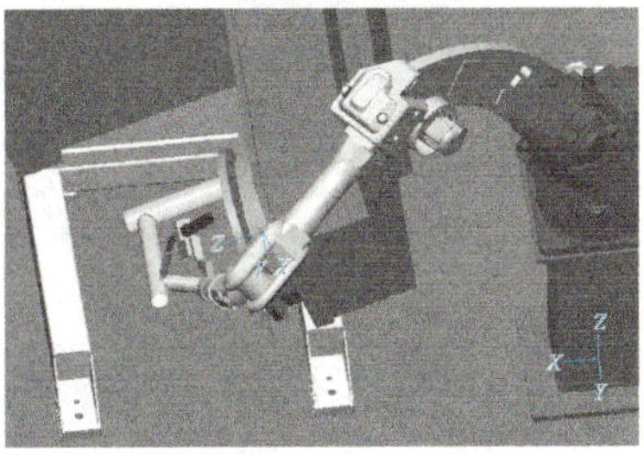	水平方向外部轴变位机逆时针方向转动 40°~50°。适当调整垂直方向外部轴双持变位机角度，使焊件焊缝呈船形焊位置
P11	焊缝 2 焊接中间点，设指令为 MOVEC+，焊接点	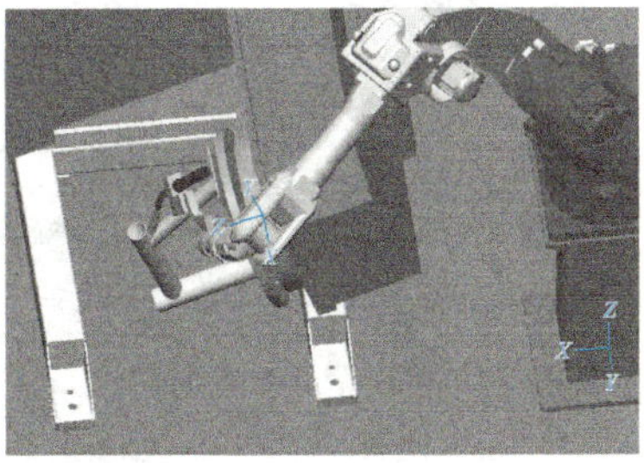	水平方向外部轴变位机逆时针方向转动 40°~50°。适当调整垂直方向外部轴双持变位机角度，使焊件焊缝呈船形焊位置
P12	焊缝 2 焊接中间点，设指令为 MOVEC+，焊接点	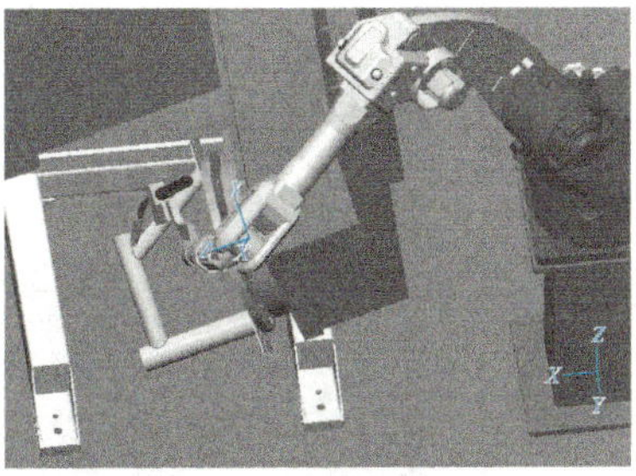	水平方向外部轴变位机逆时针方向转动 40°~50°。适当调整垂直方向外部轴双持变位机角度，使焊件焊缝呈船形焊位置

（续）

示教点	操作方法	图示	补充说明
P13	焊缝2焊接中间点，设指令为MOVEC+，焊接点	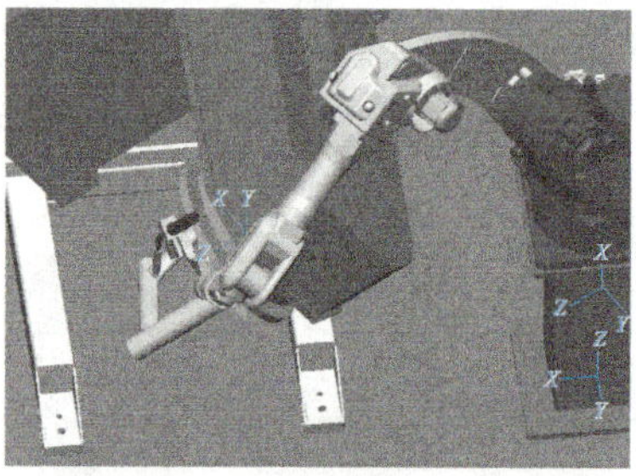	水平方向外部轴变位机逆时针方向转动40°～50°。适当调整垂直方向外部轴双持变位机角度，使焊件焊缝呈船形焊位置
P14	焊缝2焊接结束点，设指令为MOVEC+，空走点	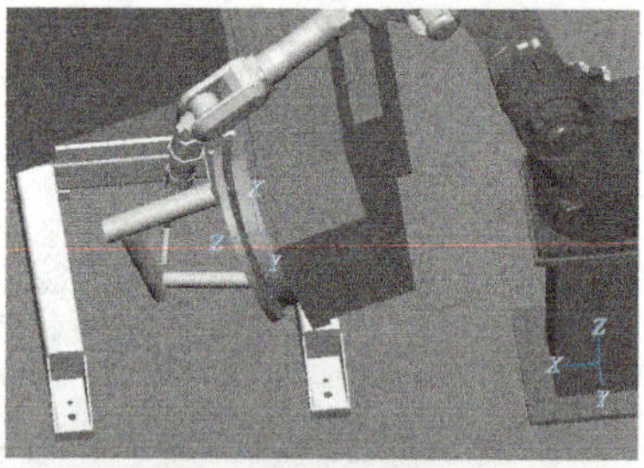	水平方向外部轴变位机逆时针方向转动40°～50°。适当调整垂直方向外部轴双持变位机角度，使焊件焊缝呈船形焊位置
P15	退避点，设指令为MOVEP+，空走点	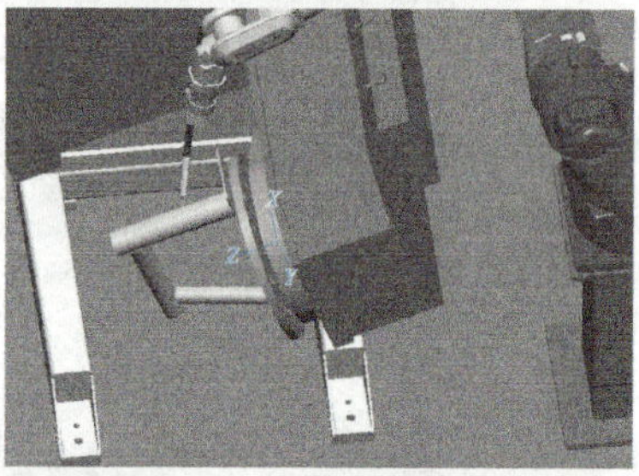	水平方向外部轴变位机逆时针方向转动15°～20°
P16	顺时针方向转动L型变位机45°，焊缝3焊接开始点，设指令为MOVEC+，焊接点	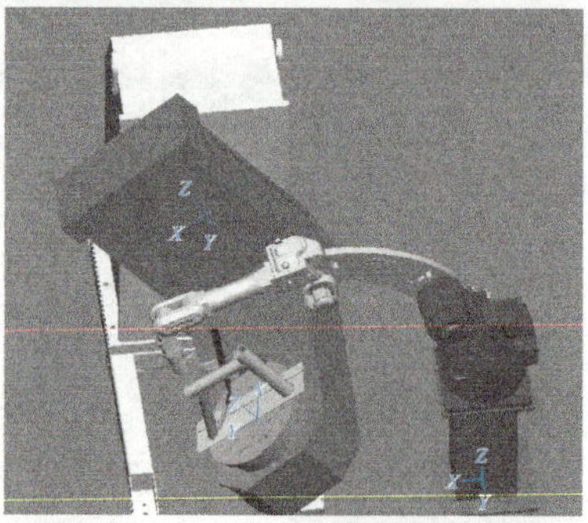	示教点位置及枪姿正确
P17	焊缝3焊接中间点，设指令为MOVEC+，焊接点	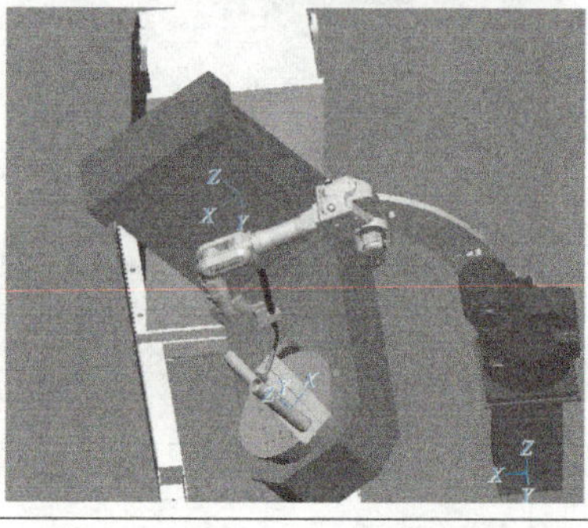	水平方向外部轴变位机顺时针方向转动90°，使焊缝处于船形焊，示教点位置及枪姿正确

(续)

示教点	操作方法	图示	补充说明
P18	焊缝3焊接中间点,设指令为MOVEC+,焊接点	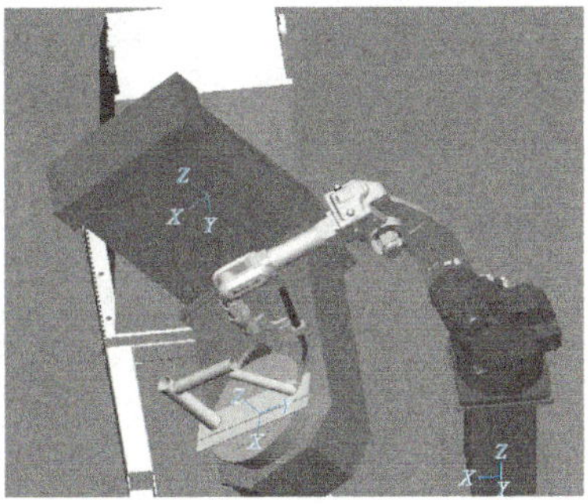	水平方向外部轴变位机顺时针方向转动90°,使焊缝处于船形焊,示教点位置及枪姿正确
P19	焊缝3焊接中间点,设指令为MOVEC+,焊接点	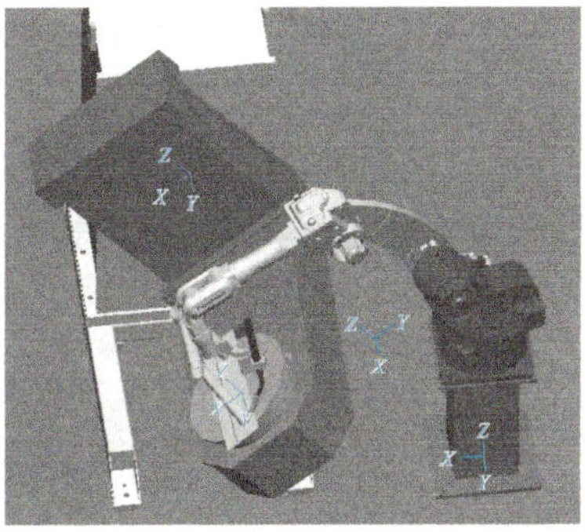	水平方向外部轴变位机顺时针方向转动90°,使焊缝处于船形焊,示教点位置及枪姿正确
P20	焊缝3焊接结束点,设指令为MOVEC+,空走点	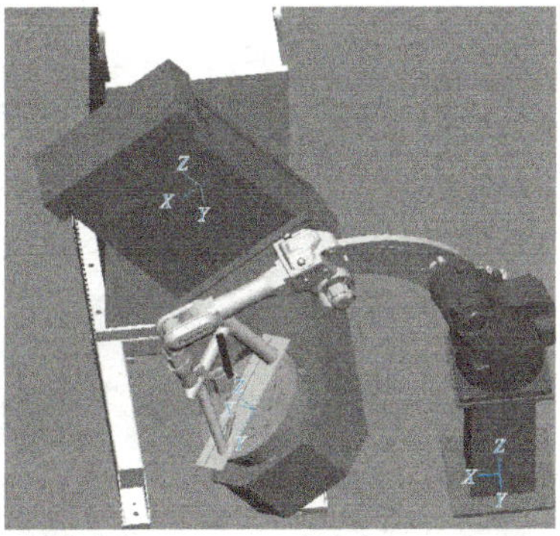	水平方向外部轴变位机顺时针方向转动90°,使焊缝处于船形焊,示教点位置及枪姿正确
P21	退避点,设指令为MOVEL+,空走点	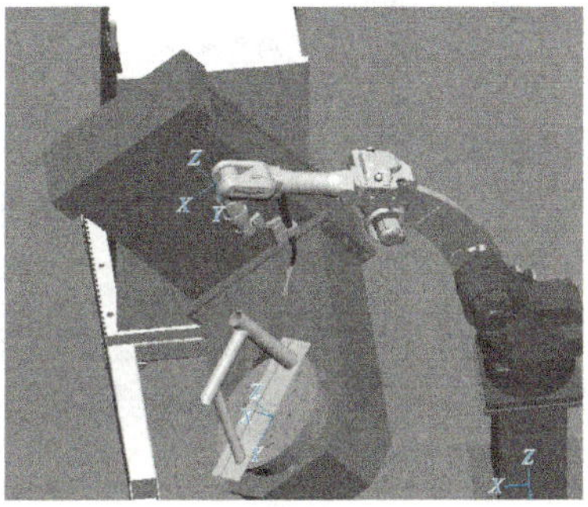	示教点位置及枪姿正确

（续）

示教点	操作方法	图示	补充说明
P22	焊缝4焊接开始点，设指令为MOVEC+，焊接点	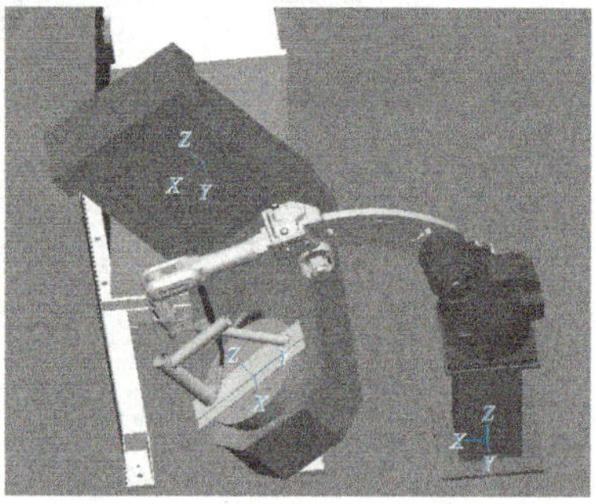	示教点位置及枪姿正确
P23	焊缝4焊接中间点，设指令为MOVEC+，焊接点	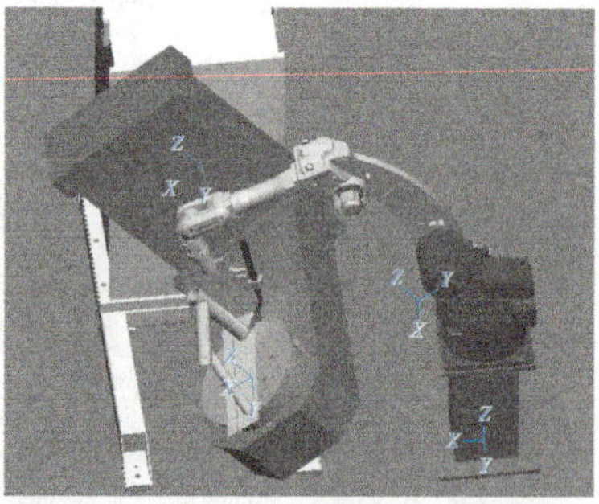	水平方向外部轴变位机逆时针方向转动90°，使焊缝处于船形焊，示教点位置及枪姿正确
P24	焊缝4焊接中间点，设指令为MOVEC+，焊接点	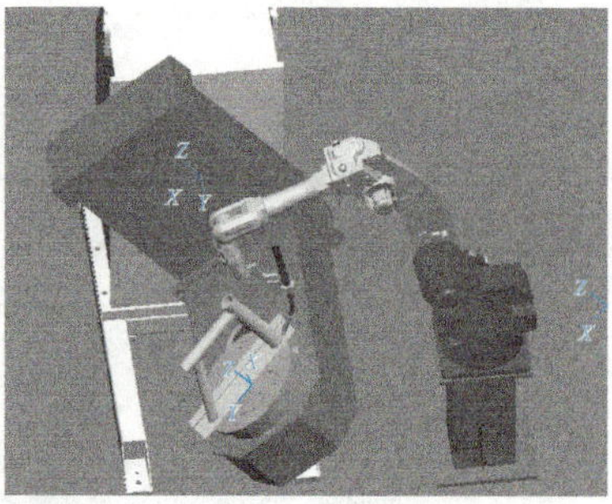	水平方向外部轴变位机逆时针方向转动90°，使焊缝处于船形焊，示教点位置及枪姿正确
P25	焊缝4焊接中间点，设指令为MOVEC+，焊接点	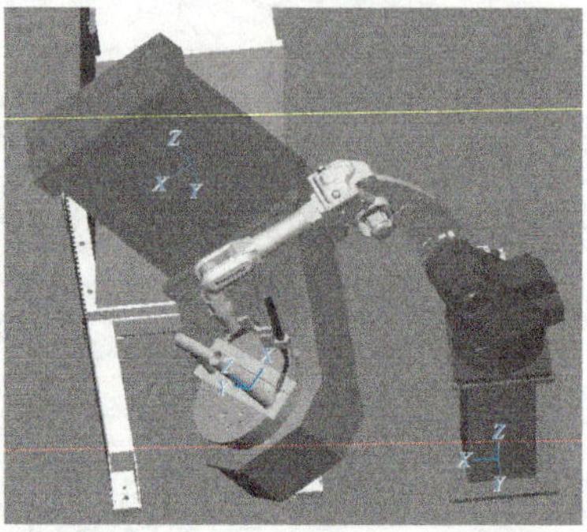	水平方向外部轴变位机逆时针方向转动90°，使焊缝处于船形焊，示教点位置及枪姿正确

（续）

示教点	操作方法	图示	补充说明
P26	焊缝 4 焊接结束点，设指令为 MOVEC+，空走点	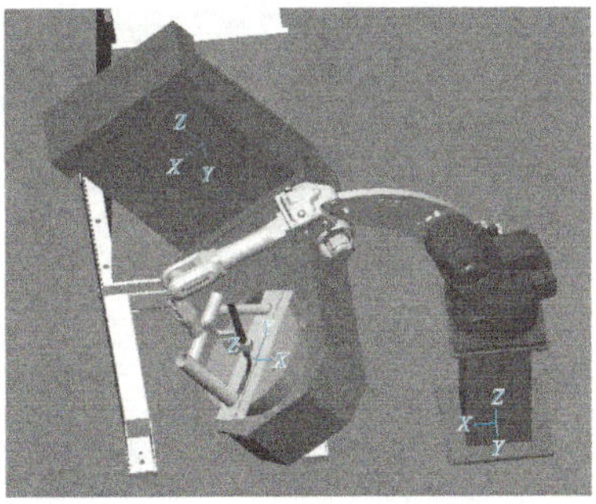	水平方向外部轴变位机逆时针方向转动 90°，使焊缝处于船形焊，示教点位置及枪姿正确
P27	焊缝 4 退避点，设指令为 MOVEP+，空走点	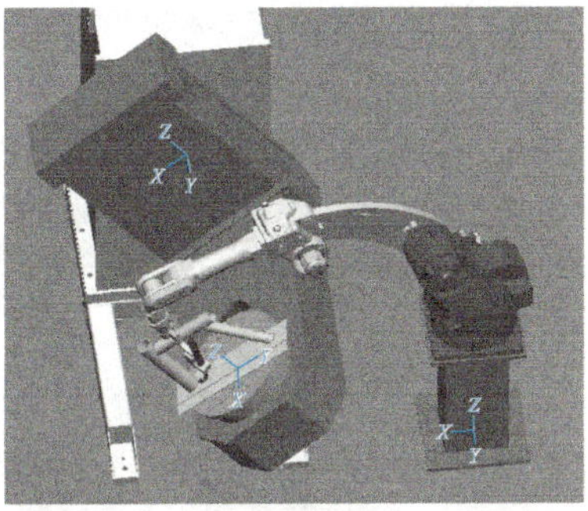	
P28	顺时针调整 L 型变位机至水平位置，设置为过渡点，设指令为 MOVEP+，空走点	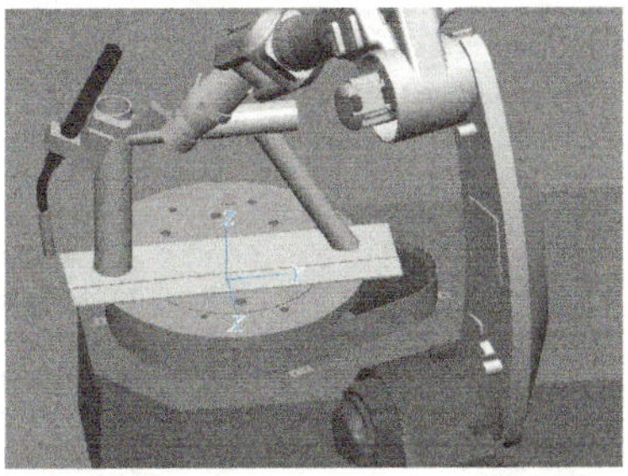	
P29	焊缝 5 焊接开始点，设指令为 MOVEL+，焊接点	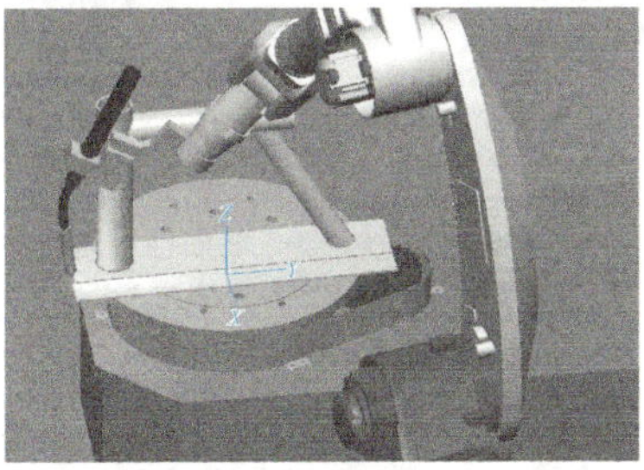	前进法焊接，前进角 80°，工作角 90°，示教点位置及枪姿正确
P30	焊缝 5 焊接结束点，设指令为 MOVEL+，空走点	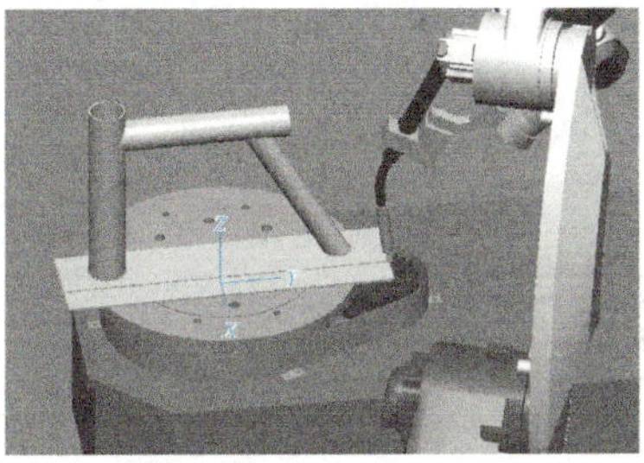	保持焊枪角度不变，示教点位置及枪姿正确

(续)

示教点	操作方法	图示	补充说明
P31	过渡点，设指令为MOVEL+，空走点	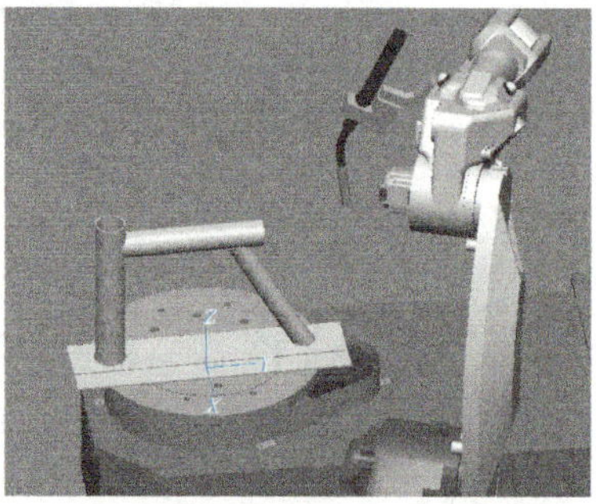	将机器人和焊枪移动到L型变位机转动范围以外的位置，示教点位置及枪姿正确
P32	复制P1点并粘贴到此。使机器人回到原点，设指令为MOVEP+，空走点	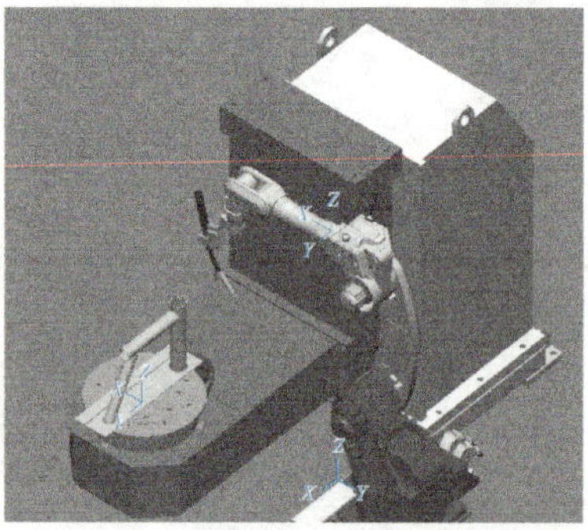	焊接轨迹线偏离程度≤0.5mm为合格。焊接程序与示教点一一对应。机器人在回到原点的过程中应没有超限和碰撞情况发生

管-板组合件焊接第1、2焊缝程序如图2-3-6所示，管-板组合件焊接第3、4、5焊缝程序如图2-3-7所示。

```
TOOL = 1:TOOL01
MOVEP P001 20.00m/min
MOVEP+ P002 20.00m/min
MOVEC+ P003 20.00m/min
 ARC-SET AMP=120 VOLT=19.0 S=0.60
 ARC-ON ArcStart1 PROCESS=1
MOVEC+ P004 0.60m/min
MOVEC+ P005 0.60m/min
MOVEC+ P006 0.60m/min
MOVEC+ P007 0.60m/min
 CRATER AMP=90 VOLT=16.0 T=0.20
 ARC-OFF ArcEnd1 PROCESS=1
MOVEC+ P008 0.60m/min
MOVEC+ P009 0.60m/min
 ARC-SET AMP=110 VOLT=18.0 S=0.60
 ARC-ON ArcStart1 PROCESS=1
MOVEC+ P010 0.60m/min
MOVEC+ P011 0.60m/min
MOVEC+ P012 0.60m/min
MOVEC+ P013 20.00m/min
MOVEC+ P014 20.00m/min
 CRATER AMP=80 VOLT=16.0 T=0.20
 ARC-OFF ArcEnd1 PROCESS=1
MOVEP+ P015 0.60m/min
```

图2-3-6 焊缝1、2程序

```
MOVEC+ P016 0.60m/min
 ARC-SET AMP=120 VOLT=19.0 S=0.60
 ARC-ON ArcStart1 PROCESS=1
MOVEC+ P017 0.60m/min
MOVEC+ P018 0.60m/min
MOVEC+ P019 0.60m/min
MOVEC+ P020 0.60m/min
 CRATER AMP=80 VOLT=16.0 T=0.20
 ARC-OFF ArcEnd1 PROCESS=1
MOVEP+ P021 20.00m/min
MOVEC+ P022 20.00m/min
 ARC-SET AMP=130 VOLT=19.0 S=0.60
 ARC-ON ArcStart1 PROCESS=1
MOVEC+ P023 0.60m/min
MOVEC+ P024 0.60m/min
MOVEC+ P025 0.60m/min
MOVEC+ P026 0.60m/min
MOVEC+ P027 0.60m/min
 CRATER AMP=100 VOLT=17.0 T=0.30
 ARC-OFF ArcEnd1 PROCESS=1
MOVEP+ P028 20.00m/min
MOVEL+ P029 0.40m/min
 ARC-SET AMP=160 VOLT=21.0 S=0.40
 ARC-ON ArcStart1 PROCESS=1
MOVEL+ P030 0.40m/min
 CRATER AMP=120 VOLT=19.0 T=0.40
 ARC-OFF ArcEnd1 PROCESS=1
MOVEP+ P031 20.00m/min
MOVEP P032 20.00m/min
```

图2-3-7 焊缝3、4、5程序

【项目评价】

机器人L型变位机系统焊件焊缝外观检验项目评分标准见表2-3-5。

表2-3-5　机器人L型变位机系统焊件焊缝外观检验项目评分标准

检验项目	评判标准及分数	等级			
		Ⅰ	Ⅱ	Ⅲ	Ⅳ
立管与板焊脚尺寸	标准/mm	>4.5, ≤5.5	>4.0, ≤6.5	>3.5, ≤7.0	≤3.5, >7.0
	分数	10	7	4	0
立管与横管角接焊缝宽度	标准/mm	>4.0, ≤5.0	>3.5, ≤5.5	>3.0, ≤6.0	≤3.0, >6.0
	分数	10	7	4	0
斜管与板焊脚尺寸	标准/mm	>3.0, ≤4.0	>2.5, ≤4.5	>2.0, ≤5.0	≤2.0, >5.0
	分数	10	7	4	0
斜管与横管角接焊缝宽度	标准/mm	>3.0, ≤4.0	>2.5, ≤4.5	>2.0, ≤5.0	≤2.0, >5.0
	分数	10	7	4	0
板对接焊缝余高	标准/mm	0~1.0	>1.0~2.0	>2.0~3.0	<0, >3.0
	分数	10	7	4	0
板对接背面未焊透	标准/mm	0~2.0	>2.0~4.0	>4.0~6.0	>6.0
	分数	10	7	4	0
焊穿	标准	无	1处	2处	3处及以上
	分数	10	7	4	0
咬边	标准/mm	无咬边	深度≤0.5		深度>0.5
	分数	10	每2mm扣1分		0分
所有焊缝外观成形		优	良	一般	差
	标准	成形美观,焊纹均匀细密,焊缝高低宽窄一致	成形较好,焊纹较均匀,焊缝有高低宽窄不一致的情况	成形一般,焊缝有多处高低宽窄不一致的情况	焊缝高低宽窄不一明显,表面有焊接缺陷
	分数	20	14	8	0

注：1. 焊缝表面若有修补，该焊件为0分。

2. 焊缝表面有裂纹、夹渣、未熔合、气孔、焊瘤等缺陷之一的，该焊件为0分。

项目四　机器人双持双轴变位机系统建模及离线编程

【实操目的】

掌握机器人双持双轴变位机系统离线编程方法，能进行机器人双持双轴变位机系统离线编程操作。

【实操内容】

根据机器人双持双轴变位机系统离线编程步骤，进行机器人双持双轴变位机系统离线编程。

【工具及材料准备】

1. 设备和工具准备明细（表2-4-1）

表2-4-1 设备和工具准备明细

序号	名称	型号与规格	单位	数量	备注
1	松下机器人离线编程软件（试用版）	DTPS-Ⅱ	套	1	
2	台式计算机	Windows 7 系统	台	1	Windows 10 系统也可以
3	游标卡尺	0~50mm	把	1	

2. 焊件准备

材质为 Q235；焊件尺寸：管 ϕ90mm（外径）×3mm（壁厚）×120mm（长度），1根；管 ϕ60mm（外径）×2mm（壁厚）×60mm（长度），1根。马鞍形工件焊缝如图 2-4-1 所示。

【必备知识】

双持双轴变位机、马鞍形工件焊缝机器人系统建模如图 2-4-2 所示。通过变位机与机器人协调，焊缝时刻处于最佳焊接位置（船形焊）。

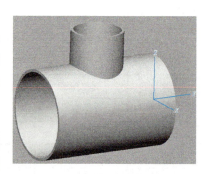

图 2-4-1 马鞍形工件焊缝

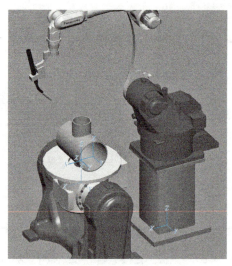

图 2-4-2 机器人系统建模图

【实操建议】

采用 CO_2/MAG 焊接工艺，保护气体为 80%Ar+20%CO_2，焊接层次为单层单道，马鞍形工件焊接工艺参数见表 2-4-2。

表2-4-2 马鞍形工件焊接工艺参数

焊接类型	焊接电流/A	焊接电压/V	焊接速度/(m/min)	收弧电流/A	收弧电压/V	收弧时间/s	气体流量/(L/min)
相贯线焊缝	120~150	20~21	0.3~0.4	90~100	17~18	0.3~0.4	15~20

第二部分 高级技师

【参见教学资源包二、高级技师、项目四：机器人双持双轴变位机系统建模及离线编程】

【实操步骤】

马鞍形工件机器人系统示教编程的步骤及方法见表2-4-3。

表 2-4-3 马鞍形工件机器人系统示教编程的步骤及方法

示教点	操作方法	图示	补充说明
P1	设置原点		建模方法正确
P2	过渡点，设定指令为MOVEP+，空走点		焊枪逆时针方向旋转180°。垂直方向外部轴双持变位机向前方倾斜75°~80°，使工件焊缝呈船形焊位置
P3	焊接开始点。设定指令为MOVEC+，焊接点		
P4	焊接中间点，设定指令为MOVEC+，焊接点		水平方向外部轴变位机逆时针方向转动35°~45°。适当调整垂直方向外部轴双持变位机角度，使工件焊缝呈船形焊位置

119

（续）

示教点	操作方法	图示	补充说明
P5	焊接中间点，设定指令为 MOVEC+，焊接点	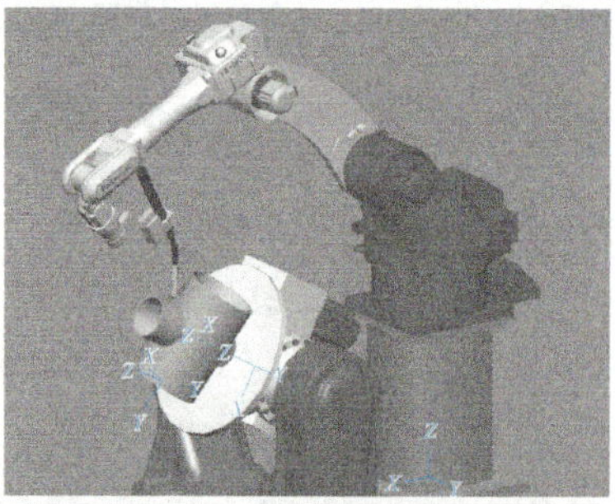	水平方向外部轴变位机逆时针方向转动35°~45°。适当调整垂直方向外部轴双持变位机角度，使工件焊缝呈船形焊位置
P6	焊接中间点，设定指令为 MOVEC+，焊接点	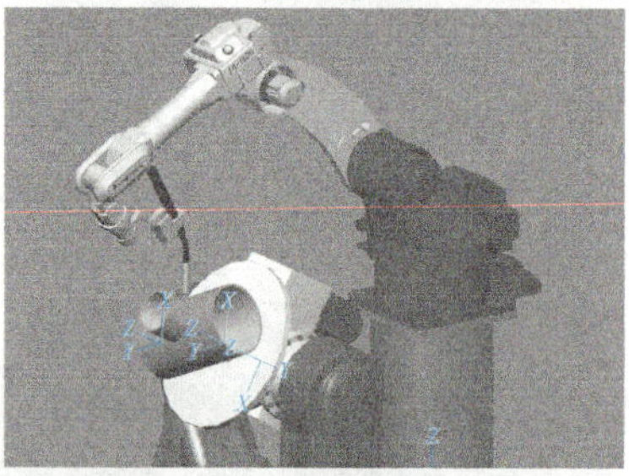	水平方向外部轴变位机逆时针方向转动35°~45°。适当调整垂直方向外部轴双持变位机角度，使工件焊缝呈船形焊位置
P7	焊接中间点，设定指令为 MOVEC+，焊接点	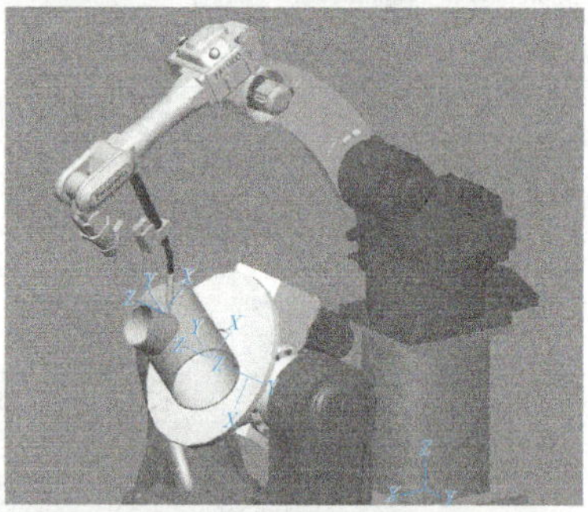	水平方向外部轴变位机逆时针方向转动35°~45°。适当调整垂直方向外部轴双持变位机角度，使工件焊缝呈船形焊位置
P8	焊接中间点，设定指令为 MOVEC+，焊接点	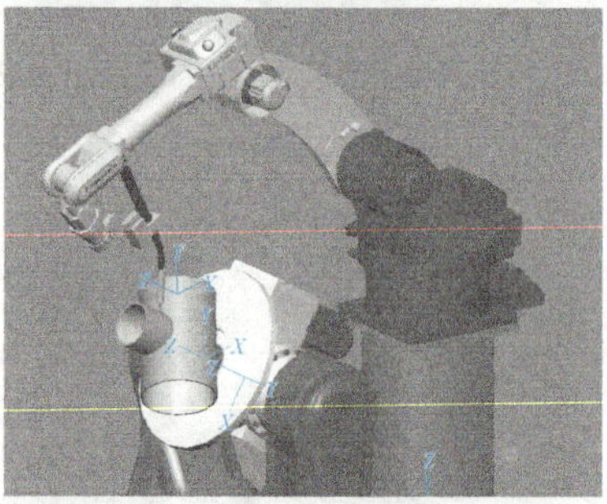	水平方向外部轴变位机逆时针方向转动35°~45°。适当调整垂直方向外部轴双持变位机角度，使工件焊缝呈船形焊位置
P9	焊接中间点，设定指令为 MOVEC+，焊接点	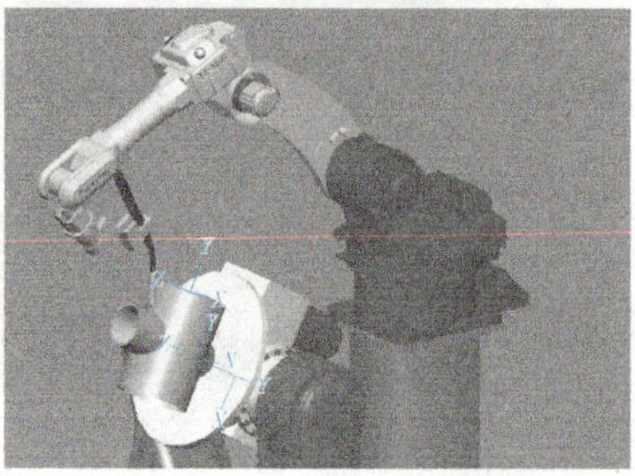	水平方向外部轴变位机逆时针方向转动35°~45°。适当调整垂直方向外部轴双持变位机角度，使工件焊缝呈船形焊位置

（续）

示教点	操作方法	图示	补充说明
P10	焊接中间点，设定指令为 MOVEC+，焊接点	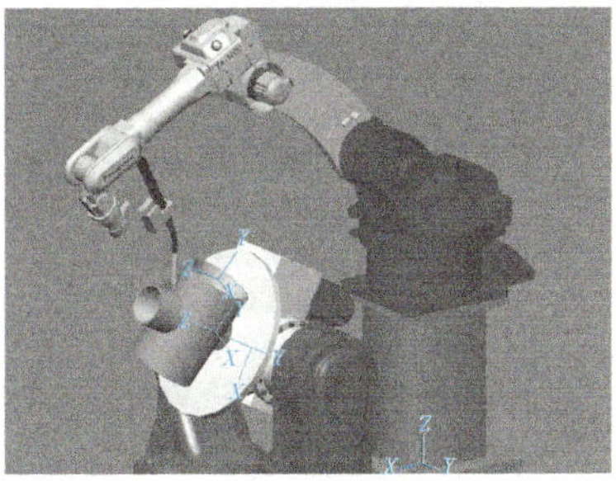	水平方向外部轴变位机逆时针方向转动 35°～45°。适当调整垂直方向外部轴双持变位机角度，使工件焊缝呈船形焊位置
P11	焊接结束点，设定指令为 MOVEC+，空走点	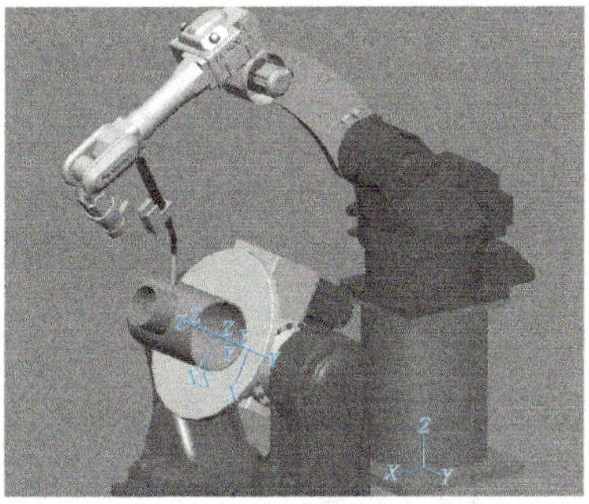	水平方向外部轴变位机逆时针方向转动 35°～45°。适当调整垂直方向外部轴双持变位机角度，使工件焊缝呈船形焊位置
P12	焊枪抬起 100～200mm，设过渡点，设定指令为 MOVEP+，焊接点	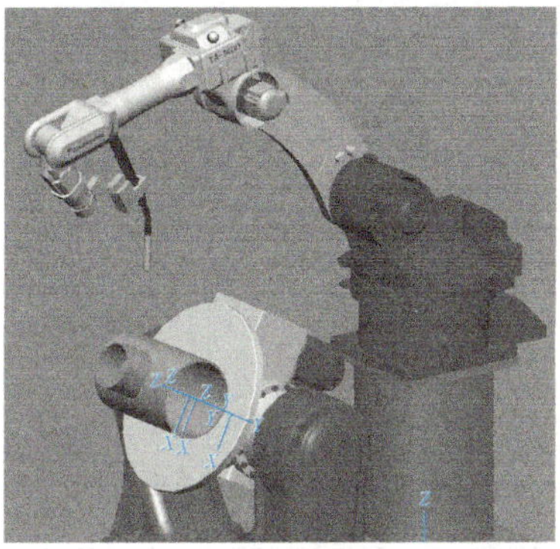	
P13	复制 P1 点并粘贴到此，使机器人和变位机回到原点，设定指令为 MOVEP+，焊接点	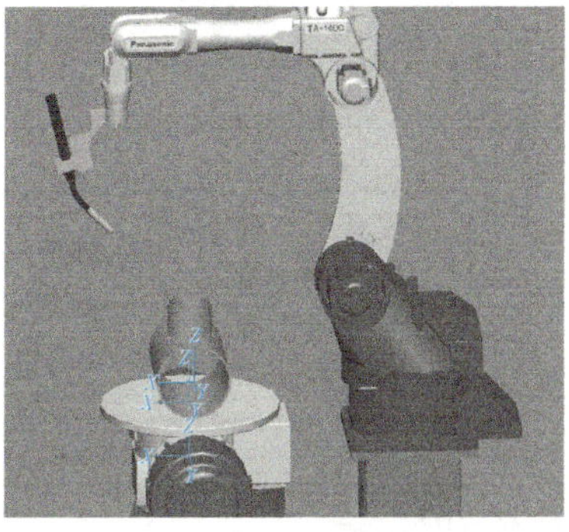	检查运行程序时，示教点对应的焊接轨迹线偏离程度 ≤0.5mm 为合格。焊接程序与示教点一一对应。机器人、垂直方向外部轴双持变位机和水平方向外部轴变位机在回到原点的过程中应没有超限和碰撞情况发生

马鞍形焊件焊接程序如图 2-4-3 所示。

```
TOOL = 1:TOOL01
REF MNU # 0
● MOVEP P001 20.00m/min
● MOVEP+ P002 20.00m/min
● MOVEC+ P003 20.00m/min
  +ARC-SET AMP=150 VOLT=21.0 S=0.30
  ARC-ON  PROCESS=1
● MOVEC+ P004 0.30m/min
● MOVEC+ P005 0.30m/min
● MOVEC+ P006 0.30m/min
● MOVEC+ P007 0.30m/min
● MOVEC+ P008 0.30m/min
● MOVEC+ P009 0.30m/min
● MOVEC+ P010 0.30m/min
● MOVEC+ P011 0.30m/min
  +CRATER AMP=110 VOLT=18.0 T=0.30
  ARC-OFF  PROCESS=1
● MOVEP+ P012 20.00m/min
● MOVEP P013 20.00m/min
```

图 2-4-3 马鞍形焊件焊接程序

【项目评价】

实际焊接时,机器人双持双轴变位机系统离线编程项目评分标准见表 2-4-4。

表 2-4-4 机器人双持双轴变位机系统离线编程项目评分标准

检查项目	评判标准及分数	等级			
		Ⅰ	Ⅱ	Ⅲ	Ⅳ
焊缝宽度	标准/mm	>4.5, ≤5.5	>4, ≤6	>3.5, ≤6.5	≤3.5、>6.5
	分数	20	14	8	0
焊缝余高	标准/mm	0~1	>1~2	>2~3	<0, >3
	分数	10	7	4	0
咬边	标准/mm	无咬边	深度≤0.5		深度>0.5
	分数	10	每2mm 扣1 分		0
焊穿	标准	无	1处	2处	3处及以上
	分数	20	14	8	0
未焊透	标准/mm	0~2	>2~4	>4~6	>6
	分数	20	14	8	0
所有焊缝外观成形		优	良	一般	差
	标准	成形美观,焊纹均匀细密,高低宽窄一致,焊脚尺寸合格	成形较好,焊纹均匀,焊缝平整,焊脚尺寸合格	成形尚可,焊缝平直,焊脚尺寸合格	焊缝弯曲,高低宽窄明显,有表面焊接缺陷,焊脚尺寸不合格
	分数	20	14	8	0

注:1. 焊缝表面若有修补,该焊件为 0 分。
2. 焊缝表面有裂纹、夹渣、未熔合、气孔、焊瘤等缺陷之一的,该焊件为 0 分。

项目五 双机器人系统建模及离线编程

【实操目的】
掌握双机器人系统离线编程的步骤及方法。

【实操内容】
根据双机器人系统离线编程的操作步骤和要领,进行双机器人系统离线编程操作。

【工具及材料准备】

1. 设备和工具准备明细(表 2-5-1)

表 2-5-1 设备和工具准备明细

序号	名称	型号与规格	单位	数量	备注
1	松下机器人离线编程软件(试用版)	DTPS-Ⅱ	套	1	
2	台式计算机	Windows 7 系统	台	1	
3	游标卡尺	0~50mm	把	1	

2. 焊件准备

材质为 Q235;焊件尺寸:250mm(长)×150mm(宽)×6mm(厚),1 块;管 ϕ108mm(外径)×6mm(壁厚)×75mm(长),1 根。将管件沿中垂线切分为两个半圆柱体,再将两个半圆柱体首尾相接成 S 形,S 形焊件装配如图 2-5-1 所示。

【必备知识】

S 形焊件双机器人系统建模如图 2-5-2 所示。

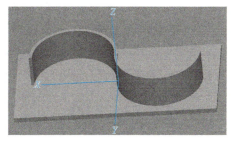

图 2-5-1 S 形焊件装配

图 2-5-2 S 形焊件双机器人系统建模

【实操建议】

采用 CO_2/MAG 焊接工艺，保护气体为 80%Ar+20%CO_2，焊接层次为单层单道，S 形焊件双机器人焊接工艺参数见表 2-5-2。

表 2-5-2 S 形焊件双机器人焊接工艺参数

焊接类型	焊接电流 /A	焊接电压 /V	焊接速度 /(m/min)	收弧电流 /A	收弧电压 /V	收弧时间 /s	气体流量 /(L/min)
平角焊	130~150	20~22	0.3~0.4	110~120	18~19	0.3~0.4	15~20

【参见教学资源包二、高级技师、项目五：双机器人系统建模及离线编程】

【实操步骤】

S 形焊件双机器人系统示教编程的步骤及方法见表 2-5-3。

表 2-5-3 S 形焊件双机器人系统示教编程的步骤及方法

示教点	操作方法	图示	补充说明
P1	设置原点，设定指令为 MOVEP，空走点	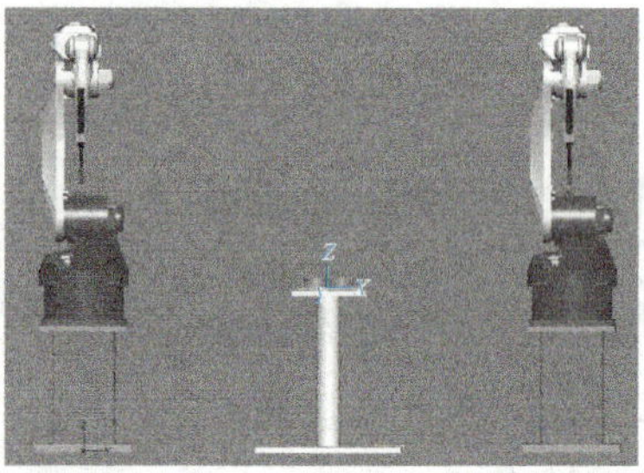	机器人设备及 S 形焊件模型建立正确
P2	立焊缝进枪点，设定指令为 MOVEP，空走点	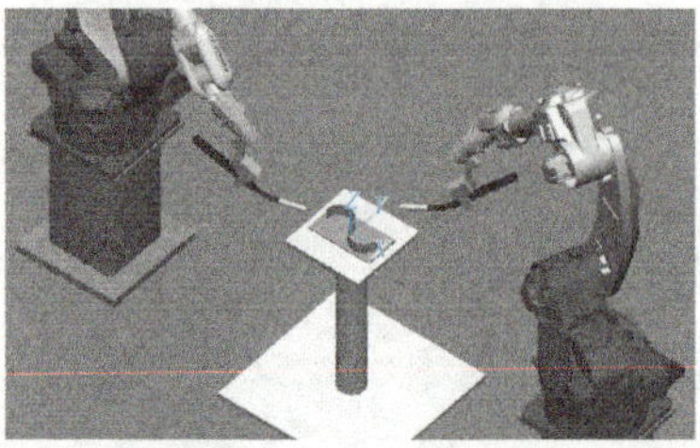	机器人姿态正确
P3	立焊缝焊接开始点，设定指令为 MOVEL，焊接点	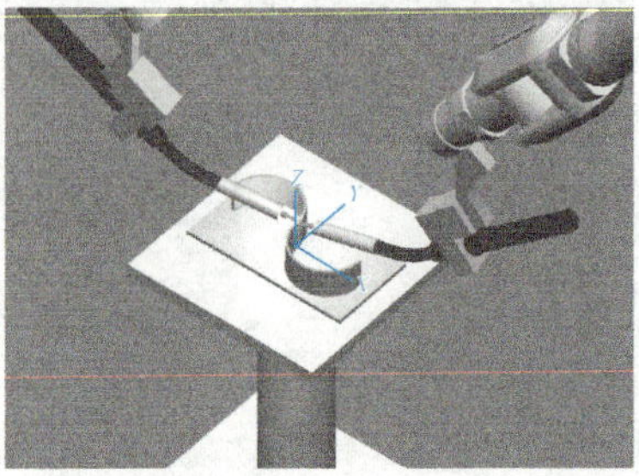	焊枪垂直于工件，立向下焊，示教点位置及枪姿正确

（续）

示教点	操作方法	图示	补充说明
P4	立焊缝焊接中间点，设定指令为 MOVEL，焊接点	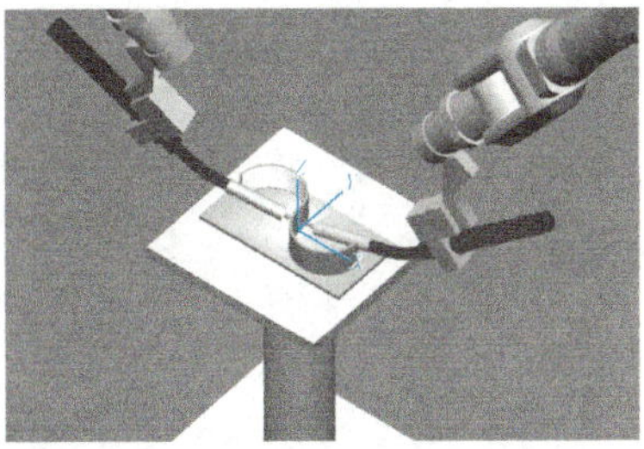	焊枪垂直于焊缝，移动至1/2处，示教点位置及枪姿正确
P5	立焊缝焊接结束点，设定指令为 MOVEL，空走点	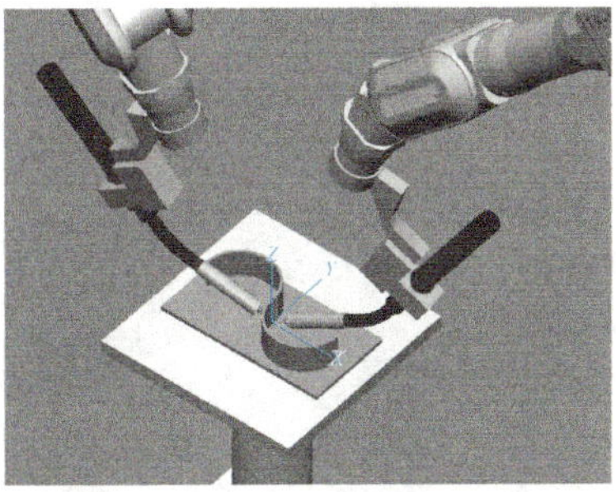	焊枪由垂直于焊缝渐变为前进角为 45°至焊缝底部，示教点位置及枪姿正确
P6	过渡点，设定指令为 MOVEL，空走点	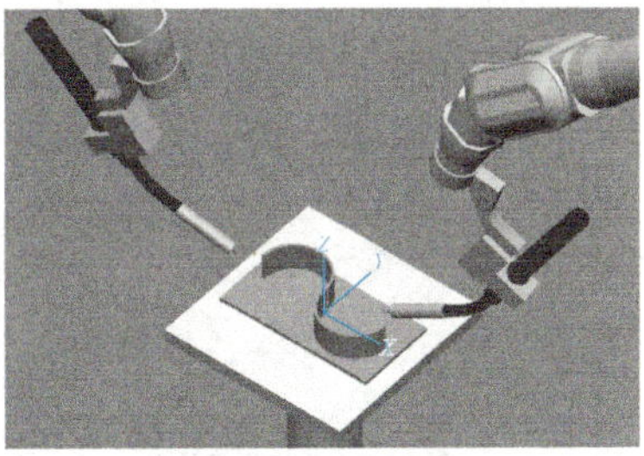	示教点位置及枪姿正确
P7	过渡点，设定指令为 MOVEL，焊接点	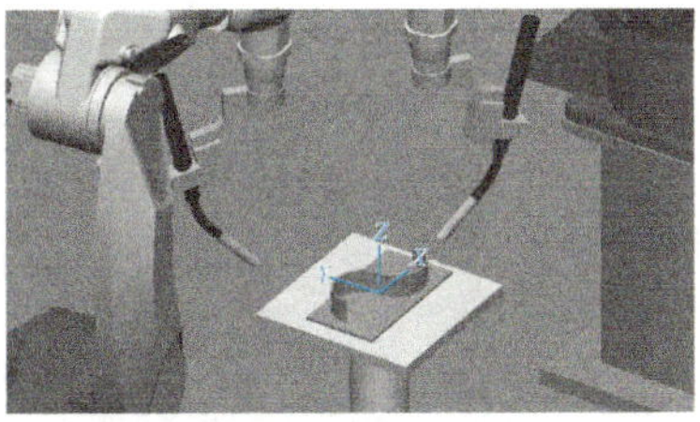	示教点位置及枪姿正确
P8	S形平角焊缝焊接起始点，设定指令为 MOVEC，焊接点	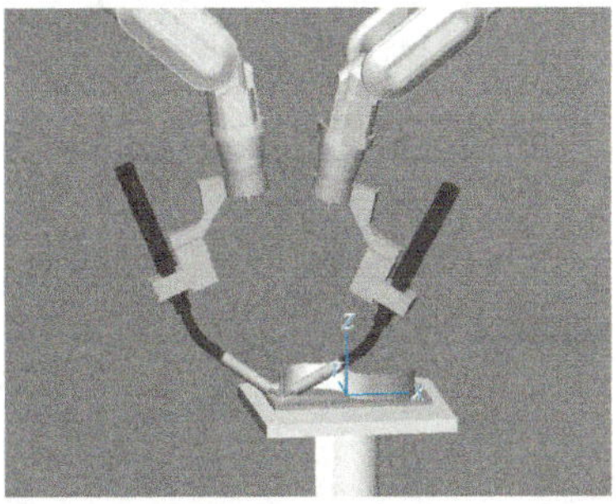	两焊枪前进角为 80°，工作角为 45°，同步运行，示教点位置及枪姿正确，无焊枪干涉情况

（续）

示教点	操作方法	图示	补充说明
P9	S形平角焊缝焊接中间点，设定指令为MOVEC，焊接点	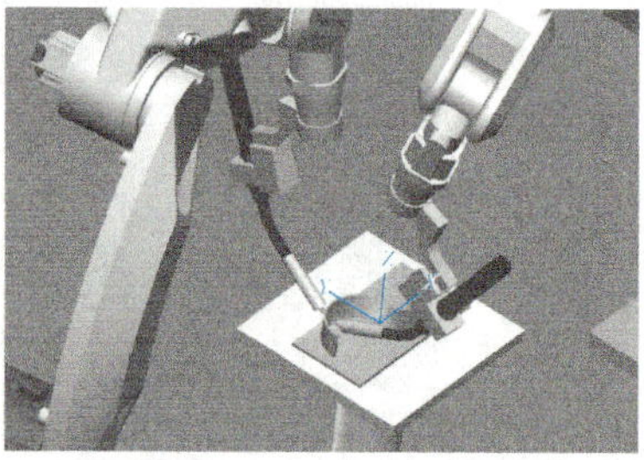	焊枪转动方向正确，焊枪角度正确
P10、P11、P12	两段半圆弧的结合部，S形平角焊缝焊接中间点，设定指令为MOVEC；在同一点第2次登录，设定指令为MOVEL；在同一点第3次登录，设定指令为MOVEC。3点均为焊接点，枪姿不变	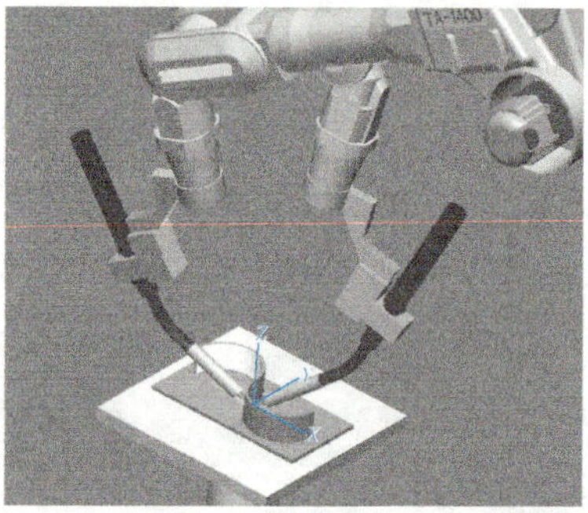	思考：为什么要在同一点登录3次，并且指令依次设为MOVEC、MOVEL、MOVEC
P13	在另一段半圆弧，S形平角焊缝焊接中间点，设定指令为MOVEC，焊接点	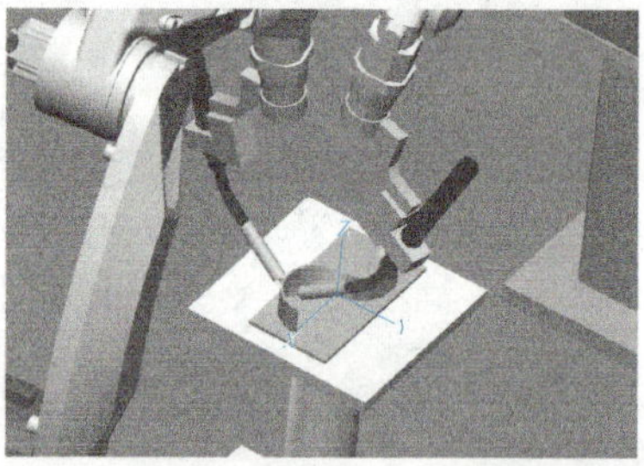	此图视角变换180°，示教点位置及枪姿正确
P14	在另一段半圆弧，S形平角焊缝焊接结束点，设定指令为MOVEC，空走点	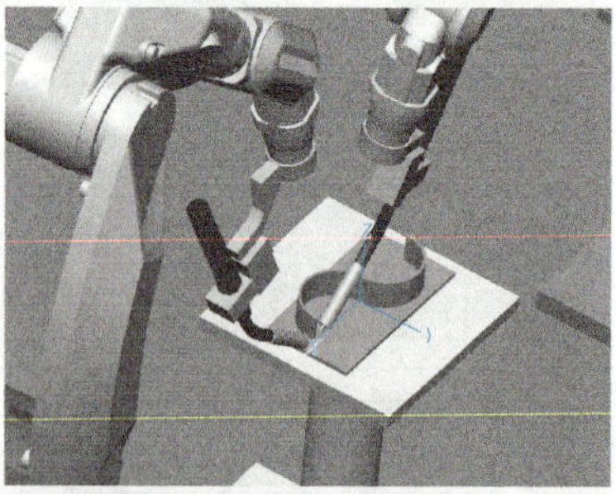	接续上面的视角位置，示教点位置及枪姿正确
P15	退避点，设定指令为MOVEL，空走点	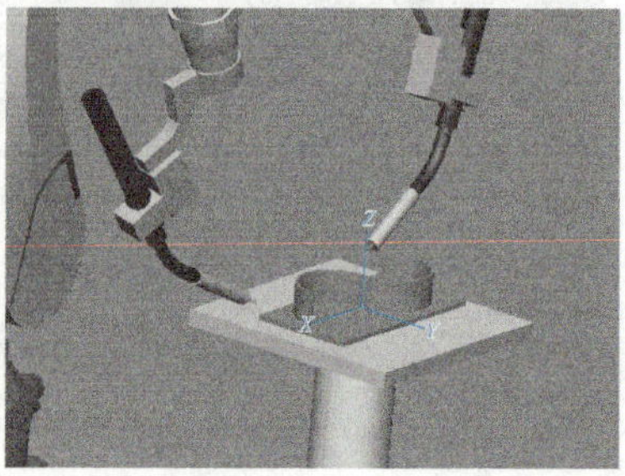	接续上面的视角位置，示教点位置及枪姿正确

第二部分　高级技师

（续）

示教点	操作方法	图示	补充说明
P16	复制P1并粘贴到此，两机器人回到原点，设定指令为MOVEP，焊接点	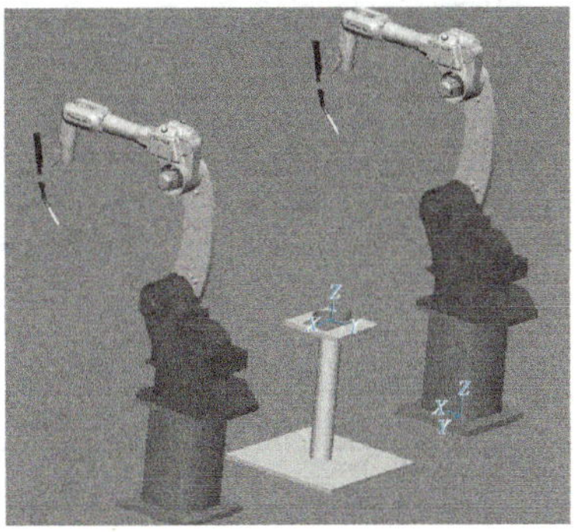	检查运行程序时，示教点对应的焊接轨迹线偏离程度≤0.5mm为合格。焊接程序与示教点一致。机器人运行过程中应没有超限和碰撞的情况发生

S形焊件双机器人离线示教程序如图2-5-3所示。

```
TOOL = 1:TOOL01
+TOOL = 1:TOOL01
 REF MNU # 0
● MOVEP MOVEP P001 20.00m/min
● MOVEP MOVEP P002 20.00m/min
● MOVEL MOVEL P003 20.00m/min
  ARC-SET AMP=150 VOLT=21.0 S=30.00
  ARC-ON  PROCESS=1
● MOVEL MOVEL P004 20.00m/min
● MOVEL MOVEL P005 20.00m/min
  CRATER AMP=110 VOLT=18.0 T=0.30
  ARC-OFF PROCESS=1
● MOVEL MOVEL P006 20.00m/min
● MOVEP MOVEP P007 20.00m/min
● MOVEC MOVEC P008 20.00m/min
  ARC-SET AMP=150 VOLT=21.0 S=30.00
  ARC-ON  PROCESS=1
● MOVEC MOVEC P009 0.30m/min
● MOVEC MOVEC P010 0.30m/min
● MOVEL MOVEL  P011 0.30m/min
● MOVEC MOVEC P012 0.30m/min
● MOVEC MOVEC P013 0.30m/min
● MOVEC MOVEC P014 0.30m/min
  CRATER AMP=110 VOLT=18.0 T=0.30
  ARC-OFF PROCESS=1
● MOVEL MOVEC P015 20.00m/min
● MOVEP MOVEP P016 20.00m/min
```

图2-5-3　S形焊件双机器人离线示教程序

【项目评价】

实际焊接时，S形焊件双机器人系统焊接评分标准见表2-5-4。

表2-5-4　S形焊件双机器人系统焊接评分标准

检查项目	评判标准及分数	等级			
		Ⅰ	Ⅱ	Ⅲ	Ⅳ
焊脚尺寸	标准/mm	>5.5，≤6.5	>5，≤7	>4，≤8	≤4，>8
	分数	20	14	7	0

127

(续)

检查项目	评判标准及分数	等级			
		Ⅰ	Ⅱ	Ⅲ	Ⅳ
焊缝高低差	标准/mm	≤1	>1，≤2	>2，≤3	>3
	分数	20	14	7	0
咬边	标准/mm	0	深度≤0.5 且长度≤15	深度≤0.5 15<长度≤30	深度>0.5 或长度>30
	分数	20	14	7	0
角变形	标准/mm	0~1	>1~2	>2~3	>3
	分数	20	14	7	0
焊缝表面成形	标准	优 成形美观，焊纹均匀细密，高低宽窄一致	良 成形较好，焊纹均匀，焊缝平整	一般 成形尚可，焊缝平直	差 焊缝弯曲，高低宽窄明显，有表面焊接缺陷
	分数	20	14	7	0

注：1. 焊缝表面若有修补，该焊件为0分。
　　2. 焊缝表面有裂纹、夹渣、未熔合、气孔、焊瘤等缺陷之一的，该焊件为0分。

项目六　倒吊机器人行走双工位外部轴翻转系统编程

【实操目的】
掌握双工位倒吊机器人+外部轴变位+行走机构的实操编程的步骤及方法。

【实操内容】
根据双工位倒吊机器人+外部轴变位+行走机构的实操步骤和动作要领，进行双工位倒吊机器人+外部轴变位+行走机构编程操作。

【工具及材料准备】

1. 设备和工具准备明细（表2-6-1）

表2-6-1　设备和工具准备明细

序号	名称	型号与规格	单位	数量	备注
1	松下机器人离线编程软件（试用版）	DTPS-Ⅱ	套	1	
2	台式计算机	Windows 7系统	台	1	
3	卷尺	长度为3m	把	1	

2. 焊件准备

材质为Q235；焊件尺寸：2000mm（长）×500mm（宽）×6mm（厚），1块；2000mm（长）×250mm（宽）×6mm（厚），2块。焊件模型如图2-6-1所示。

【必备知识】
倒吊机器人行走+双工位外部轴翻转机构系统模型如图2-6-2所示。

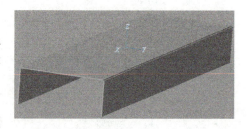

图2-6-1　板角接焊缝焊件模型

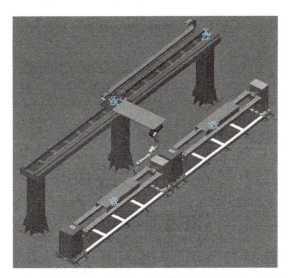

图 2-6-2　倒吊机器人行走+双工位外部轴翻转机构系统模型

【实操建议】

采用 CO_2/MAG 焊接工艺，保护气体为 80%Ar+20%CO_2，焊接层次为单层单道，外角焊缝焊接工艺参数见表 2-6-2。

表 2-6-2　外角焊缝焊接工艺参数

焊接类型	焊接电流/A	焊接电压/V	焊接速度/(m/min)	收弧电流/A	收弧电压/V	收弧时间/s	气体流量/(L/min)
外角焊缝	150~160	20~22	0.3~0.4	100~110	17~19	0.3~0.4	15~20

【参见教学资源包二、高级技师、项目六：倒吊机器人行走双工位外部轴翻转系统编程】

【实操步骤】

倒吊机器人行走+双工位外部轴翻转机构示教编程的步骤及方法见表 2-6-3。

表 2-6-3　倒吊机器人行走+双工位外部轴翻转机构示教编程的步骤及方法

示教点	操作方法	图示	补充说明
P1	设置原点，指令为 MOVEP，空走点		机器人设备及板角接焊缝焊件模型建立正确

（续）

示教点	操作方法	图示	补充说明
P2	1#工位第一条角焊缝过渡点，设定指令为 MOVEL+，空走点		机器人及外部轴姿态正确。焊件为船形焊位置
P3	1#工位第一条角焊缝焊接开始点，设定指令为 MOVEL+，焊接点	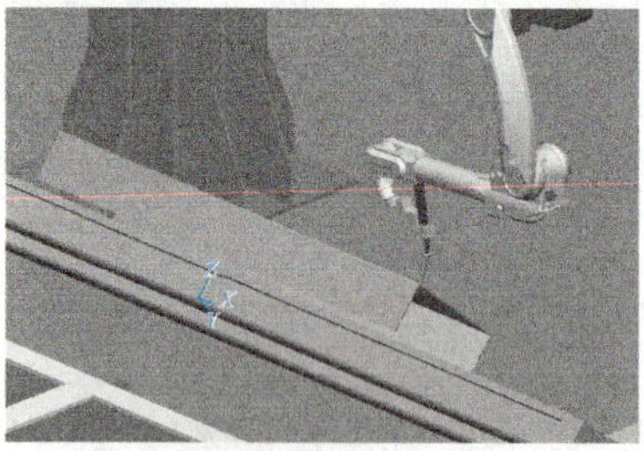	示教点位置及枪姿正确
P4	1#工位第一条角焊缝焊接结束点，设定指令为 MOVEL+，空走点	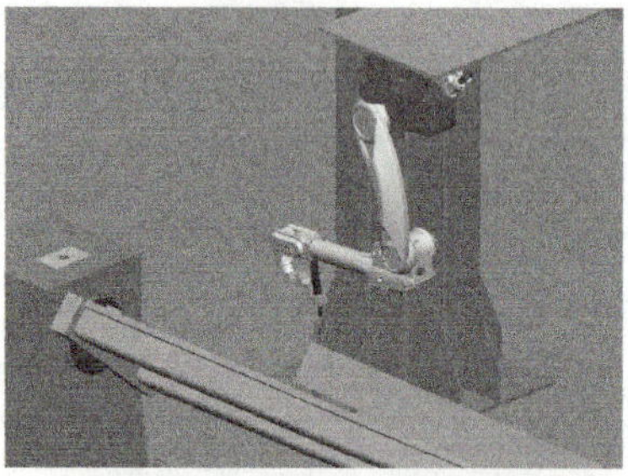	示教点位置及枪姿正确
P5	1#工位第二条角焊缝过渡点，设定指令为 MOVEL+，空走点	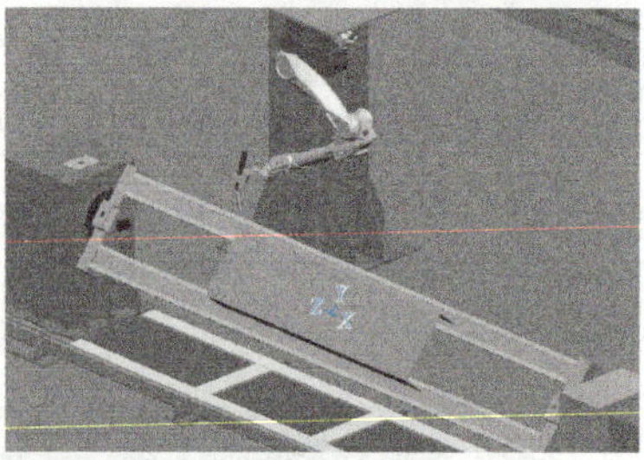	示教点位置及枪姿正确
P6	1#工位第二条角焊缝焊接开始点，设定指令为 MOVEL+，焊接点	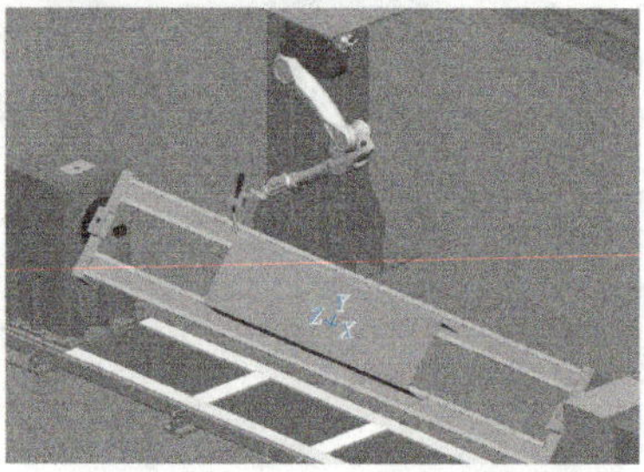	示教点位置及枪姿正确

（续）

示教点	操作方法	图示	补充说明
P7	1#工位第二条角焊缝焊接结束点，设定指令为MOVEL+，空走点		示教点位置及枪姿正确
P8	1#工位第二条角焊缝退避点，设定指令为MOVEL+，空走点		示教点位置及枪姿正确，无焊枪干涉情况
P9	2#工位第一条角焊缝焊接过渡点，设定指令为MOVEL+，空走点		示教点位置及枪姿正确
P10	2#工位第一条角焊缝焊接开始点，设定指令为MOVEL+，焊接点	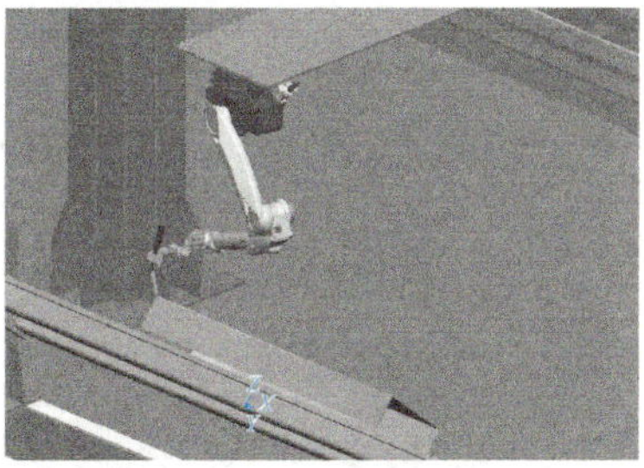	示教点位置及枪姿正确
P11	2#工位第一条角焊缝焊接结束点，设定指令为MOVEL+，空走点		示教点位置及枪姿正确

（续）

示教点	操作方法	图示	补充说明
P12	2#工位第二条角焊缝过渡点，设定指令为MOVEL+，空走点	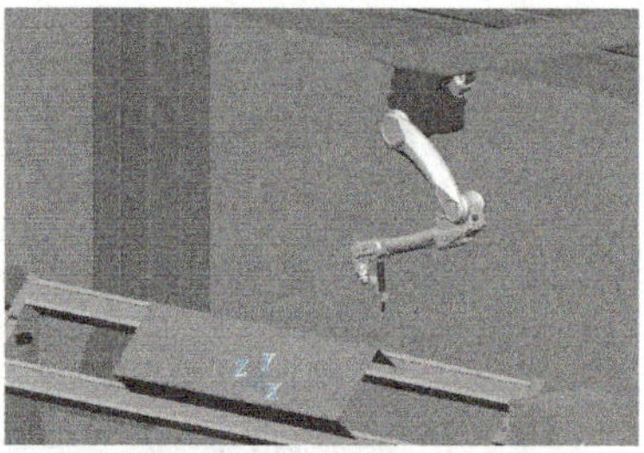	示教点位置及枪姿正确
P13	2#工位第二条角焊缝焊接开始点，设定指令为MOVEL+，焊接点		示教点位置及枪姿正确
P14	2#工位第二条角焊缝焊接结束点，设定指令为MOVEL+，空走点		示教点位置及枪姿正确
P15	2#工位第二条角焊缝过渡点，设定指令为MOVEL+，空走点		示教点位置及枪姿正确
P16	复制P1点并粘贴到此，使机器人回到原点，设定指令为MOVEP，空走点	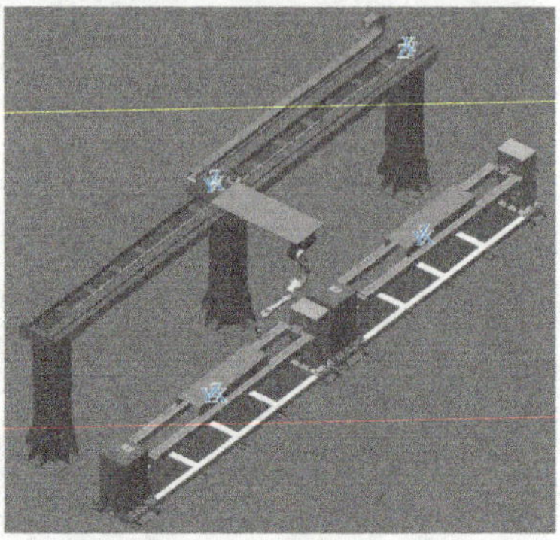	检查运行程序时，示教点对应的焊接轨迹线偏离程度≤0.5mm为合格。焊接程序与示教点一致。机器人运行回原点过程中应没有超限和碰撞情况的发生

倒吊机器人板角接焊缝焊接程序如图2-6-3所示。

```
           TOOL = 1:TOOL01
        @ MOVEP P001 20.00m/min
        @ MOVEP+ P002 20.00m/min
        @ MOVEL+ P003 20.00m/min
          ARC-SET AMP=155 VOLT=21.0 S=0.30
          ARC-ON ArcStart1 PROCESS=1
        @ MOVEL+ P004 0.30m/min
          CRATER AMP=115 VOLT=18.0 T=0.30
          ARC-OFF ArcEnd1 PROCESS=1
        @ MOVEP+ P005 20.00m/min
        @ MOVEL+ P006 20.00m/min
          ARC-SET AMP=155 VOLT=21.0 S=0.30
          ARC-ON ArcStart1 PROCESS=1
        @ MOVEL+ P007 0.30m/min
          CRATER AMP=115 VOLT=18.0 T=0.30
          ARC-OFF ArcEnd1 PROCESS=1
        @ MOVEP+ P008 20.00m/min
        @ MOVEP+ P009 20.00m/min
        @ MOVEL+ P010 20.00m/min
          ARC-SET AMP=155 VOLT=21.0 S=0.30
          ARC-ON ArcStart1 PROCESS=1
        @ MOVEL+ P011 0.30m/min
          CRATER AMP=115 VOLT=18.0 T=0.30
          ARC-OFF ArcEnd1 PROCESS=1
        @ MOVEP+ P012 20.00m/min
        @ MOVEP+ P013 20.00m/min
          ARC-SET AMP=155 VOLT=21.0 S=0.30
          ARC-ON ArcStart1 PROCESS=1
        @ MOVEL+ P014 0.30m/min
          CRATER AMP=115 VOLT=18.0 T=0.30
          ARC-OFF ArcEnd1 PROCESS=1
        @ MOVEP P015 20.00m/min
        @ MOVEP P016 20.00m/min
```

图 2-6-3　倒吊机器人板角接焊缝焊接程序

倒吊机器人板角接焊缝焊件焊后照片如图 2-6-4 所示。

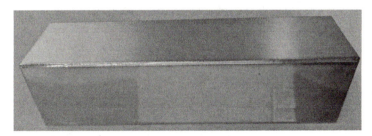

图 2-6-4　倒吊机器人板角接焊缝焊件焊后照片

【项目评价】

倒吊机器人行走+双工位外部轴翻转机构焊接外角焊缝评分标准见表 2-6-4。

表 2-6-4　倒吊机器人行走+双工位外部轴翻转机构焊接外角焊缝评分标准

检查项目	评判标准及分数	等级			
		Ⅰ	Ⅱ	Ⅲ	Ⅳ
焊缝宽度	标准/mm	5	>4, ≤5.5	>3.5, ≤6.5	≤3.5, >6.5
	分数	20	14	8	0
焊缝余高	标准/mm	0~1	>1~2	>2~3	<0, >3
	分数	10	7	4	0

（续）

检查项目	评判标准及分数	等级			
		Ⅰ	Ⅱ	Ⅲ	Ⅳ
咬边	标准/mm	0	深度≤0.5		深度>0.5
	分数	10	每增加2mm扣1分		0
焊穿	标准	无	1处	2处	3处及以上
	分数	20	14	8	0
未焊透	标准/mm	0~2	>2~4	>4~6	>6
	分数	20	14	8	0
所有焊缝外观成形		优	良	一般	差
	标准	成形美观，焊纹均匀细密，高低宽窄一致，焊脚尺寸合格	成形较好，焊纹均匀，焊缝平整，焊脚尺寸合格	成形尚可，焊缝平直，焊脚尺寸合格	焊缝弯曲，高低宽窄明显，有表面焊接缺陷，焊脚尺寸不合格
	分数	20	14	8	0

注：1. 焊缝表面已修补或在焊件上做舞弊标记，则该焊件为0分。
2. 凡焊缝表面有裂纹、夹渣、未熔合、气孔、焊瘤等缺陷之一的，该焊件外观为0分。

项目七 机器人激光视觉焊缝跟踪系统应用

【实操目的】
掌握机器人激光传感器焊缝自动跟踪系统编程操作的步骤及方法。

【实操内容】
根据机器人激光传感器焊缝自动跟踪系统的操作要领，进行激光传感器的标定和机器人系统编程寻位、跟踪、焊接。

【工具及材料准备】

1. 设备和工具准备明细（表2-7-1）

表2-7-1 设备和工具准备明细

序号	名称	型号与规格	单位	数量	备注
1	弧焊机器人	臂伸长1440mm，载荷120N	台	1	YASKAWA 机器人
2	激光视觉传感器	Power-CAM	台	1	SERVO ROBOT
3	图像处理系统	Power-BOX	台	1	SERVO ROBOT
4	弧焊电源	RD350	台	1	凯尔达
5	焊枪	YMENS-300R	套	1	
6	纱手套	自定	副	1	
7	钢丝刷	自定	把	1	
8	尖嘴钳	自定	把	1	
9	扳手	自定	把	1	
10	钢直尺	自定	把	1	

(续)

序号	名称	型号与规格	单位	数量	备注
11	十字槽螺钉旋具	自定	副	1	
12	敲渣锤	自定	把	1	
13	定位块	自定	副	2	
14	焊缝测量尺	自定	把	1	
15	粉笔	自定	根	1	
16	角向磨光机	自定	台	1	
17	劳保用品	帆布工作服、工作鞋	套	1	

2. 焊件准备

材质为 Q235；焊件尺寸：300mm（长）×100mm（宽）×2mm（厚），1块；360mm（长）×200mm（宽）×2mm（厚），1块。板搭接焊件装配尺寸如图 2-7-1 所示。

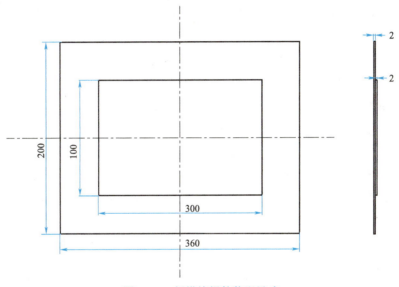

图 2-7-1 板搭接焊件装配尺寸

【必备知识】

1. 激光视觉传感原理

激光视觉是一种基于光学三角测量原理的传感技术。图 2-7-2 所示的条纹式结构光传感器采用激光条纹投射焊件表面，条纹形状受焊接接头空间结构的影响而产生变形，同时与激光条纹成一定角度的滤光片和摄像机将变形的条纹图像采集到计算机中进行信号处理，采用与激光条纹具有同等波长的滤光片过滤包括弧光在内的散杂光，形成清晰的激光条纹轮廓图像，进而通过图像处理获取焊缝特征点空间位置信息。

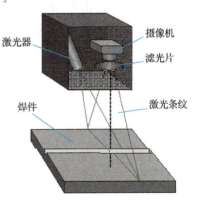

图 2-7-2 激光视觉传感原理

采用激光视觉传感技术获取焊缝特征点空间位置信息，并将数据发送给机器人控制器，使得机器人能够实现焊接过程中的焊缝跟踪功能，可以大大增强弧焊机器人的适应能力，扩展弧焊机器人的应用领域。

激光视觉传感技术适用的典型焊缝形式如图 2-7-3 所示。

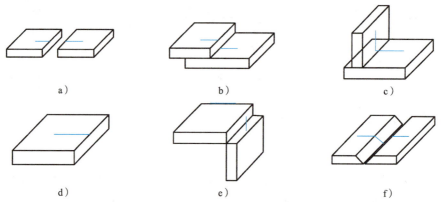

图 2-7-3　激光视觉传感技术适用的典型焊缝形式

a）对接焊缝　b）搭接焊缝　c）角接焊缝　d）边缘焊缝　e）外侧角接　f）V 形坡口焊缝

2. 机器人激光焊缝跟踪系统概述

本项目以 SERVO ROBOT 公司的 Power-CAM 激光视觉传感器和 YASKAWA 公司的 MA1440 弧焊机器人及配套的 MOTOEYE-LT 软件为例，介绍机器人激光传感器焊缝自动跟踪系统。

该机器人激光传感器焊缝自动跟踪系统的构成如图 2-7-4 所示。

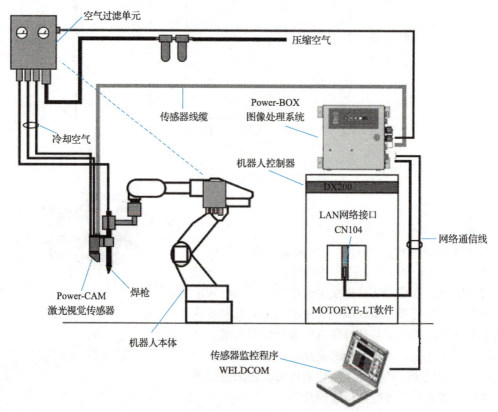

图 2-7-4　机器人激光传感器焊缝自动跟踪系统

上述激光跟踪系统可实现以下三种功能。

（1）焊接起始点寻位　如图2-7-5所示，激光视觉传感器通过LTSRCH指令检测焊接起始点，并计算传感器检测点与登记的焊接起始点之间的偏差量，如果偏差量在允许范围内，通过LTSFT指令对示教的焊缝进行偏移，从而补偿示教焊缝与实际检测焊缝之间的偏差。

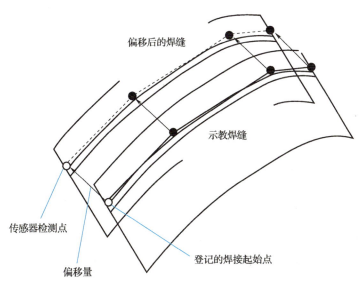

图2-7-5　焊接起始点寻位功能

（2）焊缝实时跟踪　如图2-7-6所示，使用激光视觉传感器实时获取焊缝轨迹数据修正示教的机器人轨迹方向，从而可实现焊缝实时跟踪的目的，该功能是通过LTRCKON和LTRCKOF指令完成的。

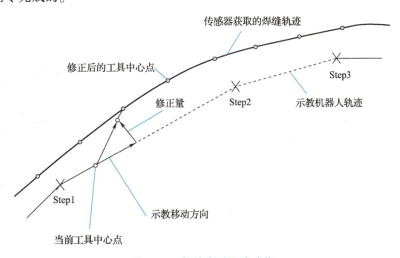

图2-7-6　焊缝实时跟踪功能

（3）焊接目标点偏移　如图2-7-7所示，当目标位置偏离焊接轨迹数据时，可在工具坐标系下修正目标位置。

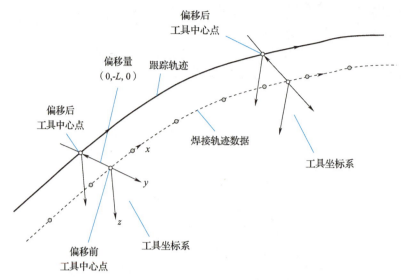

图 2-7-7　焊接目标点偏移功能

【实操建议】

首先设定激光视觉传感器的最小采样间隔参数,该参数与激光视觉传感器的前瞻距离相关。所谓前瞻距离是指在图 2-7-8 所示的平面内,激光条纹点与机器人工具中心点之间的距离,在弧焊机器人系统中工具中心点即为焊丝末端。

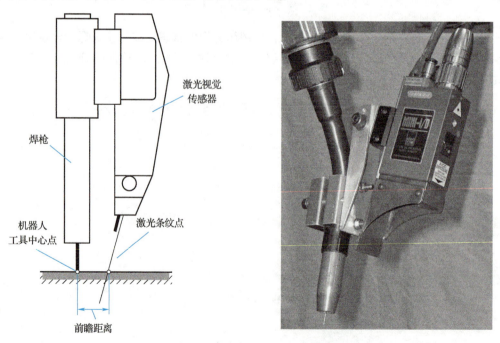

图 2-7-8　激光视觉传感器的安装方式及前瞻距离

若前瞻距离 L 设定为 40mm,经验参数 K 为 0.012,两者的乘积为 0.48mm,该值即为最小采样间隔 S。此时,在焊枪到达焊缝任意位置前,激光视觉传感器最多可采集 83 个数据点发送给机器人控制器。

下面给出 MOTOEYE-LT 软件提供的宏指令程序，见表 2-7-2。

表 2-7-2　MOTOEYE-LT 软件提供的宏指令程序

序号	宏指令名称	功能描述
1	LTCLIB.JBI	在激光视觉传感器标定程序中进行标定检测和标定计算处理
2	LTSRCH.JBI	通过激光视觉传感器搜索焊接开始点位置
3	LTSFT.JBI	执行焊接开始点偏移修正处理
4	LTRCKON.JBI	在焊缝跟踪程序中开始轨迹跟踪修正处理
5	LTCHGJN.JBI	在焊缝跟踪程序中更改接头文件，修改图像处理参数 ha
6	LTEDSRCH.JBI	在焊接和跟踪过程中搜索焊接结束点位置
7	LTRCKOF.JBI	在焊缝跟踪程序中结束轨迹跟踪修正处理

由于激光视觉传感器只能获取焊缝特征点在摄像机坐标系中的三维位置数据，机器人控制器需要将接收的激光视觉传感数据转换为机器人工具坐标系中的三维位置数据。在该转换过程中，必须事先标定摄像机坐标系与机器人工具坐标系（图 2-7-9）的转换关系，确定该转换关系的过程称为激光传感器标定。

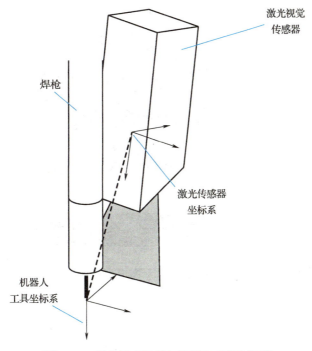

图 2-7-9　摄像机坐标系与机器人工具坐标系

【参见教学资源包二、高级技师、项目七：机器人激光视觉焊缝跟踪系统应用】
【实操步骤】
激光传感器标定的方法和步骤见表 2-7-3。

表 2-7-3　激光传感器标定的方法和步骤

操作步骤	操作方法	图示	补充说明
打开激光条纹	同时按下示教盒【INTER LOCK】键和【5】键	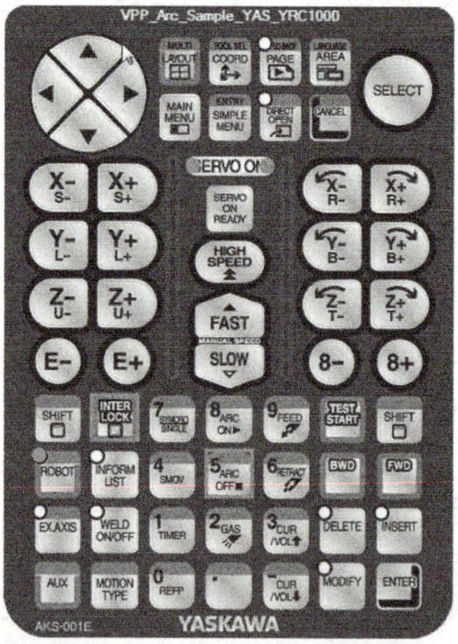	若需关闭激光条纹，同时按下【INTER LOCK】键和【8】键
调整传感器视场中心	通过计算机建立与Power-BOX的通信连接，开启WeldCom软件显示采集的图像信号，并调整传感器视场中心	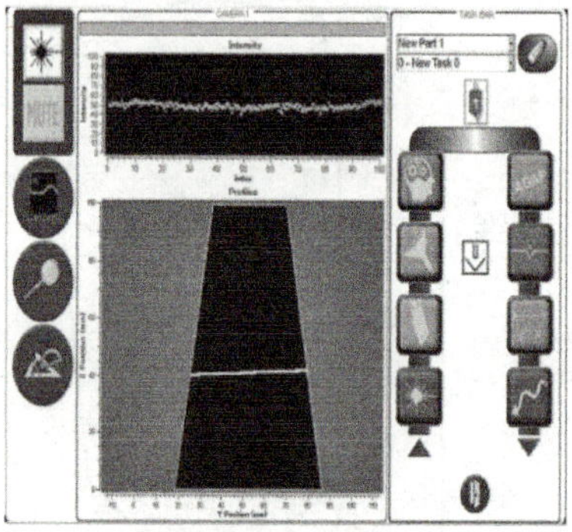	令激光条纹方向垂直于焊接方向，通过调整焊枪高度，使得激光条纹图像位于视场中心附近
编写标定程序LT-CALIB. JBI	新建机器人程序，调用LTCLIB宏指令进行标定	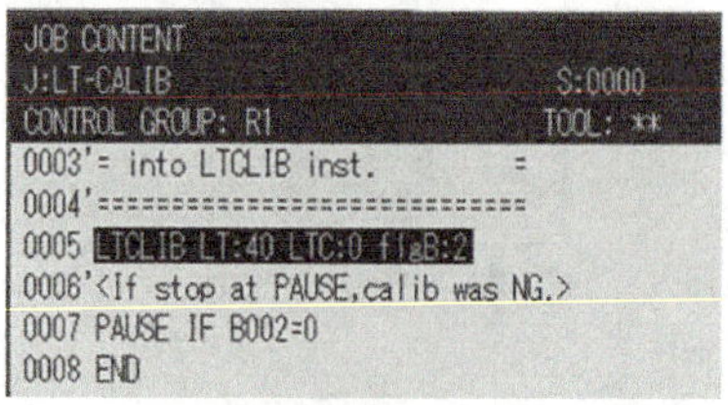JOB CONTENT J:LT-CALIB S:0000 CONTROL GROUP: R1 TOOL: ** 0003'= into LTCLIB inst. = 0004'============================= 0005 LTCLIB LT:40 LTC:0 flgB:2 0006'<If stop at PAUSE,calib was NG.> 0007 PAUSE IF B002=0 0008 END	如果程序停止在PAUSE位置，说明标定参数存在错误
打开参数变量设置画面	激光传感器功能文件标定文件 工具参考点 传感器参考点 焊后接近点 标定结果标志	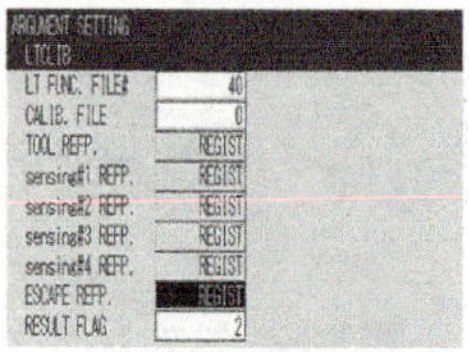ARGUMENT SETTING LTCLIB LT FUNC. FILE# 40 CALIB. FILE 0 TOOL REFP. REGIST sensing#1 REFP. REGIST sensing#2 REFP. REGIST sensing#3 REFP. REGIST sensing#4 REFP. REGIST ESCAPE REFP. REGIST RESULT FLAG 2	前两项采用默认值，工具参考点和4个传感器参考点需要逐个示教

（续）

操作步骤	操作方法	图示	补充说明
示教工具参考点	用标记笔在焊缝处做标记线，将机器人末端工具中心点移至标记线焊缝参考点处，使图像信号在WeldCom软件中显示在中央位置，在程序画面中将光标移至第 3 行 {REGIST}，按下【MODIFY】完成工具参考点坐标记录	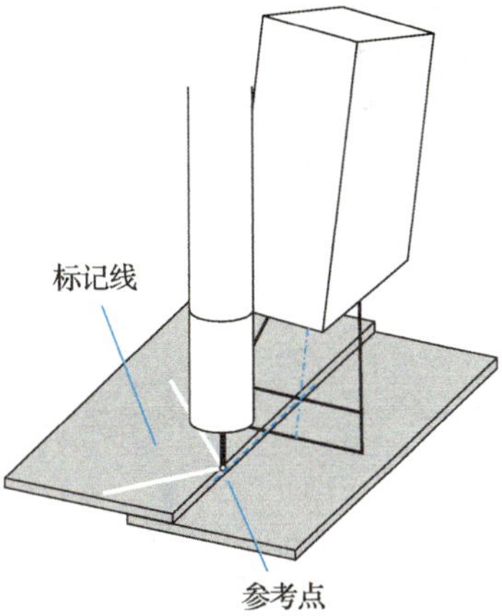	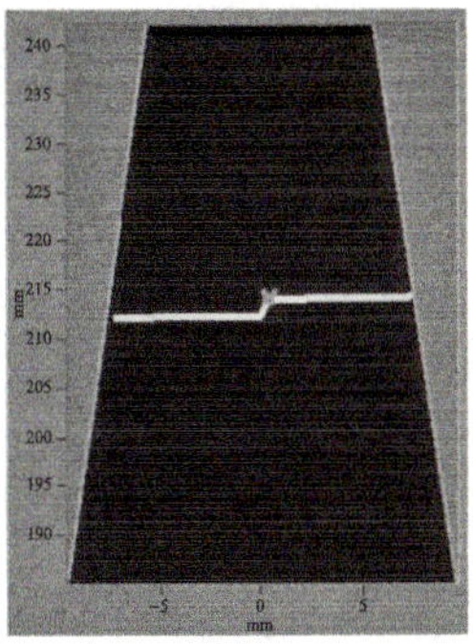
示教标定参考点 1	使传感器沿焊缝方向水平移动，使激光条纹与标记线基本重合，并使激光条纹大致被焊缝端点平分，在程序画面中将光标移至第 4 行 {REGIST}，按下【MODIFY】完成标定参考点坐标记录	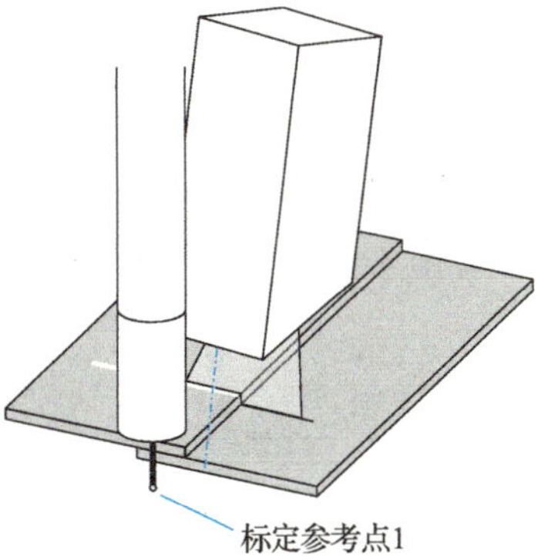	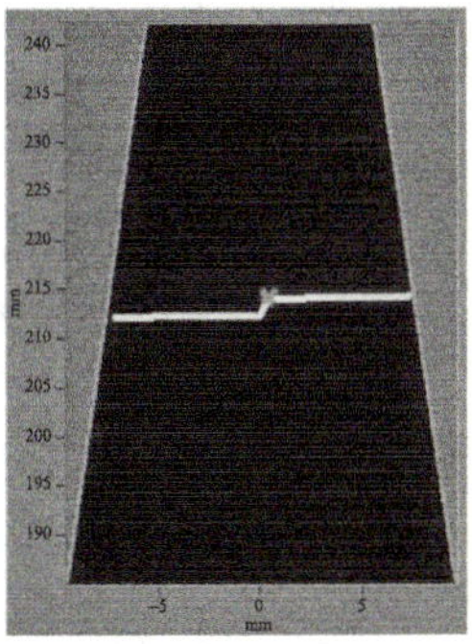
示教标定参考点 2	使传感器向下移动，并沿焊缝方向水平移动激光条纹，使其与标记线基本重合，此时图像信号在WeldCom软件中显示在偏上位置，在程序画面中将光标移至第 5 行 {REGIST}，按下【MODIFY】完成标定参考点坐标记录	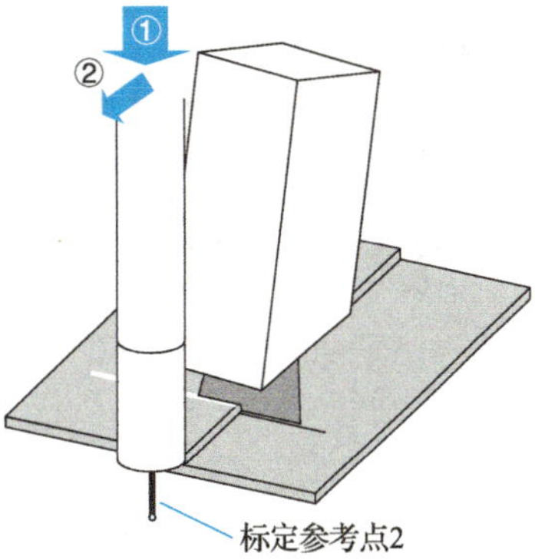	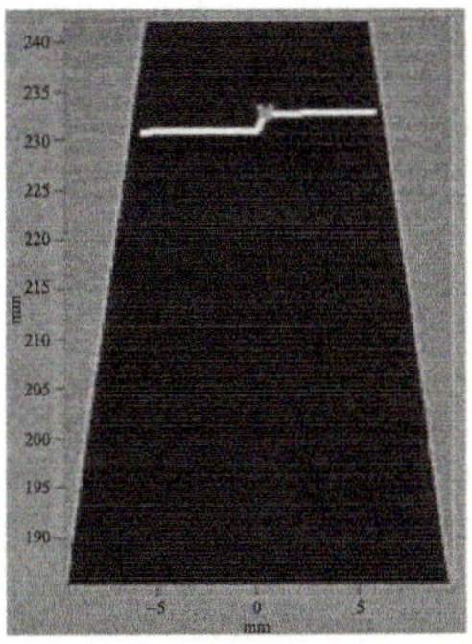

（续）

操作步骤	操作方法	图示	补充说明
示教标定参考点3	使传感器向上移动，然后沿垂直焊缝方向水平移动，最后沿焊缝方向水平移动，使激光条纹与标记线基本重合，此时图像信号在WeldCom软件中显示在左下位置，在程序画面中将光标移至第6行{REGIST}，按下【MODIFY】完成标定参考点坐标记录	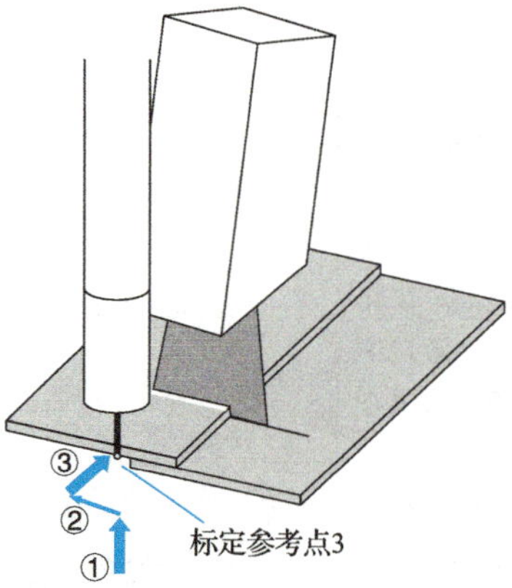	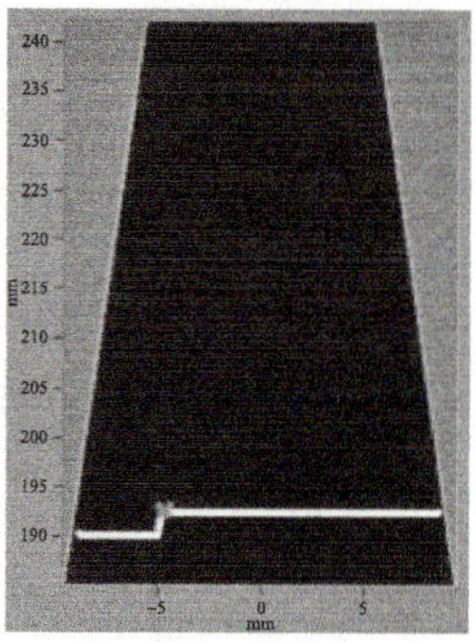
示教标定参考点4	使传感器沿垂直焊缝的方向水平移动，使激光条纹的图像信号在WeldCom软件中显示在右下位置，在程序画面中将光标移至第7行{REGIST}，按下【MODIFY】完成标定参考点坐标记录	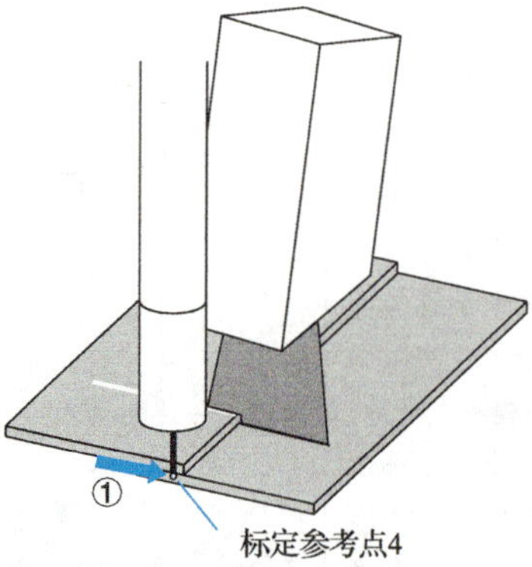	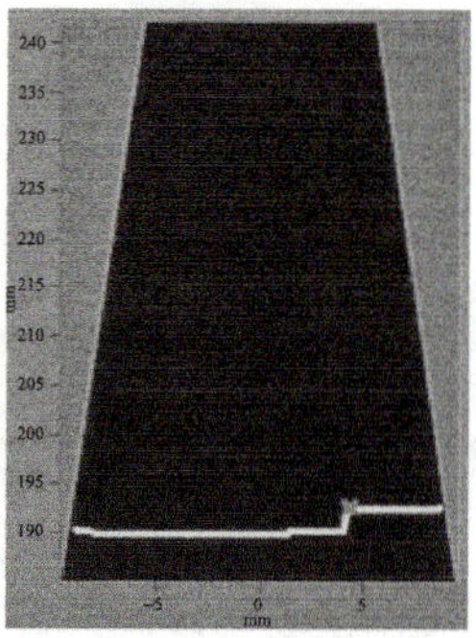
标定结束参考点	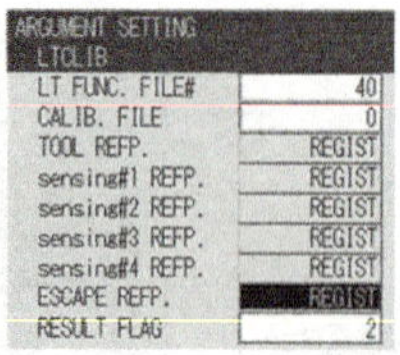	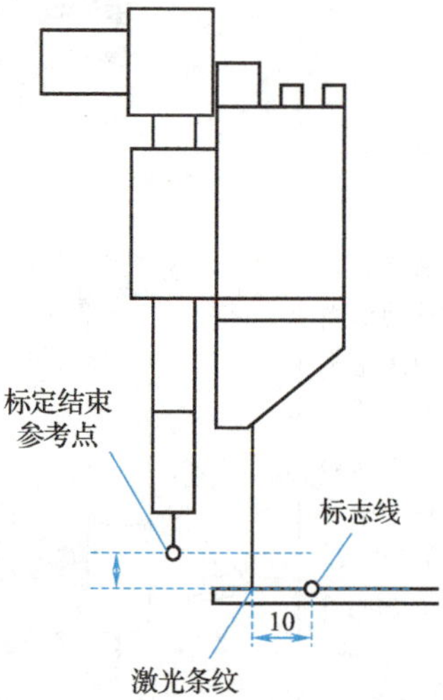	应注意标定结束参考点位置应保证水平方向上激光条纹距离标志线10mm左右，高度方向工具中心点距离焊缝表面10mm左右
执行标定程序LT-CALIB.JBI	在标定主程序画面中将光标移至起始行，切换到[PLAY]模式，按下【START】执行程序	程序执行过程中，【START】指示灯亮起，等待程序结束；指示灯熄灭，检查程序停止位置。如果光标在{END}处，则标定成功；如果光标在{PAUSE}处，则标定失败	如果标定失败，检查传感器和WeldCom工作状态，检查文件编号设置

此处示教一个包含焊接起始点搜索、焊接结束点搜索和焊接过程焊缝跟踪的示例程序，板搭接焊件装配尺寸如图 2-7-1 所示。由于存在激光视觉传感器，所有示教点的位置不需要十分精确，在激光传感范围内即可。

板搭接激光跟踪焊接程序示教过程如图 2-7-10 所示。

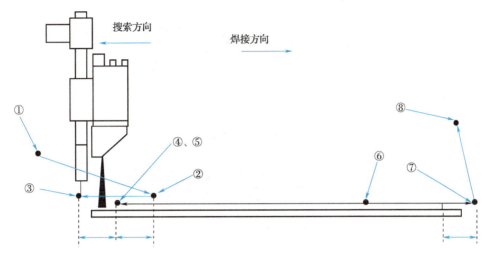

图 2-7-10　板搭接激光跟踪焊接程序示教过程

板搭接激光跟踪焊接的方法和步骤见表 2-7-4。

表 2-7-4　板搭接激光跟踪焊接的方法和步骤

操作步骤	操作方法	示教程序	补充说明
示教工作原点和焊前接近点	操作机器人回工作原点，插入示教点，在焊接开始位置附近，选择示教点作为接近点	NOP '-- TL mode［B000］ ' 0:W/O TRACKING, 1:TRACKING - SET B000 1 MOVJ VJ=20 MOVL V=500　---------------①	到搜索起始点的路径上避免存在其他干涉物
焊接开始位置搜索起始点和结束点	在焊接开始位置误差范围内，示教搜索起始点和结束点位置，登记为指令"LTSRCH"的变量	* retry LTSRCH SW = B000 LT:1 V = 50 snsP: 10　------------------------②③ JUMP * retry IF B002 = 0 ARGUMENT SETTING LTSRCH ▶ LT MODE(B var.)　　　B000 ▶ LT FUNC. FILE#　　　　1 ▶ SEARCH START REF　　REGIST ▶ SEARCH END REFP.　　REGIST ▶ SEARCH SPEED　　　50 cm/min ▶ DETECT POS.(P#)　　　10 ▶ SEARCH RESULT(B#　　2	开始位置搜索，速度单位为 cm/min，搜索结果存储在位置变量 P10 中

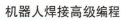

(续)

操作步骤	操作方法	示教程序	补充说明
焊接开始位置搜索参考点	示教与焊接开始位置相同的位置作为参考点，登记为指令"LTSFT"的变量	LTSFT SW=B000 sns=P010 flgB:2 ——————————④ PAUSE IF B002=0 ARGUMENT SETTING LTSFT ▸ LT MODE (B var.) B000 ▸ DETECT POS.(P#) P010 ▸ WELD START REFP. REGIST ▸ SHIFT RESULT(B#) 2 ▸ SFT MOV.PARMIT R 15	参考点位置用于计算偏移量，SFT MOV.PARMIT 为允许的偏移范围，单位为mm
焊接开始位置启动激光跟踪	示教焊接开始点，登记为指令"LTRCKON"的变量	LTRCKON SW=B000 LT:1 V=100 ——————————⑤ ARGUMENT SETTING LTRCKON ▸ LT MODE (B var.) B000 ▸ LT FUNC. FILE# 1 ▸ APPROACH SPEED 50 cm/min ▸ WELD START REFP. REGIST	跟踪速度设置为与焊接速度相同
启动电弧示教焊接结束位置搜索起始点	在搜索的焊接开始位置起弧开始焊接，示教焊接结束位置的搜索起始点和结束点位置，调用指令"LTEDSRCH"搜索结束位置	ARCON AC=120 AVP=95 MOVL V=50 ——————————⑥ LTEDSRCH SW=B000 LT:1 MOVL V=50 ——————————⑦ ARGUMENT SETTING LTEDSRCH ▸ LT MODE (B var.) B000 ▸ LT FUNC. FILE# 1	起弧指令中设定的AVP为一元化电压（%）
熄灭电弧，关闭激光跟踪	在搜索的焊接结束位置熄灭电弧，调用指令"LTRCKOF"关闭激光跟踪	ARCOFF AC=100 AVP=95 LTRCKOF SW=B000 ARGUMENT SETTING LTRCKOF ▸ LT MODE (B var.) B000	LTRCKON 与 LTRCKOF 必须成对使用
示教焊后接近点和工作原点	在焊接结束位置附近，选择示教点作为焊后接近点，操作机器人回工作原点，插入示教点	MOVL V=500 ——————————⑧ MOVJ VJ=20.0 END	到焊后接近点的路径上避免存在其他干涉物
运行焊接程序	在主程序界面上将光标移至起始行，切换到[PLAY]模式，按下【START】执行程序完成工件焊接		

【项目评价】

板搭接激光跟踪焊接项目评分标准见表2-7-5。

表2-7-5 板搭接激光跟踪焊接项目评分标准

检查项目	评判标准及分数	等级			
		Ⅰ	Ⅱ	Ⅲ	Ⅳ
焊缝宽度	标准/mm	5	≤4.5, >5.5	≤4, >6	≤3.5, >6.5
	分数	20	14	8	0
焊缝余高	标准/mm	0~1	>1~2	>2~3	<0, >3
	分数	10	7	4	0
咬边	标准/mm	无咬边	深度≤0.5		深度>0.5
	分数	10	每增加2mm扣1分		0分
焊穿	标准	无	1处	2处	3处及以上
	分数	20	14	8	0
未焊透	标准/mm	0~2	>2~4	>4~6	>6
	分数	20	14	8	0
焊缝外观成形		优	良	一般	差
	标准	成形美观,焊纹均匀细密,高低宽窄一致,焊脚尺寸合格	成形较好,焊纹均匀,焊缝平整,焊脚尺寸合格	成形尚可,焊缝平直,焊脚尺寸合格	焊缝弯曲,高低宽窄明显,有表面焊接缺陷,焊脚尺寸不合格
	分数	20	14	8	0

注：1. 焊缝表面已修补或在焊件上做舞弊标记,则该焊件为0分。
　　2. 凡焊缝表面有裂纹、夹渣、未熔合、气孔、焊瘤等缺陷之一的,该焊件外观为0分。

项目八　焊接机器人工作站电气控制及应用

【实操目的】

掌握焊接机器人生产线可编程逻辑控制器（PLC）控制编程的步骤及方法。

【实操内容】

根据焊接机器人自动焊接编程及PLC控制编程的操作步骤和要领,进行焊接机器人I/O通信接线及PLC控制编程操作。

【工具及材料准备】

1. 设备和工具准备明细（表2-8-1）

表2-8-1 设备和工具准备明细

序号	名称	型号与规格	单位	数量	备注
1	弧焊机器人系统	臂伸长1400mm	台	1	
2	可编程逻辑控制器	S7-200 SMART、SR60	台	1	西门子

(续)

序号	名称	型号与规格	单位	数量	备注
3	纱手套	自定	副	1	
4	尖嘴钳	自定	把	1	
5	扳手	自定	把	1	
6	钢直尺	自定	把	1	
7	十字槽螺钉旋具	自定	把	1	
8	一字槽螺钉旋具	自定	把	1	
9	万用表	自定	块	1	
10	软导线若干	红、黑、蓝	m	10	
11	号码管	自定	m	1	

2. 系统构成

该系统由 PLC 控制柜、ABB 机器人系统、焊接系统、排烟除尘系统、警示灯、按钮盒、计算机桌等组成,如图 2-8-1 所示。

图 2-8-1 焊接机器人工作站系统

工作站采用数字 I/O 实现彼此通信,即利用 PLC 的输入输出接口与机器人信号板卡进行连接,机器人焊接系统电气控制部分的组成、原理及电气结构如图 2-8-2 所示。

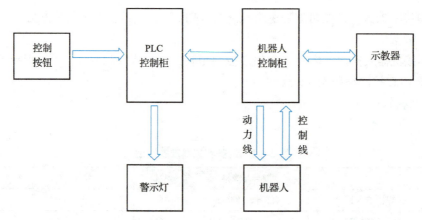

图 2-8-2 机器人焊接系统电气控制部分的组成、原理及电气结构

焊接工作站既可以通过示教器控制，也可以由 PLC 远程控制，控制任务要求如下：

1) 设备启动前机器人必须选择自动模式、机器人急停未动作等。满足上述条件时黄色警示灯常亮，否则黄色警示灯以 1Hz 频率闪烁。

2) 如果系统未就绪，需要操作复位按钮对机器人进行复位。

3) 设备就绪后，按下启动按钮，机器人电动机使能，启动焊接程序，黄色、绿色警示灯常亮，机器人开始焊接作业。

4) 在机器人焊接过程中，若按下暂停按钮，则机器人暂停运行，且绿色警示灯以 1Hz 频率闪烁。再次按下启动按钮，机器人继续焊接工作，绿色警示灯常亮。

5) 在机器人焊接过程中，若急停按扭动作，则系统应立即停止，绿色警示灯熄灭，红色警示灯亮。

6) 机器人急停动作后，重启焊接工作站，需要松开急停按钮，按下复位按钮，清除机器人急停信号。为保证安全，急停信号清除后，应操作机器人示教器使机器人回到工作原点。当机器人回到工作原点后，系统才可以再次启动。

【必备知识】

1. 可编程逻辑控制器基础知识

（1）S7-200 SMART 的结构　S7-200 SMART 系列微型可编程逻辑控制器可以控制各种设备以满足自动化控制需要。

中央处理器（CPU）根据用户程序控制逻辑监视输入并更改输出状态，用户程序可以包含布尔逻辑、计数、定时、复杂数学运算及与其他智能设备的通信。S7-200 SMART 结构紧凑、组态灵活且具有功能强大的指令集，这些优势的组合使它成为控制各种应用的完美解决方案。S7-200 SMART 的结构如图 2-8-3 所示。

（2）编程软件　STEP7-Micro/WIN SMART 提供了一个用户友好的环境，供用户开发、编辑和监视控制应用所需的逻辑。其顶部是常见任务的快速访问工具栏，

图 2-8-3　S7-200 SMART 的结构

其后是所有公用功能的菜单；左边是用于对组件和指令进行便捷访问的项目树和导航栏；打开的程序编辑器和其他组件占据用户画面的剩余部分。STEP7-Micro/WIN SMART 提供三种程序编辑器（LAD、FBD 和 STL），用于方便高效地开发适合用户应用的控制程序。编程软件画面如图 2-8-4 所示。

（3）PLC 电源的连接　将电源与 CPU 相连，然后通过以太网或 USB-PPI 通信电缆将编程设备与 CPU 相连。电源连接如图 2-8-5 所示。

（4）建立以太网硬件通信连接　在编程设备和 CPU 之间创建硬件连接，按以下步骤操作。

1) 安装 CPU。

2) 将 RJ45 连接盖从以太网端口卸下，收好盖以备再次使用。

3) 将以太网电缆插入 CPU 左上方的以太网端口，如图 2-8-6 所示。

4) 将以太网电缆连接到编程设备上。

机器人焊接高级编程

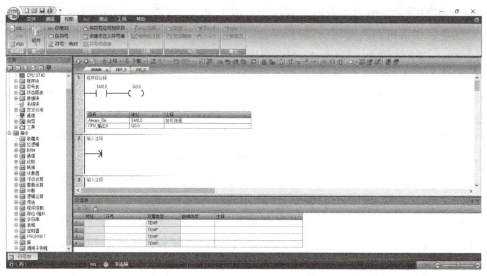

图 2-8-4 STEP7-Micro/WIN SMART 编程软件画面

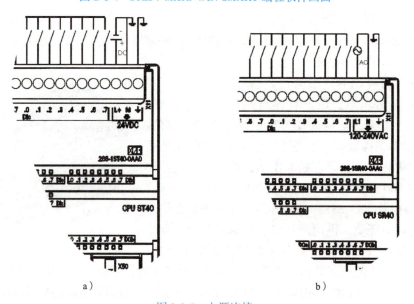

a)　　　　　　　　　　　　b)

图 2-8-5 电源连接

a）直流连接　b）交流连接

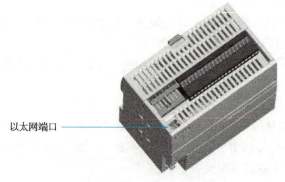

图 2-8-6 以太网端口部位

（5）与 CPU 建立以太网通信　在 STEP7-Micro/WIN SMART 中，单击导航栏中的"通信"按钮 ，再单击"查找 CPU"（图 2-8-7）按钮以使 STEP7-Micro/WIN SMART 在本地网络中搜索 CPU。在网络上找到的各个 CPU 的 IP 地址将在"找到 CPU"下列出。

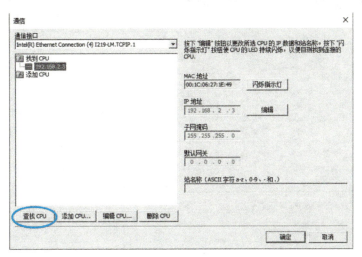

图 2-8-7　查找 CPU

（6）创建程序示例　使用梯形图（LAD）编辑器输入程序指令时，可通过指令树选择所需指令，按住鼠标左键并将触点拖到相应位置，之后输入指令相应的操作数，见表 2-8-2。

表 2-8-2　指令编辑

图示	说明
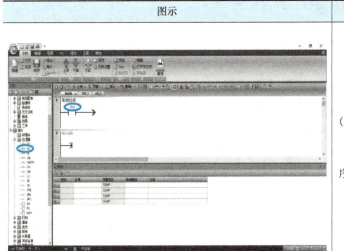	如要输入触点 M0.0 1）双击"位逻辑"图标按钮或单击加号（+）以显示位逻辑指令 2）选择"常开"触点 3）按住鼠标左键并将触点拖到第一个程序段中 4）为触点输入以下地址：M0.0 5）按【Enter】键即输入该触点地址

（7）为项目设置 CPU 的类型和版本　组态项目，应使软件中的 CPU 版本与物理 CPU 相匹配。如果项目组态所使用的 CPU 类型和版本不正确，则将可能导致下载失败或程序无法运行。具体设置步骤见表 2-8-3。

表 2-8-3　设置 CPU 的类型和版本

图示	说明
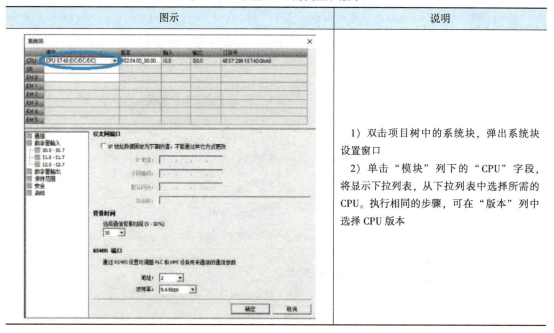	1）双击项目树中的系统块，弹出系统块设置窗口 2）单击"模块"列下的"CPU"字段，将显示下拉列表，从下拉列表中选择所需的 CPU。执行相同的步骤，可在"版本"列中选择 CPU 版本

（8）保存项目　完成程序的编辑并保存程序后，即创建了一个含 CPU 类型和其他参数的项目。程序要以指定的文件名在指定的位置保存项目，可以在"文件"菜单功能区的"操作"区域，单击"保存"按钮下的向下箭头显示"另存为"按钮，然后将程序保存到指定位置。

（9）下载程序　首先确保以太网通信的网络硬件和 PLC 插接器电缆正常运行，并且 PLC 通信正常运行。要下载所有项目组件，操作见表 2-8-4。

表 2-8-4　下载程序

图示	说明
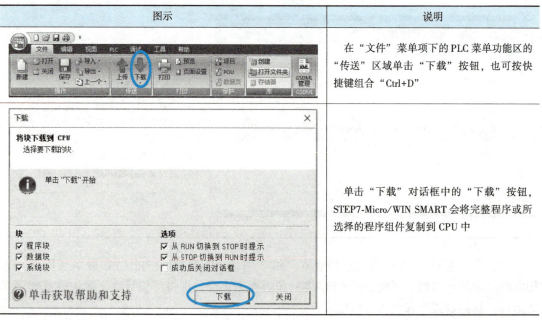	在"文件"菜单项下的 PLC 菜单功能区的"传送"区域单击"下载"按钮，也可按快捷键组合"Ctrl+D" 单击"下载"对话框中的"下载"按钮，STEP7-Micro/WIN SMART 会将完整程序或所选择的程序组件复制到 CPU 中

(10) 更改 CPU 的工作模式　CPU 有以下两种工作模式：STOP 模式和 RUN 模式。CPU 正面的 LED 状态灯指示当前工作模式。在 STOP 模式下，CPU 不执行任何程序，而用户可以下载程序块。在 RUN 模式下，CPU 会执行相关程序，但用户仍可下载程序块。

在 PLC 菜单功能区或程序编辑器工具栏中单击"运行"（RUN）按钮 、"停止"（STOP）按钮，可更改 CPU 的工作模式。

(11) PLC 输入输出接线图　根据传感器的类型，PLC 的输入分为漏型输入和源型输入两种，其接法如图 2-8-8 所示。根据 PLC 的输出类型，分为晶体管输出和继电器输出，其接法如图 2-8-9 所示。

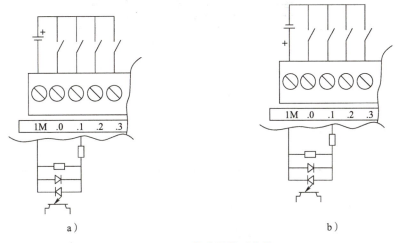

图 2-8-8　按传感器类型分类
a) 漏型输入接线　b) 源型输入接线

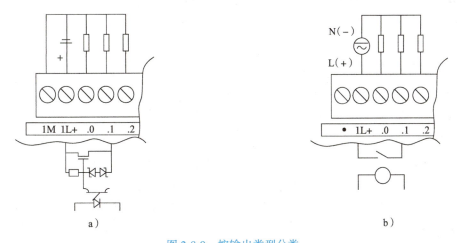

图 2-8-9　按输出类型分类
a) 晶体管输出接线　b) 继电器输出接线

S7-200 SMART 中型号为 SR60 的 PLC 为直流（DC）输入、继电器输出，交流（AC）电源，输入和输出共 60 点，支持 3 路高速脉冲输出，4 个高速计数器，其接线如图 2-8-10 所示。

(12) S7-200 SMART 常用指令

1) 常开/常闭指令。常开/常闭指令操作数见表 2-8-5，编程时要注意 PLC 的输入/输出地

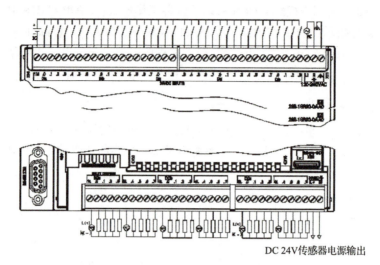

DC 24V传感器电源输出

图 2-8-10　CPU SR60 AC/DC/继电器的接线

址操作数为 I/Q，各个位寻址为 I〈字节号〉.〈位号〉或 Q〈字节号〉.〈位号〉，如 I0.0、Q0.2。

表 2-8-5　常开/常闭指令操作数

输入/输出	数据类型	操作数
位	BOOL	I、Q、V、M、SM、S、T、C、L

2）置位（S）/复位（R）指令。置位（S）和复位（R）指令用于置位（接通）或复位（断开）从指定地址（位）开始的一组位（N），可以同时置位或复位 1~255 个位。如果复位指令指定定时器位（T 地址）或计数器位（C 地址），则该指令将对定时器或计数器位进行复位并清零定时器或计数器的当前值。其指令操作数见表 2-8-6。

表 2-8-6　置位/复位指令操作数

输入/输出	数据类型	操作数
位	BOOL	I、Q、V、M、SM、S、T、C、L
N	BYTE	IB、QB、VB、MB、SMB、SB、LB、AC、常数、*VD、*AC、*LD

3）定时器指令。S7-200 SMART PLC 的定时器为增量型定时器，提供三种分辨率，分辨率由定时器编号确定，定时器分为通电延时定时器和断电延时定时器，其中 TON 为通电延时定时器，TONR 为带保持通电延时的定时器，TOF 为断电延时定时器，具体见表 2-8-7。定时器当前值的每个单位均为时基的倍数，如使用 10ms 定时器时，计数 50 表示经过的时间为 500ms。

表 2-8-7　定时器编号与分辨率选项

定时器类型	分辨率/ms	最大值/s	定时器号
TON、TOF	1	32.767	T32、T96
	10	327.67	T33~T36、T97~T100
	100	3276.7	T37~T63、T101~T255

(续)

定时器类型	分辨率/ms	最大值/s	定时器号
TONR	1	32.767	T0、T64
	10	327.67	T1~T4、T65~T68
	100	3276.7	T5~T31、T69~T95

4）特殊寄存器。S7-200 SMART CPU 提供包含系统数据的特殊寄存器，SMW 表示指示特殊寄存器字的前缀，SMB 表示指示特殊寄存器字节的前缀，各个位寻址为 SM〈字节号〉.〈位号〉。常用特殊寄存器见表 2-8-8。

表 2-8-8 常用特殊寄存器

符号名	SM 地址	说明
Always_On	SM0.0	该位始终为 TRUE
First_Scan_On	SM0.1	在第一个扫描周期，CPU 将该位设置为 TRUE，此后将其设置为 FALSE
Clock_1s	SM0.5	该位提供一个时钟脉冲。周期为 1s 时，该位有 0.5s 的时间为 FALSE，然后有 0.5s 的时间为 TRUE。该位可简单轻松地实现延时或提供 1Hz 的时钟脉冲

2. ABB 标准信号板

（1）DSQC651 信号板　ABB 标准 I/O 板 DSQC651 是常用的模块，具有数字输入信号 di、数字输出信号 do、组输入信号 gi、组输出信号 go、模拟输出信号 ao，数字输入/输出端子说明分别见表 2-8-9 和表 2-8-10。

表 2-8-9 X1 端子说明

X1 端子编号	使用定义	地址分配	X1 端子编号	使用定义	地址分配
1	OUTPUT CH1	32	6	OUTPUT CH6	37
2	OUTPUT CH2	33	7	OUTPUT CH7	38
3	OUTPUT CH3	34	8	OUTPUT CH8	39
4	OUTPUT CH4	35	9	0V	
5	OUTPUT CH5	36	10	24V	

表 2-8-10 X3 端子说明

X3 端子编号	使用定义	地址分配	X3 端子编号	使用定义	地址分配
1	INPUT CH1	0	6	INPUT CH6	5
2	INPUT CH2	1	7	INPUT CH7	6
3	INPUT CH3	2	8	INPUT CH8	7
4	INPUT CH4	3	9	0V	
5	INPUT CH5	4	10	24V	

(2) 标准 I/O 板配置

1) 单击"ABB"按钮进入主菜单,选择"控制面板"单击进入,如图 2-8-11 所示。然后单击"配置"选项添加 I/O 板,选择"Unit"类型,如图 2-8-12 所示。

图 2-8-11 控制面板画面

图 2-8-12 配置画面

2) 双击"Unit"选项,进入后再单击"添加"按钮,如图 2-8-13 所示,进入设置参数画面,可进行 I/O 板配置,如图 2-8-14、图 2-8-15 所示。

图 2-8-13 Unit 画面

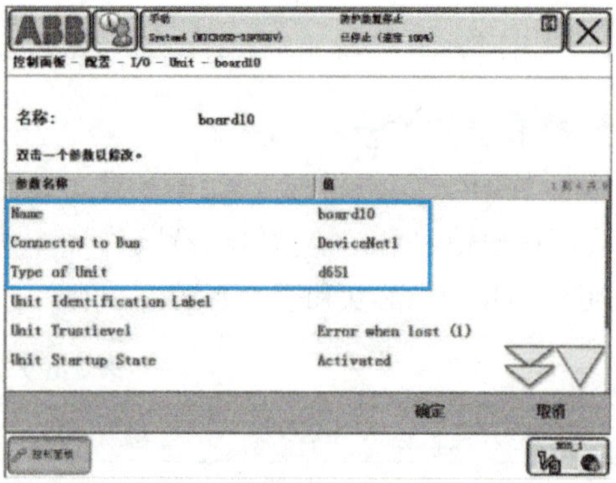

图 2-8-14 I/O 板参数配置

(3) 配置 I/O 信号 单击"配置"选项添加 I/O,选择"Signal"类型,如图 2-8-16 所示。单击进入后,再单击"添加"按钮,添加输入/输出信号,如图 2-8-17 所示。

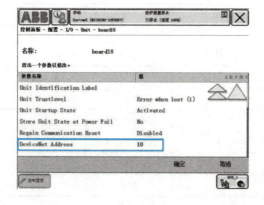

图 2-8-15 板参数配置

图 2-8-16 "Signal"类型

（4）系统输入输出与 I/O 信号关联　单击"ABB"按钮进入主菜单，选择"控制面板"单击进入，选择"配置"选项，选择"System Input"类型（系统输出信号为"System Output"），进入后单击"添加"按钮，选择需要关联的"Signal"信号和系统输入信号，如图 2-8-18~图 2-8-20 所示。

图 2-8-17　添加信号

图 2-8-18　I/O 配置

图 2-8-19　"System Input"类型

3. 设计 PLC 系统的方法

（1）分解工作过程或机器　将工作过程或者机器分解成相互独立的若干部分，这些独立部分决定了控制器之间的界限，并将影响功能描述规范和资源的分配。

（2）创建功能规范　写出工作过程或者机器每一部分的操作描述，包括下列主题：I/O 点、操作的功能描述、允许每个执行器（如电动机和驱动器）动作之前必须达到的状态、操作员画面的描述及与工作过程或机器其他部分相连的任何接口的描述。

图 2-8-20　系统输入变量选择

（3）设计安全电路　出于安全考虑，应识别出需要硬接线逻辑的设备。控制设备若发生故障，可能出现不安全状况，造成机器意外起动或运行变化，意外或错误的机械运转可能导致人员受伤或造成重大财产损失，应考虑使用独立于 CPU 运行的机电超驰装置，以防止不安全运行。

（4）创建符号名称列表　符号有助于程序的编程与识读，如果选择使用符号名称进行寻址，需要对绝对地址创建一个符号名称列表，不仅要包含物理 I/O 信号，还要包含程序中要用到的其他元素。

【实操建议】

由于该系统增加了 PLC 控制机器人的运行，因此需熟悉 PLC 的基本指令、程序设计方法、硬件连接等。首先根据任务要求分解工作过程，绘制机器人焊接工作的控制流程图，如图 2-8-21 所示。

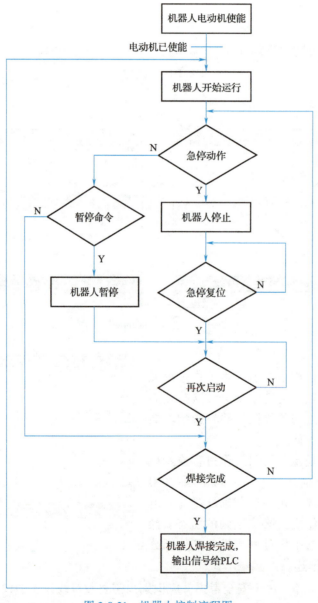

图 2-8-21　机器人控制流程图

根据焊接工作站的任务要求，分别分配 PLC I/O 地址、机器人 I/O 板的 I/O 地址，具体见表 2-8-11 ~ 表 2-8-13。

表 2-8-11　PLC I/O 分配表

序号	符号	地址	说明	信号连接设备
1	启动按钮	I0.0	SB1 按钮	按钮模块
2	暂停按钮	I0.1	SB2 按钮	
3	复位按钮	I0.2	SB3 按钮	
4	急停按钮	I0.3	SB4 按钮	
5	自动模式	I0.4	1 表示自动模式，0 表示手动模式	DSQC651 板卡
6	电动机使能	I0.5	1 表示机器人电动机使能	
7	焊接完成	I0.6	1 表示焊接进行，0 表示焊接完成	
8	机器人急停	I1.0	机器人急停	机器人安全板
9	绿色警示灯	Q0.0	HL1	警示灯
10	黄色警示灯	Q0.1	HL2	
11	红色警示灯	Q0.2	HL3	
12	机器人电动机使能	Q0.3	上升沿有效	DSQC651 板卡
13	机器人开始	Q0.4	上升沿有效	
14	机器人暂停	Q0.5	上升沿有效	
15	机器人急停复位	Q0.6	上升沿有效	
16	机器人急停	Q0.7	电平	机器人安全板

表 2-8-12　PLC 和机器人通信信号定义（一）

序号	机器人信号名称	地址	端子	信号连接	说明
1	DO10_1	32	X1	I0.4	1 表示自动模式，0 表示手动模式
2	DO10_2	33	X1	I0.5	1 表示机器人电动机使能
3	DO10_3	34	X1	I0.6	1 表示焊接进行，0 表示焊接完成
4	DI10_1	0	X3	Q0.3	
5	DI10_2	1	X3	Q0.4	机器人焊接程序启动
6	DI10_3	2	X3	Q0.5	机器人停止焊接
7	DI10_4	3	X3	Q0.6	
8	DI10_5	4	X3	Q0.7	

表 2-8-13　PLC 和机器人通信信号定义（二）

机器人系统关联信号	机器人信号名称	PLC 地址	PLC 符号	说明
AutoOn	DO10_1	I0.4	自动状态	1 表示自动模式，0 表示手动模式
MotoOnState	DO10_2	I0.5	电动机使能	1 表示机器人电动机使能
	DO10_3	I0.6	焊接完成	1 表示焊接进行，0 表示焊接完成

(续)

机器人系统关联信号	机器人信号名称	PLC 地址	PLC 符号	说明
MotoOn	DI10_1	Q0.3	机器人电动机使能	
Start	DI10_2	Q0.4	机器人焊接开始	机器人焊接程序启动
Stop	DI10_3	Q0.5	机器人暂停	机器人停止焊接
ResetEStop	DI10_4	Q0.6	机器人急停复位	
	DI10_5	Q0.7	机器人急停	

根据 PLC 与机器人 I/O 通信表，分别绘制 PLC 和机器人电气接线图，完成 PLC 和机器人线路的连接并检测，其接线图如图 2-8-22 和图 2-8-23 所示。

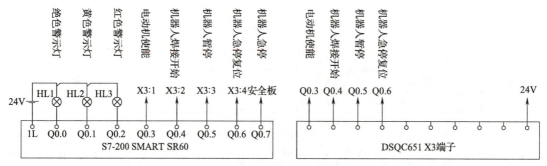

图 2-8-22　PLC 输入接线图

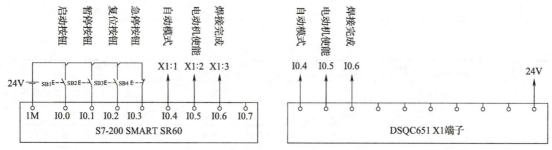

图 2-8-23　PLC 输出接线图

【参见教学资源包二、高级技师、项目八：焊接机器人工作站电气控制及应用】

【实操步骤】

1）将机器人与 PLC 线路连接完成后，根据焊接工作站控制流程图编写 PLC 控制程序，PLC 远程控制编程步骤见表 2-8-14。

表 2-8-14　PLC 远程控制编程步骤

编程步骤	操作说明	图示及程序	补充说明
通信连接	利用网线将 PLC 连接到编程设备		常规网线

（续）

编程步骤	操作说明	图示及程序	补充说明
设备组态	1）双击项目树中的系统块，弹出系统块设置窗口 2）完成 PLC 型号设置，将软件 CPU 版本设置成与实际 PLC 相符	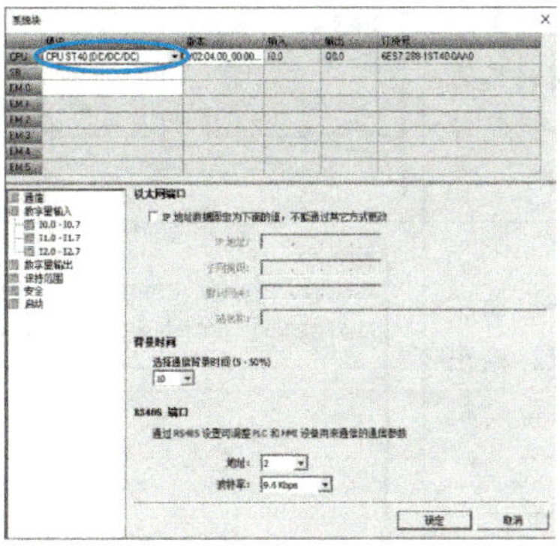	CPU 具体型号可观察 PLC 本体（如本体上写 CPU SR40）
通信组态	1）双击项目树“通信”，弹出通信窗口 2）单击“查找”按钮以使软件在本地网络中搜索到 CPU 3）查找到 CPU，单击确定，未查找到 CPU 检查计算机 IP 及网线连接	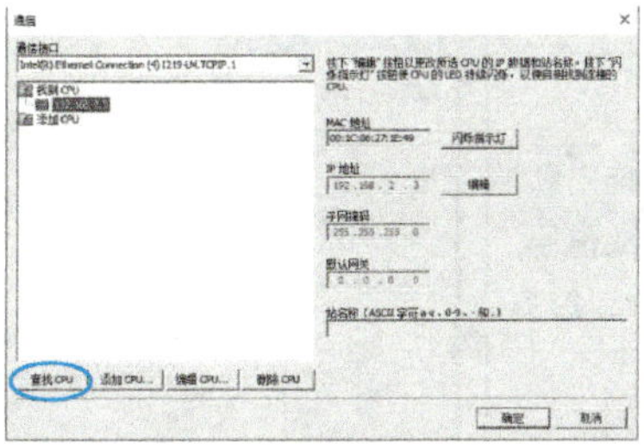	注意本地计算机与 PLC IP 段应相同，计算机可设置成自动获取
符号组态	在项目树中打开“符号表”文件夹，选择对应表名称，完成表 2-8-11 列出的 PLC 符号的编辑	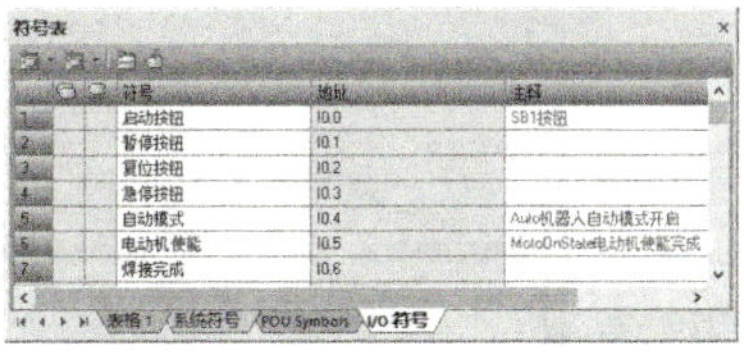符号表 符号 地址 注释 启动按钮 I0.0 SB1按钮 暂停按钮 I0.1 复位按钮 I0.2 急停按钮 I0.3 自动模式 I0.4 电动机使能 I0.5 焊接完成 I0.6 表格 1 系统符号 POU Symbols I/O 符号	符号命名应容易识读
程序段 1：程序初始化	设备一上电，PLC 在第一个扫描周期执行储存器清零操作	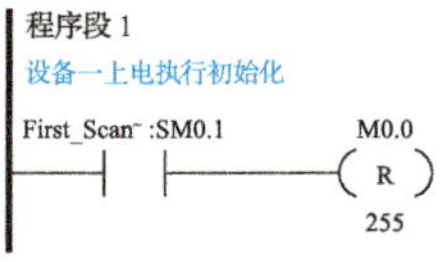程序段 1 设备一上电执行初始化 First_Scan~:SM0.1 M0.0 R 255	清零操作，调试时应防止存储器记忆功能的影响
程序段 2：判断设备是否就绪	判断机器人当前状态，急停是否动作等，若急停动作，置位急停标志，机器人停止	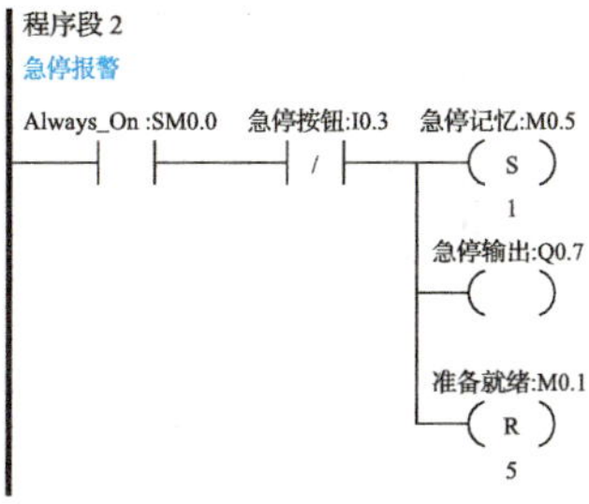程序段 2 急停报警 Always_On :SM0.0 急停按钮:I0.3 急停记忆:M0.5 S 1 急停输出:Q0.7 准备就绪:M0.1 R 5	也可利用线圈的常开触点来自锁记忆
程序段 3：设备复位	设备未就绪或急停动作，需按下复位按钮对设备进行复位	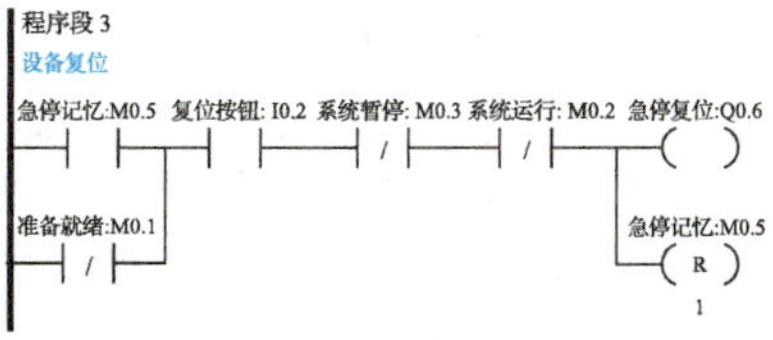程序段 3 设备复位 急停记忆:M0.5 复位按钮: I0.2 系统暂停: M0.3 系统运行: M0.2 急停复位:Q0.6 准备就绪:M0.1 急停记忆:M0.5 R 1	焊接过程复位功能不能操作

(续)

编程步骤	操作说明	图示及程序	补充说明
程序段4：判断机器人当前状态	判断机器人急停是否动作、机器人控制模式是否为自动模式，符合远程控制，就绪标志位动作	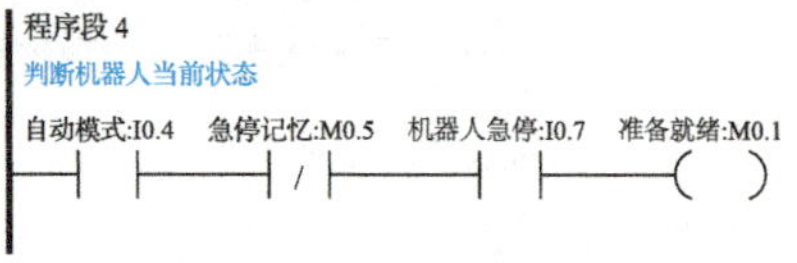 程序段4 判断机器人当前状态 自动模式:I0.4 急停记忆:M0.5 机器人急停:I0.7 准备就绪:M0.1 ─┤├────┤/├────┤├────( )─	注意与机器人交互的信号

程序段5：启动焊接设备	系统就绪，按下启动按钮，设备启动，PLC输出信号，控制机器人电动机使能开启	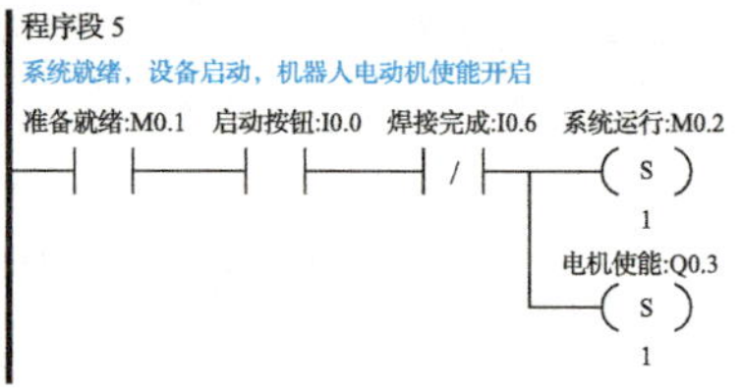 程序段5
		系统就绪，设备启动，机器人电动机使能开启
		准备就绪:M0.1 启动按钮:I0.0 焊接完成:I0.6 系统运行:M0.2
		─┤├────┤├────┤/├────(S)─
		                                          1
		                              电机使能:Q0.3
		                              ─(S)─
		                                          1
			焊接运行过程，机器人焊接完位输出1

程序段6：启动焊接程序	机器人电动机使能完成，PLC接收到使能完成信号，然后PLC输出信号，控制机器人执行焊接程序	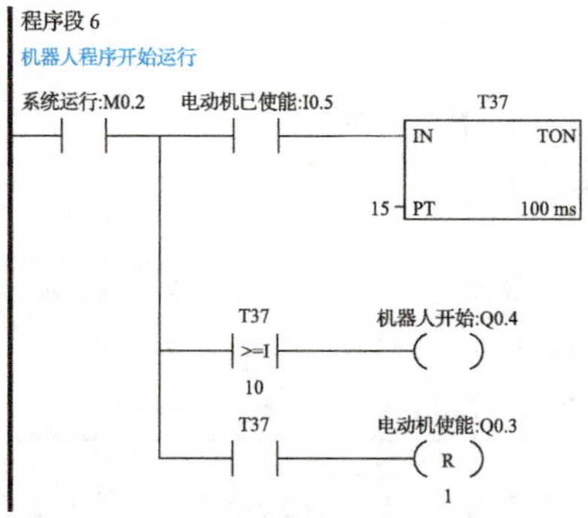 程序段6
		机器人程序开始运行
		系统运行:M0.2 电动机已使能:I0.5 T37
		─┤├────┤├────────IN TON
		                              15 ─PT 100 ms
		T37 机器人开始:Q0.4
		─┤>=I├────────( )─
		10
		T37 电动机使能:Q0.3
		─┤├────────(R)─
		                              1
			电能使能信号为脉冲信号

程序段7：暂停控制	机器人焊接过程中，若暂停按钮动作，则机器人暂停，停止焊接工作	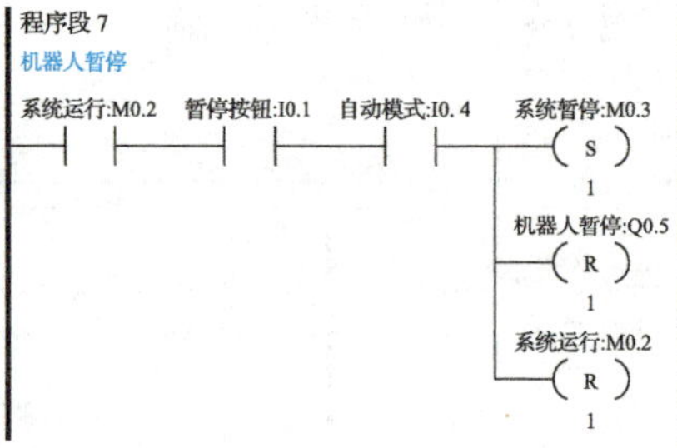 程序段7
		机器人暂停
		系统运行:M0.2 暂停按钮:I0.1 自动模式:I0.4 系统暂停:M0.3
		─┤├────┤├────┤├────(S)─
		                                          1
		                              机器人暂停:Q0.5
		                              ─(R)─
		                                          1
		                              系统运行:M0.2
		                              ─(R)─
		                                          1
			注意暂停的条件

程序段8：设备暂停重启	机器人暂停后，按下启动按钮，机器人继续执行焊接过程	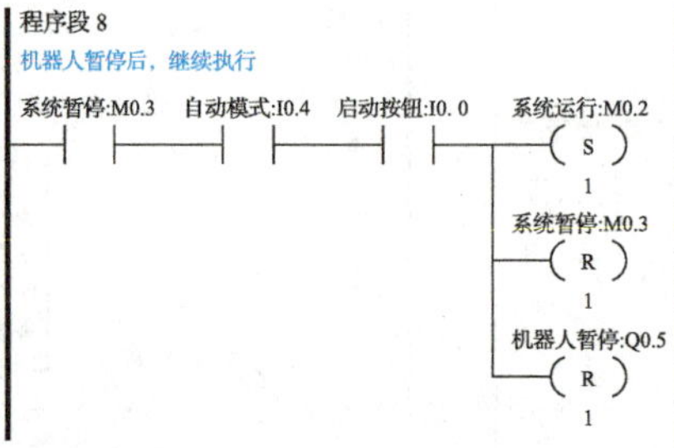 程序段8
		机器人暂停后，继续执行
		系统暂停:M0.3 自动模式:I0.4 启动按钮:I0.0 系统运行:M0.2
		─┤├────┤├────┤├────(S)─
		                                          1
		                              系统暂停:M0.3
		                              ─(R)─
		                                          1
		                              机器人暂停:Q0.5
		                              ─(R)─
		                                          1	

程序段9：红色警示灯	机器人急停指示，红色警示灯闪烁，频率为1Hz	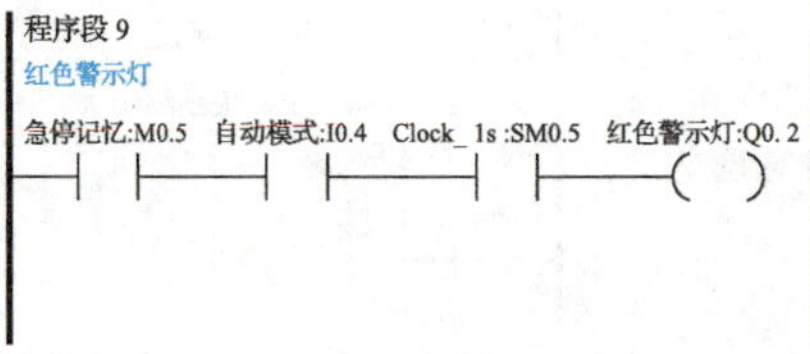 程序段9 红色警示灯 急停记忆:M0.5 自动模式:I0.4 Clock_1s:SM0.5 红色警示灯:Q0.2 ─┤├────┤├────┤├────( )─	SM0.5为1Hz频率的信号

第二部分 高级技师

（续）

编程步骤	操作说明	图示及程序	补充说明
程序段10：黄色警示灯	远程控制模式及焊接过程指示	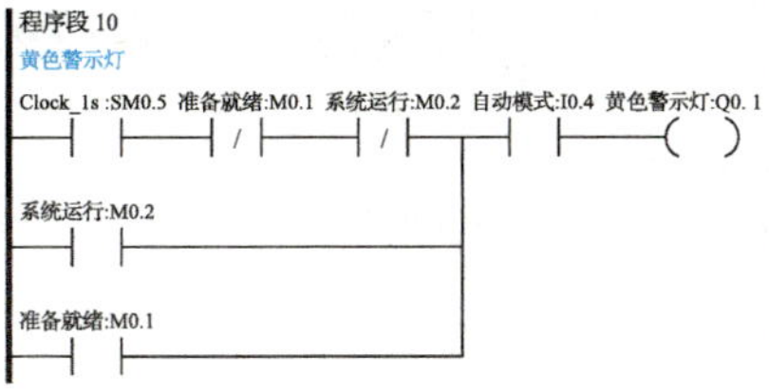 程序段 10 黄色警示灯 Clock_1s:SM0.5 准备就绪:M0.1 系统运行:M0.2 自动模式:I0.4 黄色警示灯:Q0.1 系统运行:M0.2 准备就绪:M0.1	
程序段11：绿色警示灯	机器人焊接运行和暂停指示	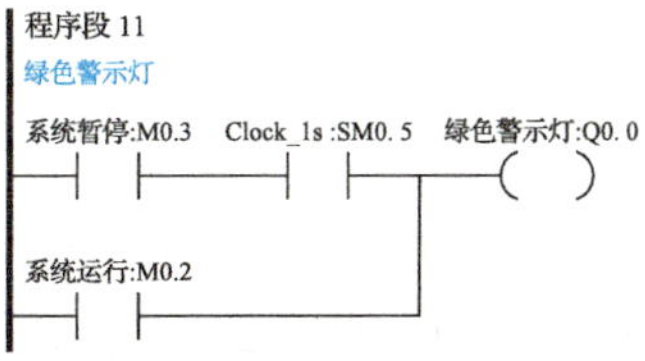 程序段 11 绿色警示灯 系统暂停:M0.3 Clock_1s:SM0.5 绿色警示灯:Q0.0 系统运行:M0.2	
编译	1）程序编辑完成，在PLC菜单的"操作"区域单击"编译"按钮 2）查看程序输出窗口是否有语法错误	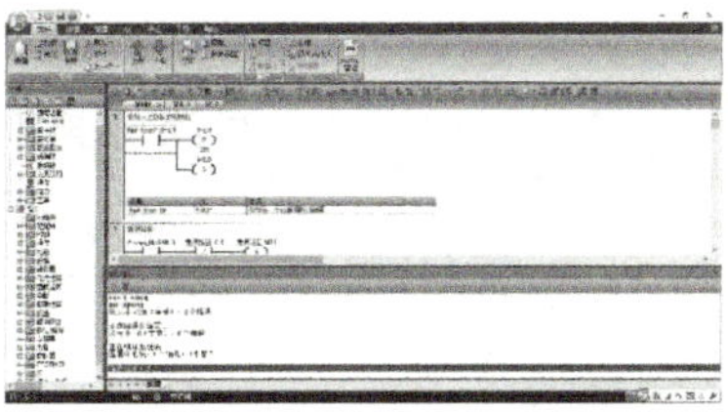	输出窗口会描述程序详细的语法错误
保存	1）"文件"菜单功能区的"操作"部分 2）单击"保存"按钮，对项目进行保存	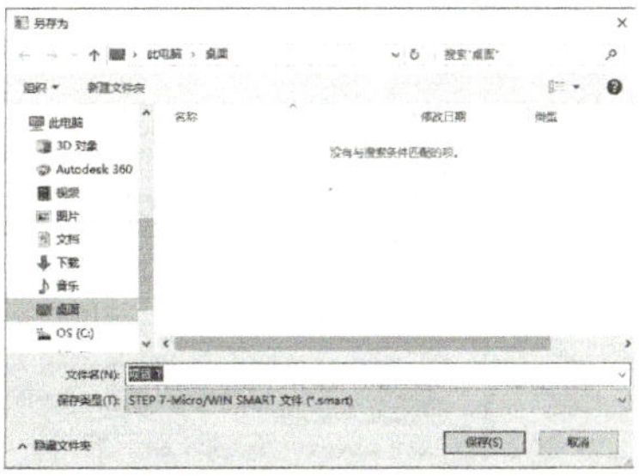	养成随时保存的习惯
下载	1）在PLC菜单功能区的"传送"区域 2）单击"下载"按钮，在弹出的对话框中单击"下载"按钮，下载程序	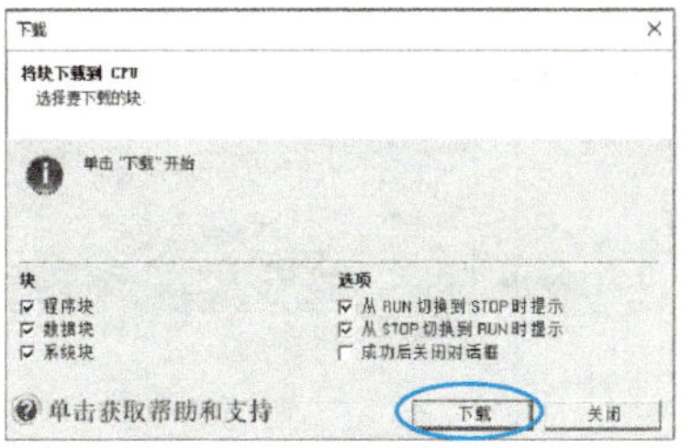	
运行	1）在PLC菜单功能区的"操作"区域，单击RUN按钮将CPU更改为RUN模式（或单击STOP按钮更改为STOP模式） 2）弹出RUN对话框，单击"是"按钮，运行PLC程序		

161

(续)

编程步骤	操作说明	图示及程序	补充说明
监控	在"调试"菜单功能区的"状态"区域中单击"程序状态"按钮,对程序进行监控并调试程序	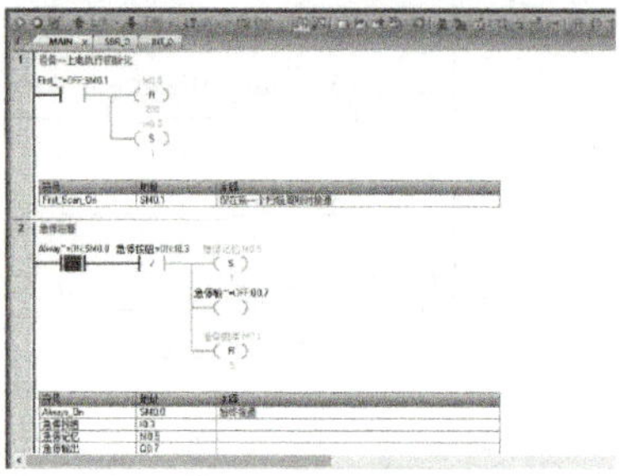	监控状态下,蓝色表示接通状态,灰色表示断开状态

2)根据表 2-8-13 完成机器人 I/O 板的信号配置及与系统变量的关联,完成机器人焊接程序的编写(本例为线性焊接,完成一条焊缝),具体步骤见表 2-8-15。

表 2-8-15 机器人焊接编程步骤

编程步骤	操作说明	图示及程序	补充说明
配置 I/O 信号板	1)单元名为 dc651 2)总线协议为 Decicel-Net1 3)I/O 板型号为 D651 4)I/O 板实际地址为 10	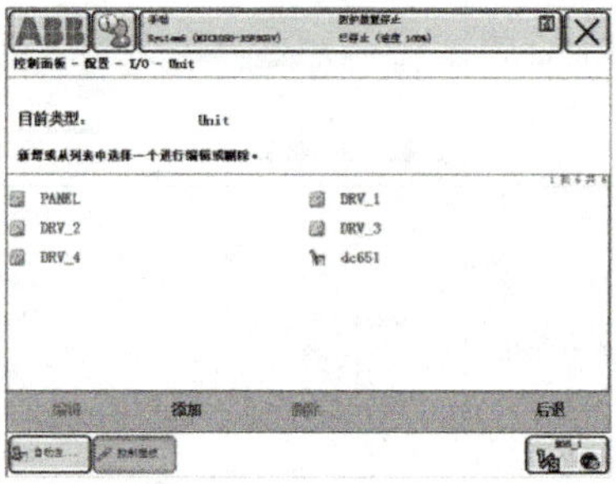	地址可根据实际情况设置
建立 I/O 信号	根据表 2-8-12 完成机器人 I/O 信号的添加	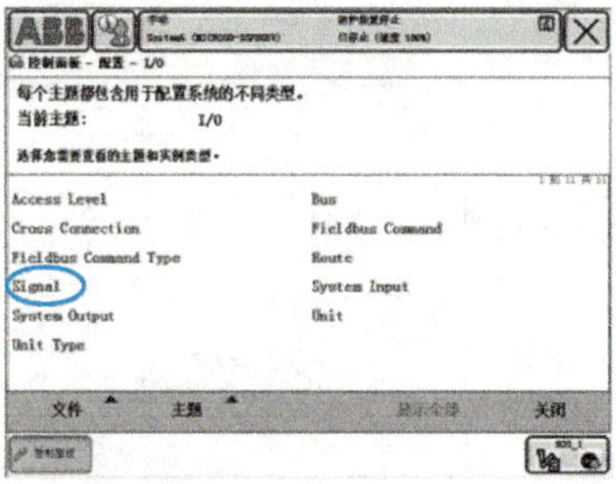	I/O 命名应容易识读
机器人系统信号关联	根据表 2-8-13 完成机器人系统输入输出信号与 I/O 信号的关联	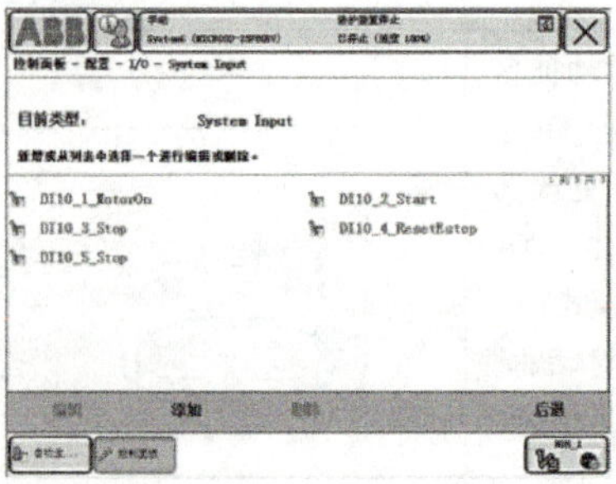	系统输入输出信号的具体作用可参考 ABB 机器人相关手册

第二部分　高级技师

（续）

编程步骤	操作说明	图示及程序	补充说明
机器人输入输出信号测试	1）示教器选择输入输出，然后选择数字输入（数字输出可利用仿真输出进行测试） 2）PLC程序运行，在软件中观察示教器对应的输入输出信号是否正常	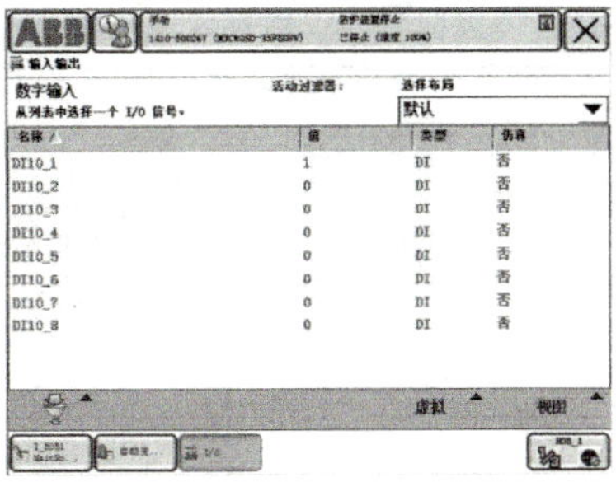 （数字输入输出界面截图）	利用仿真强制输出
PLC输入输出信号测试	1）在项目树中选择"状态图表"，双击图表，在弹出的状态图表中输入需监控的地址 2）单击监控按钮，对输入输出进行状态监控，判断信号是否正常	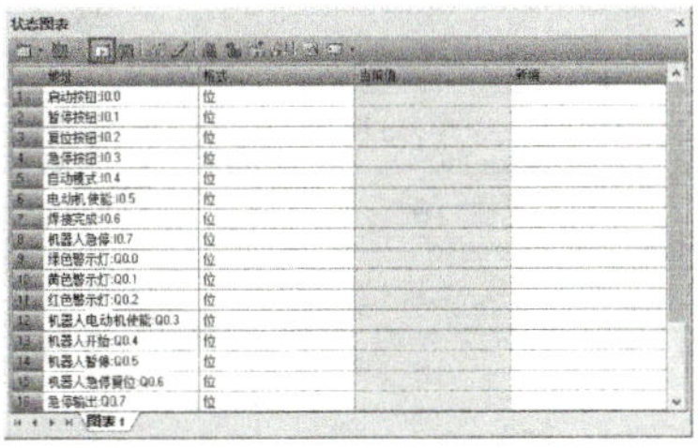 （状态图表界面截图）	也可通过观察PLC输入输出状态指示灯的情况判断

机器人控制程序编制	根据焊接任务完成机器人焊接程序和位置示教	```PROC main()
		  init;
		  MoveJ P40, v200, fine, Binzel;
		  Set DO10_3;焊接开始标志位
		  ArcLStart P40, v20, seam1, weld1, fine, Binzel;
		  ArcL P10, v50, seam1, weld1, z10, Binzel;
		  ArcL P20, v50, seam1, weld1, z10, Binzel;
		  ArcLEnd P50, v50, seam1, weld1, fine, Binzel;
		  MoveJ P60, v1000, fine, Binzel;
		  Reset DO10_3;
		ENDPROC
		PROC init()
		  MoveJ P0, v1000, z50, tool0;
		ENDPROC```
			根据具体焊接任务编制焊接程序

手动示教	在手动模式下示教机器人焊接程序并调试，使之满足焊接工作要求	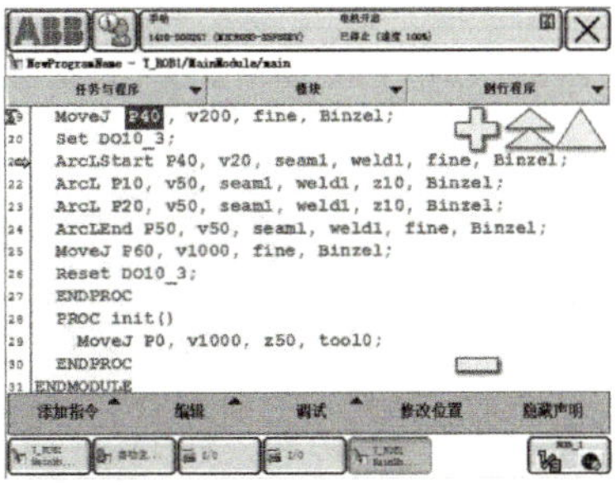 （示教器程序界面截图）	
联机运行	将机器人工作模式选择为自动模式并与PLC系统联机运行	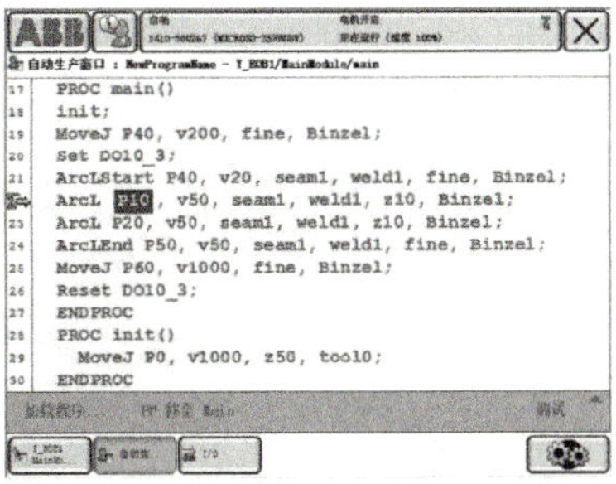 （自动运行界面截图）	注意安全

163

【项目评价】

焊接机器人工作站电气控制及应用项目评分标准见表 2-8-16。

表 2-8-16 焊接机器人工作站电气控制及应用项目评分标准

检查项目	评判标准及分数	等级			
		Ⅰ	Ⅱ	Ⅲ	Ⅳ
流程图绘制	控制任务	流程清晰	满足功能	功能缺少	未绘制
	分数	10	7	4	0
I/O 分配表	PLC I/O 分配表	分配合理	满足功能	缺少 I/O	未绘制
	分数	10	7	4	0
	机器人 I/O 分配	分配合理	满足功能	缺少 I/O	未绘制
	分数	10	7	4	0
电路设计	电路设计	设计合理	满足功能	不符合标准	未绘制
	分数	10	7	4	0
	线路安装	美观规范	正确规范	不规范	线路错误
	分数	10	7	4	0
程序设计	PLC 程序设计	符合任务	功能缺 1 个	功能缺 2 个及以上	未实现
	分数	15	10	5	0
	机器人程序	符合任务	功能缺 1 个	功能缺 2 个及以上	未实现
	分数	15	10	5	0
联机调试	整机调试	符合任务	功能缺 1 个	功能缺 2 个及以上	未实现
	分数	15	10	5	0
文明生产	安全规范	操作规范	有 1 次错误	有 2 次错误	不规范
	分数	5	4	3	0

附录

理论知识

一、焊接操作基础知识

1. 焊接设备

1) 机器人焊接使用的保护气气瓶标识分别是什么?
2) 点焊焊接机器人设备有哪些?
3) 第一部分项目一实操所使用的喷嘴型号、大小及焊枪品牌、型号是什么?
4) 第一部分项目二实操所使用的送丝机品牌、型号是什么?
5) 第一部分项目五实操所使用的焊接设备参数是什么?
6) 焊接运行时采用直接操作示教器还是操作盒?有什么不同?
7) 实操用机器人本体参数有哪些?
8) 实操用机器人控制装置技术参数有哪些?

2. 焊接工艺内容

1) 简述第二部分项目一的焊接工艺。
2) 焊丝类型和直径的选择依据是什么?
3) 保护气体和流量对焊接有什么影响?
4) 简述第一部分项目三焊枪喷嘴和导电嘴的形式、规格和维护方法。
5) 简述 CO_2 气体保护焊的熔滴过渡形式。
6) CO_2 气体保护焊现场对穿堂风的防护方式有哪些?
7) 焊丝干伸长度对焊接有什么影响?
8) 简述 TIG、MIG 脉冲焊接的参数及应用。
9) 焊接过程是否对弧长进行自动控制?为什么?
10) 简述第二部分项目七焊接过程中焊缝自动跟踪的意义。

3. 母材

1) 简述实操焊件的材质及规格。
2) 焊件预热的方法和监测方式是什么?
3) 简述层间温度控制方法。
4) 何谓预热温度?

5）何谓层间温度？

6）如何进行焊后热处理？

7）如何减小焊接变形？

8）如何消除焊接残余应力？

4. 焊材

1）说明焊材成分。

2）说明焊材的生产日期、存储时间。

3）说明焊材尺寸与制备。

4）说明焊丝和药芯焊丝的清洁度。

5）说明焊丝盘和焊丝桶的规格及应用。

6）说明气体流量和供气方式及监控。

7）简述两种无填充材料焊接的方法及工作原理（以无坡口板对接为例）。

5. 安全与事故预防

（1）一般性安全问题

1）简述电气危险的预防措施。

2）简述机械危险的预防措施。

3）简述焊接烟尘的危害及预防措施。

4）简述噪声的危害及预防措施。

5）简述射线辐射的危害及预防措施。

（2）电弧焊工艺安全问题

1）简述电击危险高的区域的预防措施。

2）简述电弧辐射的预防措施。

3）简述电流波动的影响及预防措施。

4）简述接地不良的影响及预防措施。

6. 焊缝外观检查

1）简述焊缝外观检查的项目内容。

2）简述焊缝万能尺的使用方法。

二、焊接机器人编程操作知识

1. 焊接方法的要求及焊接参数的影响

2. 坡口准备和焊接方法描述

1）焊接坡口的准备要求有哪些？

2）坡口边缘的清理方式有哪些？

3. 焊接工艺评定及焊缝缺陷

1）机器人焊接有哪些焊缝缺陷？

2）焊接缺陷及不良评定的依据是什么？

3）焊接不良的防止和补救措施是什么？

4. 机器人焊接职业资格考核

1）简述技师等级的机器人焊接职业资格人员应具备的能力。

2）简述高级技师等级的机器人焊接职业资格人员应具备的能力。

5. 焊接流程

1）简述机器人示教、编程及焊接过程。

2）机器人监控系统和发出的信号有哪些？

3）机器人机械系统包含哪些设备？

4）机器人系统辅助设施包含哪些设备？

5）机器人辅具和工装夹具有哪些？简述其型号及相关信息。

6）焊接参数的调节顺序是什么？

7）机器人焊接安全规定和预防措施有哪些？

8）第二部分项目八焊接过程的启停程序如何编写？

三、焊接机器人工作站电气控制及应用理论

1）PLC 源型输入与漏型输入分别如何接线？

2）PLC 与机器人如何进行通信？

3）ABB 机器人的输入输出信号如何配置？

4）PLC 控制系统的设计步骤是什么？

5）ABB 机器人常用的系统信号有哪些？如何进行关联？

四、技能认证项目及焊接质量评定

1）编写第一部分项目二和第一部分项目三的焊接作业指导书，并叙述焊件的焊接过程。

2）工作场地的准备和布置情况有哪些？

3）简述第一部分项目二和第一部分项目三中焊件的焊接评定标准。

4）依据第一部分项目二和第一部分项目三的焊接工艺规程对焊件进行评定。

①对焊件焊后的缺陷情况进行分析。

②根据焊接评分标准对焊件外观评定项目的内容进行解读，掌握焊接评分标准的制定原则。

③使用焊接检验尺对焊件的焊缝尺寸进行测量。

焊接检验尺是用来测量焊件坡口角度和焊缝宽度、高度及焊接间隙等焊接外观尺寸的一种专用量具，使用焊接检验尺的不同位置和刻度进行测量。

请使用以下两类焊接检验尺对第一部分项目二和项目三的焊件焊缝尺寸进行测量。

a. HJC-40 型焊接检验尺。HJC-40 型焊接检验尺主要由主尺、高度尺、咬边深度尺、多用尺组成，其结构如附图 1 所示。

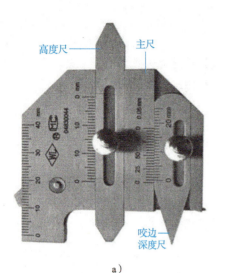
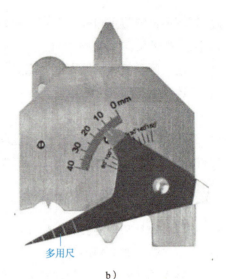

附图1　HJC-40型焊接检验尺的结构
a）正面　b）背面

b. MG-8型凸轮式焊接检验尺。MG-8型凸轮式焊接检验尺主要由主尺、滑尺、斜形尺组成，其结构如附图2所示。

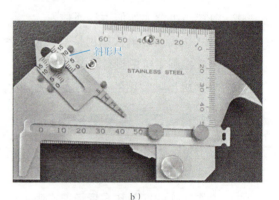

附图2　MG-8型凸轮式焊接检验尺的结构
a）正面　b）背面

五、金相检测知识

1）何谓金相分析？
2）进行金相组织检测和观察有什么作用？
3）金相组织的制备步骤是什么？
4）如何提高金相图像的质量？
【参见教学资源包：理论知识】

参 考 文 献

[1] 林尚扬. 焊接机器人及其应用 [M]. 北京：机械工业出版社，2000.

[2] 吴林，陈善本. 智能化焊接技术 [M]. 北京：国防工业出版社，2000.

[3] 陈善本. 焊接过程现代控制技术 [M]. 哈尔滨：哈尔滨工业大学出版社，2001.

[4] 日本机器人学会. 机器人技术手册 [M]. 宗光华，程君实，等译. 北京：科学出版社，2006.

[5] 中国机械工程学会焊接学会. 焊接手册 [M]. 北京：机械工业出版社，2001.

[6] 中国焊接协会成套设备与专用机具分会，中国机械工程学会焊接学会机器人与自动化专业委员会. 焊接机器人实用手册 [M]. 北京：机械工业出版社，2014.

[7] 刘伟，周广涛，王玉松. 焊接机器人基本操作及应用 [M]. 2版. 北京：电子工业出版社，2015.

[8] 刘伟，周广涛，王玉松. 中厚板焊接机器人系统及传感技术应用 [M]. 北京：机械工业出版社，2013.

[9] 刘伟，林庆平，纪承龙. 焊接机器人离线编程及仿真系统应用 [M]. 北京：机械工业出版社，2014.

[10] 杜志忠，刘伟. 点焊机器人系统及编程应用 [M]. 北京：机械工业出版社，2015.

[11] 刘伟，李飞，姚鹤鸣. 焊接机器人操作编程及应用 [M]. 北京：机械工业出版社，2016.

[12] 刘伟，李飞，李波. 焊接机器人操作编程及应用专业术语英汉对照 [M]. 北京：机械工业出版社，2019.

[13] 杜志忠，刘伟. 机器人焊接编程与应用 [M]. 北京：机械工业出版社，2019.